张景中科普文集

ZHANG JINGZHONG KEPU WENJI

张景中◎著

数学杂谈

长江出版传媒
湖北科学技术出版社

图书在版编目（CIP）数据

数学杂谈 / 张景中著. -- 武汉:湖北科学技术出版社，2017.6（2022.1 重印）
ISBN 978-7-5352-9535-4

Ⅰ. ①数… Ⅱ. ①张… Ⅲ. ①数学—少年读物 Ⅳ. ①01-49

中国版本图书馆 CIP 数据核字(2017)第 172472 号

责任编辑：王小芳　　封面设计：喻　杨

出版发行：湖北科学技术出版社　　电话：027-87679468
地　　址：武汉市雄楚大街 268 号　　邮编：430070
（湖北出版文化城 B 座 13-14 层）
网　　址：http：//www.hbstp.com.cn

印　　刷：湖北画中画印刷有限公司　　邮编：441300

700×1000　1/16　22.75 印张　450 千字
2017 年 8 月第 1 版　2022 年 1 月第 2 次印刷
定价：78.00 元

总序

ZONGXU

感谢湖北科学技术出版社督促我将这30多年里写的科普作品回顾整理一下。我想人的天性是懒的，就像物体有惰性。要是没什么鞭策，没什么督促，很多事情就做不成。我的第一本科普书《数学传奇》，就是在中国少年儿童出版社的文赞阳先生督促下写成的。那是1979年暑假，他到成都，到我家里找我。他说你还没有出过书，就写一本数学科普书吧。这么说了几次，盛情难却，我就试着写了，自己一读又不满意，就撕掉重新写。那时没有电脑或打字机，是老老实实用笔在稿纸上写的。几个月下来，最后写了6万字。他给我删掉了3万，书就出来了。为什么要删？文先生说，他看不懂的就删，连自己都看不懂，怎么忍心印出来给小朋友看呢？书出来之后，他高兴地告诉我，很受欢迎，并动员我再写一本。

后来，其他的书都是被逼出来的。湖南教育出版社出版的《数学与哲学》，是我大学里高等代数老师丁石孙先生主编的套书中的一本。开策划会时我没出席，他们就留了"数学与哲学"这个题目给我。我不懂哲学，只好找几本书老老实实地学了两个月，加上自己的看法，凑出来交卷。书中对一些古老的话题如"飞矢不动""白马非马""先有鸡还是先有蛋""偶然与必然"，冒昧地提出自己的看法，引起了读者的兴趣。此书后来被3家出版社出版。又被选用改编为数学教育方向的《数学哲学》教材。其中许多材料还被收录于一些中学的校本教材之中。

《数学家的眼光》是被陈效师先生逼出来的。他说，您给文先生写了书，他退休了，我接替他的工作，您也得给我写。我经不住他一再劝说，就答应下来。一答应，就像是欠下一笔债似的，只好想到什么就写点什么。5年积累下来，写成了 6 万字的一本小册子。

这是外因，另外也有内因。自己小时候接触了科普书，感到帮助很大，印象很深。比如苏联伊林的《十万个为什么》《几点钟》《不夜天》《汽车怎样会跑路》；我国顾均正的《科学趣味》和他翻译的《乌拉·波拉故事集》，刘薰宇的《马先生谈算学》和《数学的园地》，王峻岑的《数学列车》。这些书不仅读起来有趣，读后还能够带来悠长的回味和反复的思索。还有法布尔的《蜘蛛的故事》和《化学奇谈》，很有思想，有启发，本来看上去很普通的事情，竟有那么多意想不到的奥妙在里面。看了这些书，就促使自己去学习更多的科学知识，也激发了创作的欲望。那时我就想，如果有人给我出版，我也要写这样好看的书。

法布尔写的书，以十大卷的《昆虫记》为代表，不但是科普书，也可以看成是科学专著。这样的书，小朋友看起来趣味盎然，专家看了也收获颇丰。他的科学研究和科普创作是融为一体的，令人佩服。

写数学科普，想学法布尔太难了。也许根本不可能做到像《昆虫记》那样将科研和科普融为一体。但在写的过程中，总还是禁不住想把自己想出来的东西放到书里，把科研和科普结合起来。

从一开始，写《数学传奇》时，我就努力尝试让读者分享自己体验过的思考的乐趣。书里提到的“五猴分桃”问题，在世界上流传已久。20 世纪 80 年代，诺贝尔奖获得者李政道访问中国科学技术大学，和少年班的学生们座谈时提到这个问题，少年大学生们一时都没有做出来。李政道介绍了著名数学家怀德海的一个巧妙解答，用到了高阶差分方程特解的概念。基于函数相似变换的思想，我设计了“先借后还”的情景，给出一个小学生能够懂的简单解法。这个小小的成功给了我很大的启发：写科普不仅仅是搬运和解读知识，也要深深地思考。

在《数学家的眼光》书中，提到了祖冲之的密率 355/113 有什么好处的问题。数学大师华罗庚在《数论导引》一书中用丢番图理论证明了，所有分母不超过 366 的分数中，355/113 最接近圆周率 π。另一位数学家夏道行，在他的《e 和 π》一书中用连分数理论推出，分母不超过 8000 的分数中，355/113 最接近圆周率 π。在学习了这些方法的基础上我做了进一步探索，只用初中数学中的不等式知识，不多几行的推导就能证明，分母不超过16586的分数中，355/113是最接近π的冠军。而52163/16604比355/113在小数后第七位上略精确一点，但分母却大了上百倍！

我的老师北京大学的程庆民教授在一篇书评中，特别称赞了五猴分桃的新解法。著名数学家王元院士，则在书评中对我在密率问题的处理表示欣赏。学术前辈的鼓励，是对自己的鞭策，也是自己能够长期坚持科普创作的动力之一。

在科普创作时做过的数学题中，我认为最有趣的是生锈圆规作图问题。这个问题是美国著名几何学家佩多教授在国外刊物上提出来的，我们给圆满地解决了。先在国内作为科普文章发表，后来写成英文刊登在国外的学术期刊《几何学报》上。这是数学科普与科研相融合的不多的例子之一。佩多教授就此事发表过一篇短文，盛赞中国几何学者的工作，说这是他最愉快的数学经验之一。

1974年我在新疆当过中学数学教师。一些教学心得成为后来科普写作的素材。文集中多处涉及面积方法解题，如《从数学教育到教育数学》《新概念几何》《几何的新方法和新体系》等，源于教学经验的启发。面积方法古今中外早已有了。我所做的，主要是提出两个基本工具（共边定理和共角定理），并发现了面积方法是具有普遍意义的几何解题方法。1992年应周咸青邀请访美合作时，从共边定理的一则应用中提炼出消点算法，发展出几何定理机器证明的新思路。接着和周咸青、高小山合作，系统地建立了几何定理可读证明自动生成的理论和算法。杨路进一步把这个方法推广到非欧几何，并发现了一批非欧几何新定理。国际著名计算机科学家保伊尔（Robert S. Boyer）将此誉为计算机处理几何问题发展道路上的里程碑。这一工作获1995年中国科学院自然科学一等奖和1997年国家自然科学二等奖。从教学到科普又到科学研究，20年的发展变化实在出乎自己的意料！

在《数学家的眼光》中，用一个例子说明，用有误差的计算可能获得准确的结果。基于这一想法，最近几年开辟了“零误差计算”的新的研究方向，初步有了不错的结果。例如，用这个思想建立的因式分解新算法，对于两个变元的情形，比现有方法效率有上千倍的提高。这个方向的研究还在发展之中。

1979—1985 年，我在中国科学技术大学先后为少年班和数学系学生讲微积分。在教学中对极限概念和实数理论做了较深入的思考，提出了一种比较容易理解的极限定义方法——“非 ε 语言极限定义”，还发现了类似于数学归纳法的“连续归纳法”。这些想法，连同面积方法的部分例子，构成了 1989 年出版的《从数学教育到教育数学》的主要内容。这本书是在四川教育出版社余秉本女士督促下写出来的。书中第一次提出了“教育数学”的概念，认为教育数学的任务是“为了数学教育的需要，对数学的成果进行再创造。”这一理念渐渐被更多的学者和老师们认同，导致 2004 年教育数学学会（全名是“中国高等教育学会教育数学专业委员会”）的诞生。此后每年举行一次教育数学年会，交流为教育而改进数学的心得。这本书先后由三家出版社出版，从此面积方法在国内被编入多种奥数培训读物。师范院校的教材《初等几何研究》（左铨如、季素月编著，上海科技教育出版社 1991 年出版）中详细介绍了系统面积方法的基本原理。已故的著名数学家和数学教育家，西南师大陈重穆教授在主持编写的《高效初中数学实验教材》中，把面积方法的两个基本工具“共边定理”和“共角定理”作为重要定理，教学实验效果很好。1993 年，四川都江教育学院刘宗贵老师根据此书中的想法编写的教材《非 ε 语言一元微积分学》在贵州教育出版社出版在教学实践中效果明显，后来他还发表了论文。此后，重庆师范学院陈文立先生和广州师范学院萧治经先生所编写的微积分教材，也都采用了此书中提出的“非 ε 语言极限定义”。

10 多年之后，受林群先生研究工作的启发带动，我重启了关于微积分教学改革的思考。文集中有关不用极限的微积分的内容，是 2005 年以来的心得。这方面的见解，得到著名数学教育家张奠宙先生的首肯，使我坚定了投入教学实践的信心。我曾经在高中尝试过用 5 个课时讲不用极限的微积分初步。又在南方科技大学试讲，用 16 个课时不用极限讲一元微积分，严谨论证了所有的基本定理。初步实验的效果尚可，系统的教学实践尚待开展。

也是在 2005 年后，自己对教育数学的具体努力方向有了新的认识。长期以来，几何教学是国际上数学教育关注的焦点之一，我也因此致力于研究更为简便有力的几何解题方法。后来看到大家都在删减传统的初等几何内容，促使我作战略调整的思考，把关注的重点从几何转向三角。2006 年发表了有关重建三角的两篇文章，得到张奠宙先生热情的鼓励支持。这方面的想法，就是《一线串通的初等数学》一书的主要内容。书里面提出，初中一年级就可以学习正弦，然后以三角带动几何，串联代数，用知识的纵横联系驱动学生的思考，促进其学习兴趣与数学素质的提高。初一学三角的方案可行吗？宁波教育学院崔雪芳教授先吃螃蟹，做了一节课的反复试验。她得出的结论是可行！但是，学习内容和国家教材不一致，统考能过关吗？做这样的教学实验有一定风险，需要极大的勇气，也要有行政方面的保护支持。2012 年，在广州市科协开展的“千师万苗工程”支持下，经广州海珠区教育局立项，海珠实验中学组织了两个初中班全程地实验。两个实验班有 105 名学生，入学分班平均成绩为 62 分和 64 分，测试中有三分之二的学生不会作三角形的钝角边上的高，可见数学基础属于一般水平。实验班由一位青年教师张东方负责备课讲课。她把《一线串通的初等数学》的内容分成 5 章 92 课时，整合到人教版初中数学教材之中。整合的结果节省了 60 个课时，5 个学期内不仅讲完了按课程标准 6 个学期应学的内容，还用书中的新方法从一年级下学期讲正弦和正弦定理，以后陆续讲了正弦和角公式，余弦定理这些按常规属于高中课程的内容。教师教得顺利轻松，学生学得积极愉快。其间经历了区里的 3 次期末统考，张东方老师汇报的情况如下：

从成绩看效果

期间经过三次全区期末统考。实验班学生做题如果用了教材以外的知识，必须对所用的公式给出推导过程。在全区 80 个班级中，实验班的成绩突出，比区平均分高很多。满分为 150 分，实验一班有 4 位同学获满分，其中最差的个人成绩 120 多分。

	实验 1 班平均分	实验 2 班平均分	区平均分	全区所有班级排名
七年级下期末	140	138	91	第一名和第八名
八年级上期末	136	133	87.76	第一名和第五名
八年级下期末	145	141	96.83	第一名和第三名

这样的实验效果是出乎我意料的。目前，广州市教育研究院正在总结研究经验，并组织更多的学校准备进行更大规模的教学实验。

科普作品，以“普”为贵。科普作品中的内容若能进入基础教育阶段的教材，被社会认可为青少年普遍要学的知识，就普得不能再普了。当然，一旦成为教材，科普书也就失去了自己作为科普的意义，只是作为历史记录而存在。这是作者的希望，也是多年努力的目标。

文集编辑工作即将完成之际，湖北科学技术出版社刘虹老师建议我写个总序。我从记忆中检索出一些与文集中某些内容有关的往事杂感，勉强塞责。书中不当之处，欢迎读者指正。

湖北科学技术出版社何龙社长和谢俊波主任热心鼓励我出版文集；还有华中师范大学国家数字化学习工程中心彭翕成老师（《绕来绕去的向量法》作者之一，该书中绝大多数例题和题解由他提供）为文集的出版付出了辛勤劳动，在此谨表示衷心的感谢。

张景中

2017 年 4 月

目 录

MULU

第一篇　少年数学迷

方格纸上的数学

（一）

这是一张普普通通的方格纸。你可以在文具店里买到它。要是你有耐心，也可以用削尖了的细铅笔仔仔细细地画一张。

利用方格纸，你能学到许多新鲜有趣的数学知识。

和方格纸交上朋友，你会更喜欢数学。

1. 方格纸上的加法

你在一年级就开始学加法。方格纸上的数学，也从加法说起吧。

方格纸的边上标着数字。角上是 0，然后是 5，10，15，20……

一行数字是沿着水平方向增加，另一行是沿着垂直方向增加。

举个例子，你想算 7＋15，怎么办呢？如图 1，在上边找到 15，左边找到 7。在 15 那个点有一条竖线，在 7 那个点有一条横线。横竖一相交，在上面用笔画一个点。从这个点沿着小方格的对角线向右上方跑，跑到边上一看，这里是 22

（向左下方跑，跑到边上，还是 22），这告诉你：

$$7+15=22$$

因为小点点跑的是直线，你只要用直尺在所画的点上沿对角线比一比，就可以找到边上的数目“22”了。

如果细心，你常常能从很平常的现象中发现过去自己不知道的道理。为什么方格纸上能做加法呢？请你仔细看看图 1。

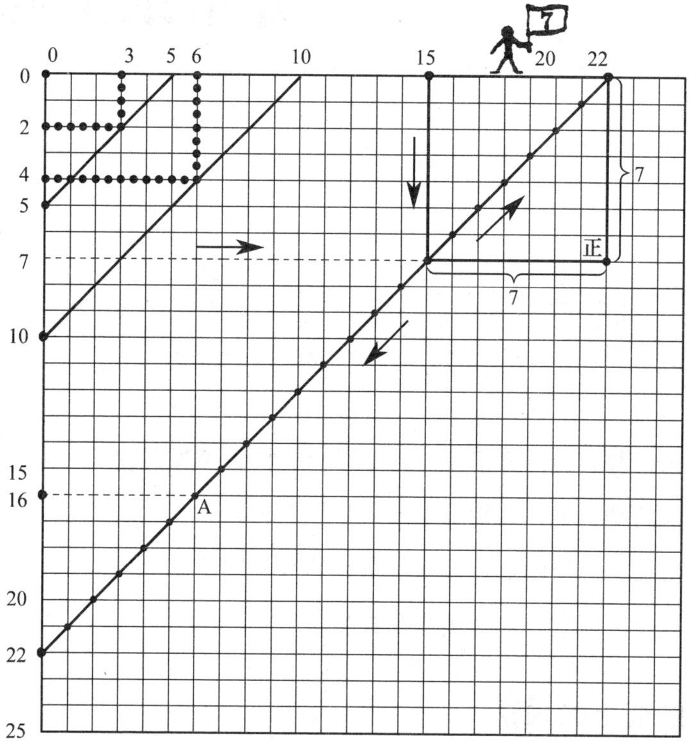

图 1

图 1 里有个写着“正”字的正方形。它的边长是 7 格。所以，上边那一段站了一个小人的黑线也是 7 格。15 格加 7 格，当然是 2 格！

为什么一定是正方形呢？请你把注意力集中到那个从“15”与“7”相交处画的大黑点！它向右上方每跳一步，它的位置就上移一格，右移一格。横着竖着跑得一样远，所以撑出了一个正方形。

沿着图 1 里的一条长长的斜线，有一串黑点。随便举一个点比如说 A 点吧。朝上一直看，看见了“6”，朝左横看，是“16”。把看到的两个数一加，又是 22。你可再试几个点，都是如此。所以，我们给这条斜线起个名字，把它叫做“和为 22 的加法线”，也叫“22 号加法线”。

你还可以很容易地画出其他的加法线。例如把上边的“5”与左边的“5”这两个点用直线连起来，便是“和为 5 的加法线”，两个“10”连起来，便是“和为 10 的加法线”（在这条线上任取一点，向上看见一个数，向左也看见一个数。两个数相加，准是 10）。

2. 方格纸上的减法

用加法线也能算减法。例如要算 22－7，先把和为 22 的加法线画出来，再在左边找到“7”这个点，从“7”向右一直跑，碰到“和为 22 的加法线”之后，拐个弯儿一直向上跑，跑到边上正好是 15，22－7＝15。

加法和减法，一个是另一个的逆运算。加法倒过来，就是减法。所以，你也能在方格纸上做减法。

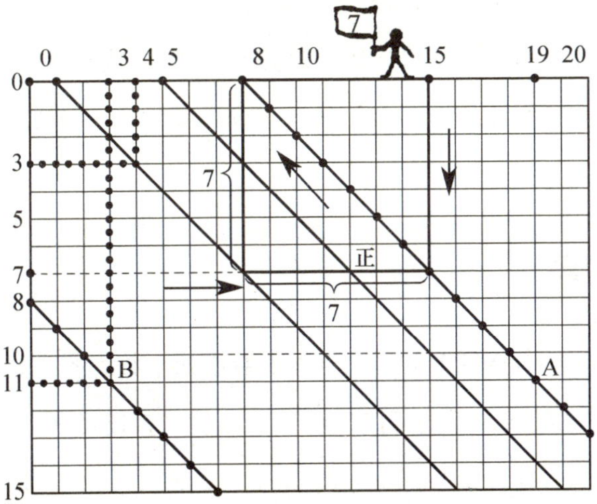

图 2

现在，再介绍用另一个方式在方格纸上做减法。看着图 2。要是你想算 15－7，就先在上边找到“15”的位置，在左边找到“7”的位置，从上边的“15”向下画竖线，从左边的 7 向右画横线（其实不用真的动手画，因为方格纸上本来有线），横竖碰头，交于一点。从这个点沿着小方格的对角线向左上方跑。跑到边上，正好是 8。不错，15－7＝8。

道理呢？仔细看图 2。当黑点向左上方跑时，每上升一格，同时左移一格，上升 7 格到顶，这时恰巧从“15”那里左移了 7 格，所以是 15－7。

图 2 上的一串黑点形成了一条直线。在直线上随便取一点，比如 A 点。从 A 点一直向上看，看见“19”，向左看，看见 11，19－11，又是 8。再换一个点，还是如此。我们就给这条线起个名字，叫做“差为 8 的减法线”，或者“8 号减法线。”方格纸上还有另一条 8 号减法线，即 B 点所在的斜线，这条线上的点，左边比上边大 8。

你很容易在方格纸上画出别的减法线。例如在上边“1”处开始，沿着小方格的对角线向右下方跑，跑出一条“1 号减法线”。这条线上随便取个点，往上看见一个数“甲”，往左看见一个数“乙”，甲－乙＝1。在上边“5”处开始，沿着小方格的对角线向右下方跑，跑出一条“5 号减法线”。

利用“减法线”也能做加法。比如要做 8＋7 吧，从左边的“7”向右画一条横线，它和 8 号减法线相交于一点，从这点向上看，看到上边的 15，表明 8＋7＝15。

3. 和差问题

你已经知道，从方格纸上的每个点，能看出两个数。图 3 上的 A 点，往上看是 6，往左看是 3，所以，A 点可以表示“上 6 左 3”，反过来，一说“上 6 左 3”，就能找到 A 点。

简单一点说，A 点的代号是（6，3）。于是，左上角的点代号是（0，0）。上边的那一排点，自左而右，是（1，0），（2，0）……左边那一排点，自上而下，

(0，1)，(0，2) ……

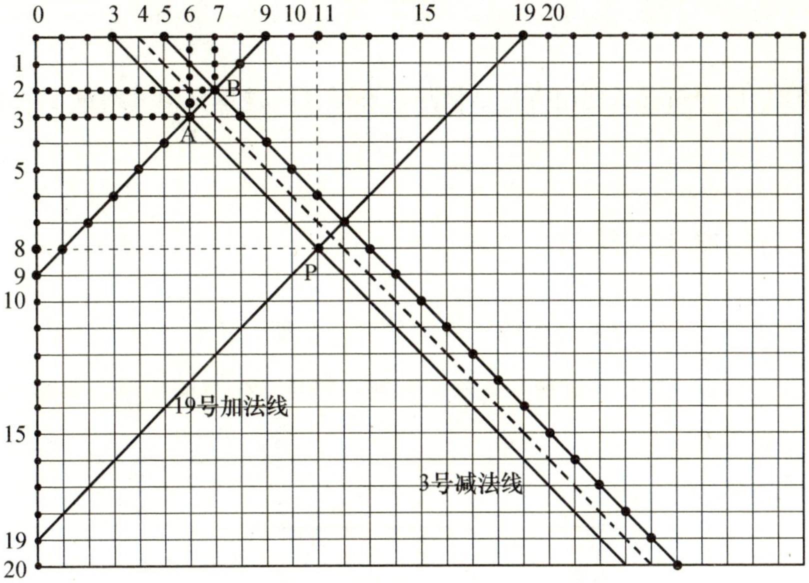

图 3

你已经知道了方格纸上有“加法线”和“减法线”。例如，9 号加法线和 5 号减法线交于一点 B。点 B 的代号是（7，2），点 B 在 9 号加法线上（7+2=9），又在 5 号减法线上（7−2=5）。

利用“加法线”和“减法线”的交点，可以用方格纸解决“和差问题”。

例题　小明和小红共有 19 本连环画，小明比小红多 3 本。小明有几本？小红有几本？

解：如图 3，画出 19 号加法线，3 号减法线，两线交于一点 P，P 的代号是（11，8）。答案就出来了：小明有 11 本，小红有 8 本。

如果把例题里“多 3 本”改成“多 4 本”，行不行呢？画出 4 号减法线，它和 19 号加法线的交点不在方格纸的“格点”上！这表明此题无解。题出错了。

（二）

同学们已经知道了利用方格纸做加法和减法。这里介绍方格纸上的乘法与除法。

4. 方格纸上的乘法

在方格纸的上边和左边标明了刻度之后，在纸上任取一点，向上看有一个数，向左看也有一个数。这两个数凑在一起，就是这个点的代号。如图 4，点 A 的代号是（7，4）。

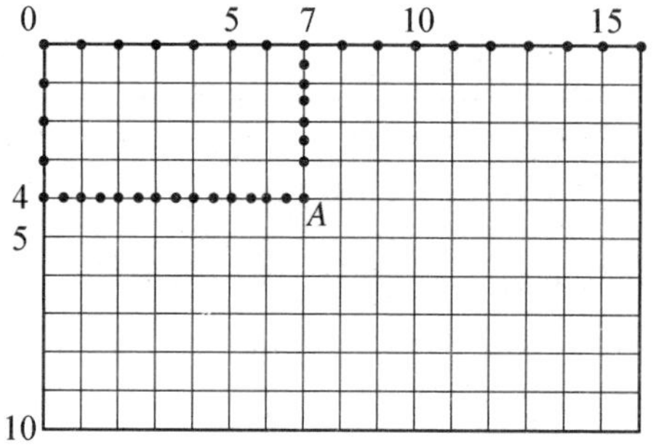

图 4

现在，我们看一看方格纸上的乘法是怎样做的？

例如，用 3 乘一些数：$1\times3=3$，$2\times3=6$，$3\times3=9$，$3\times4=12$，$3\times5=15$，……把每个等式左右两头的数凑在一起，得到一串点的代号：（1，3），（2，6），（3，9），（4，12）……将这些点画在方格纸上，真巧，它们全在一条直线上！（图 5）

因为是乘以 3，所以把这条直线叫 3 号乘法线。图 5 还画出了 1 号、2 号、4 号、5 号、6 号、10 号这些乘法线。

例如，在上边找到“9”，从“9”这里向下画直线。直线和 1 号乘法线交于 A，从 A 向左看是 9，表明 $9\times1=9$；和 2 号乘法线交于 B，从 B 向左看是 18，

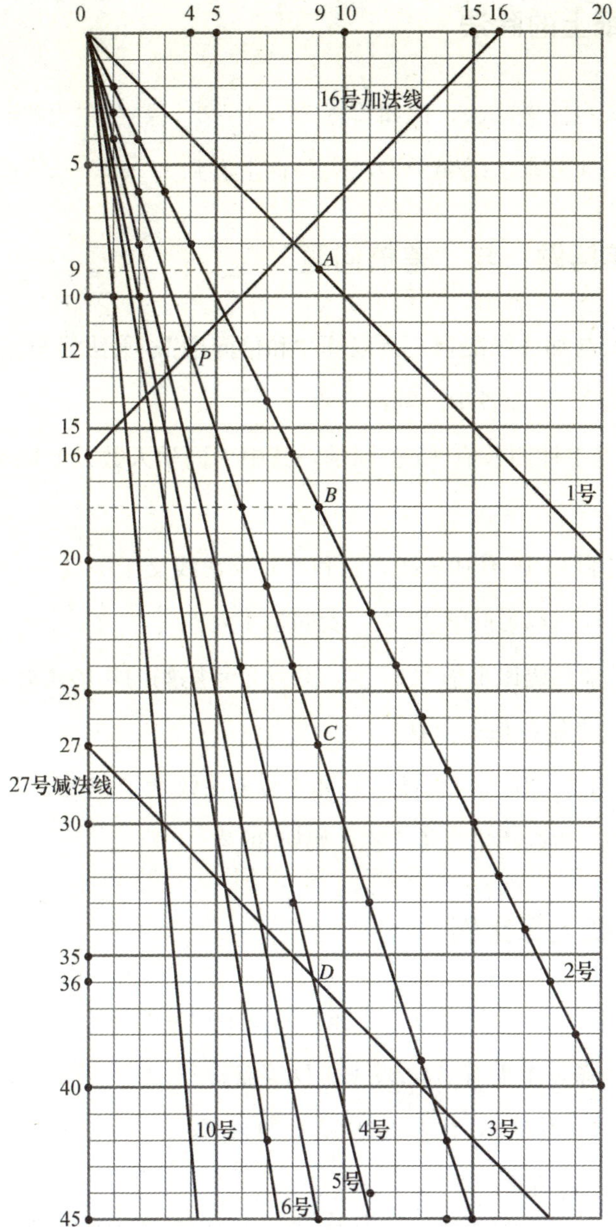

图 5

表明 9×2=18；和 3 号乘法线交于 C，从 C 向左看是 27；和 4 号乘法线交于 D，从 D 向左看是 36。它们分别表明 9×2=18，9×3=27，9×4=36，等等。

5. 方格纸上的除法

利用乘法线也能做除法。比如，算 36÷4=？只要在左边找到“36”，从 36 向右划直线，与 4 号乘法线交于 D，从 D 向上看到 9，即 36÷4=9。

6. “和倍问题”与“差倍问题”

利用乘法线与加法线配合，可以算“和倍问题”；乘法线与减法线配合，可以算“差倍问题”。下面各举一例：

例题 1 美术社团共有 16 位同学，其中男同学人数是女同学人数的 3 倍，问男女同学各几个？

解： 图 5 中画出 16 号加法线，它和 3 号乘法线交于一点 P。从 P 往上看是 4，往左看是 12，所以男同学 12 人，女同学 4 人。

例题 2 已知妈妈比小华大 27 岁，并且今年妈妈的年龄正好是小华的 4 倍，小华和他的妈妈今年各是多少岁？

解： 图 5 画出了 27 号减法线，它和 4 号乘法线交于一点 D，从 D 往上看是 9，往左看是 36。所以小华今年 9 岁，妈妈 36 岁。

7. 方格纸上算比例

图 6 的方格纸上，有两条从左上角向右下方伸展的直线。

靠上的那一条，上面有 A、B、C、D 等点。

在 A 处，往上看是 9，往左看是 6。上 9 左 6，9∶6=3∶2。

在 B 处，上 12 左 8，12∶8=3∶2。

在 C 处，15∶10=3∶2。

在 D 处，18∶12=3∶2。

在这条直线上，不管哪个点，上边的数与左边的数之比都一样，都是 3∶2。所以，我们把这条直线叫做“3∶2 的比例线”。简单一点叫做“3∶2 线”。

当然，“3∶2线”、“6∶4线”、“18∶12线”，都是同一条线。

图6还画了另一条线，是“3∶4线”。上面的点 P 是上6左8，Q 是上9左12，R 是上12左16。不是吗？6∶8、9∶12、12∶16，都等于3∶4。

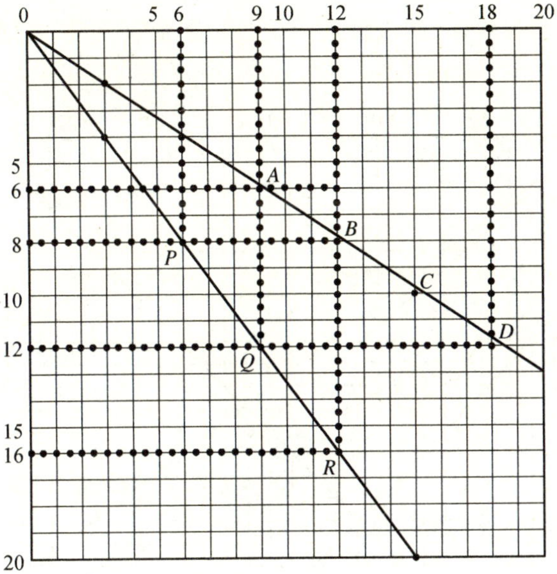

图6

上面我们说过乘法线，乘法线也是比例线。3号乘法线就是“1∶3线”。当然，“3∶1线”也可以当乘法线来用。

我们用方格纸来算几个比例应用题。

例题1　一辆汽车半小时（30分钟）行25千米。20千米的路程要花多少时间？

解：如图7，先画出30∶25的比例线。再在左边找到“20”，从“20”向右画横线，和30∶25比例线交于 A 点，从 A 向上看，是24，所以答案是24分钟。

例题2　一辆汽车运原料，上午运4次，下午运3次，上下午共运28吨。问上下午各运多少吨？

解：上下午运量的比是4∶3，运量之和是28吨。在图7中画出28号加法线和4∶3比例线，两线交于 B，从 B 往上看是16，往左看是12，所以上午运16

吨，下午运 12 吨。

例题 3 已知饲养小组喂的白兔比黑兔多 6 只，黑兔与白兔数目之比是3∶5，问黑白兔各有几只？

解： 图 7 画出了一条 3∶5 的比例线，又从左边画一条 6 号减法线，两线交于点 P。从 P 向上看是 9，向左看是 15。所以黑兔有 9 只，白兔 15 只。

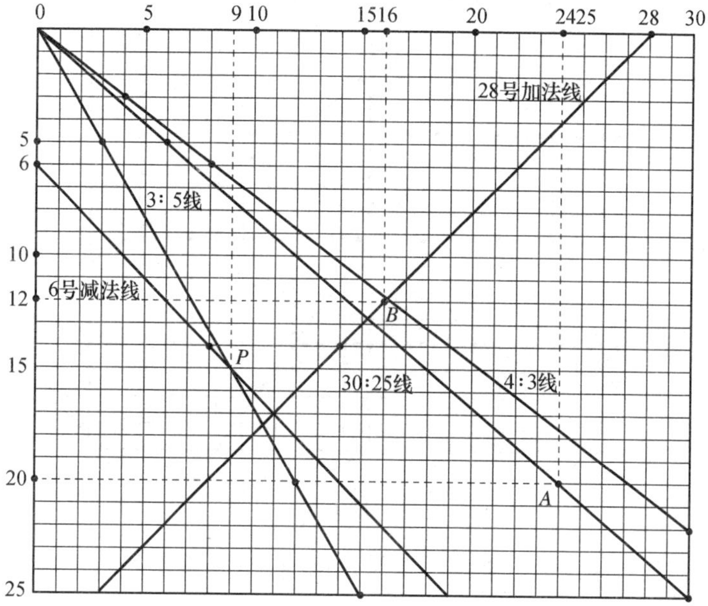

图 7

在方格纸上解行程问题特别有趣。

用上边的数字表示路程，左边的数字表示时间。如果行走的速度是均匀的，时间和走过的路程成正比例。

所以，可以用比例线表示行程的规律。

例如甲每分钟前进 100 米，乙每分钟前进 200 米。如果方格纸上边每格表示 100 米，左边每格表示 1 分钟。甲的行程规律可以用 1∶1 的比例线表示，乙的行程规律可以用 2∶1，的比例线表示。(图 8)

在甲的行程规律线上取一点 A，从 A 向上看是 6，向上看也是 6。这表示：

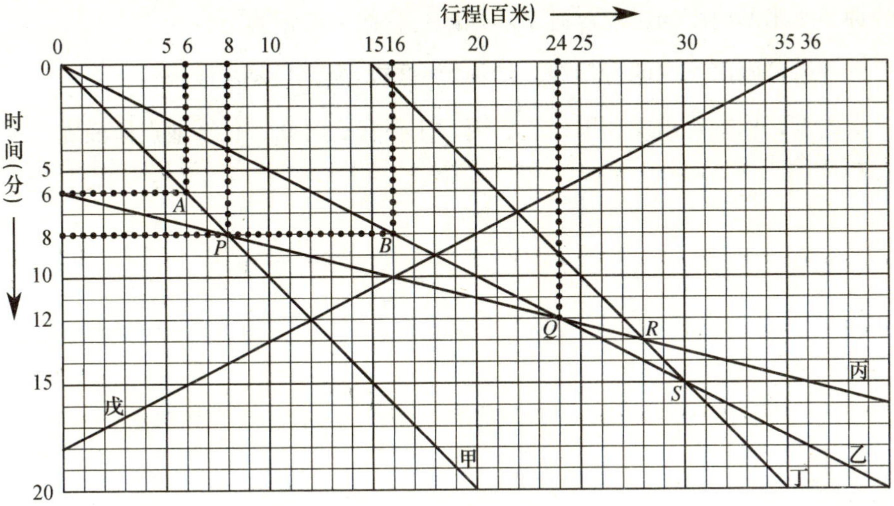

图 8

甲出发 6 分钟后，离出发点 600 米。在乙的行程规律线上取一点 B，向上看是 16，向左看是 8。这表示，乙出发 8 分钟后，离出发点 1600 米了。

如果丙每分钟前进 400 米，在甲、乙出发后 6 分钟才出发，丙的行程规律线什么样呢？

因为 6 分钟时丙的行程还是 0，所以行程线应当从左边“6”处开始，又因为每分钟走 400 米，所以这条线倾斜的程度和 4∶1 的比例线是一样的。

丙的行程线和甲的行程线交于一点 P，从 P 向左看是 8，向上看也是 8。这表明：在甲出发 8 分钟后（丙出发 2 分钟后），丙在距出发黑 800 米处追上了甲。

丙的行程线又和乙的行程线交于 Q。点 Q 的位置是“上 24 左 12”。这就告诉我们，在乙出发 12 分钟后（丙出发 6 分钟后），在离出发点 2400 米远的地方，丙又追上了乙。

如果又有一位丁，他一开始就在甲、乙出发点前面 1500 米处动身，以每分钟 100 米的速度前进，他的行程线如何画呢？

这条线应当从上边“15”处开始，按 1∶1 的比例线的倾斜程度向右下方延伸。从图上，你能看出，丙和乙在什么时间，什么地方遇上丁吗？

如果又有一位戊，他在距甲、乙出发点 3600 米处，和甲、乙同时出发，以每分钟 200 米的速度向出发点赶来，他的行程线又如何画呢？

图 8 已经画出了戊的行程线。请你想一想，为什么要这样画？

从图上，你能看出戊和甲、乙、丙、丁在什么时间、什么地点碰面呢？

方格纸上的速算

同学们，你一定知道怎样简便地算出 1～10 的连加数；

1＋2＋3＋4＋5＋6＋7＋8＋9＋10＝55

办法是：1＋9，2＋8，3＋7，4＋6，这样有了 4 个 10，另外还有 10 和 5。加起来总和是 55。

这里，告诉你另一个计算思路：

请看图 1，在粗黑线右下方，最下一层是 10 个方格，然后是 9 个、8 个……最上面是 1 个。

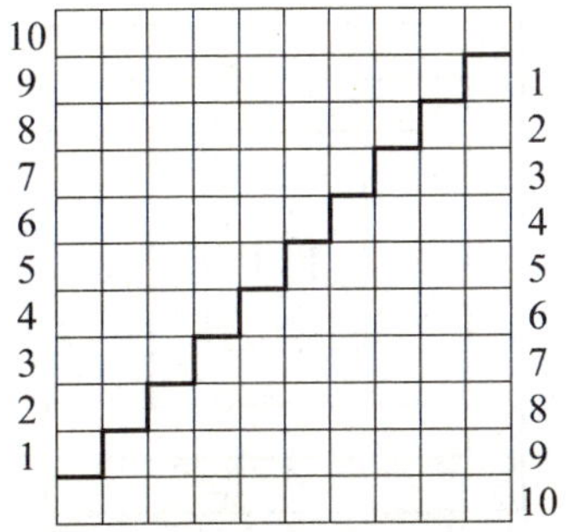

图 1

粗黑线左上方，也是这么多的方格。两部分凑在一起是个 10×11 的长方形，共 110 个方格。如果取一半，即为 55 个。

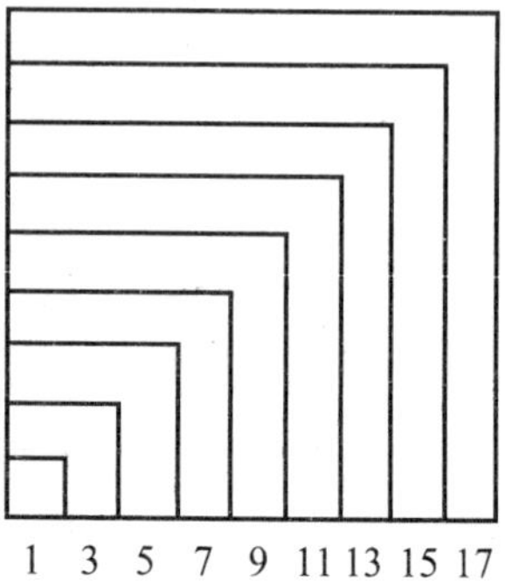

图 2

再看图 2：一个方格，在外面又凑上 3 个，即是边长为 2 的正方形；再凑上 5 格，即是边长为 3 的正方形；再凑上 7 格，即是边长为 4 的正方形……

这样，就又有一条速算规律：

1+3=2×2

(2 个)

1+3+5=3×3

(3 个)

1+3+5+7=4×4

(4 个)

1+3+5+7+9=5×5

(5 个)

1+3+5+7+9+11=6×6

(6 个)

再看图 3，它又告诉我们另一个规律，你能把它写出来吗？

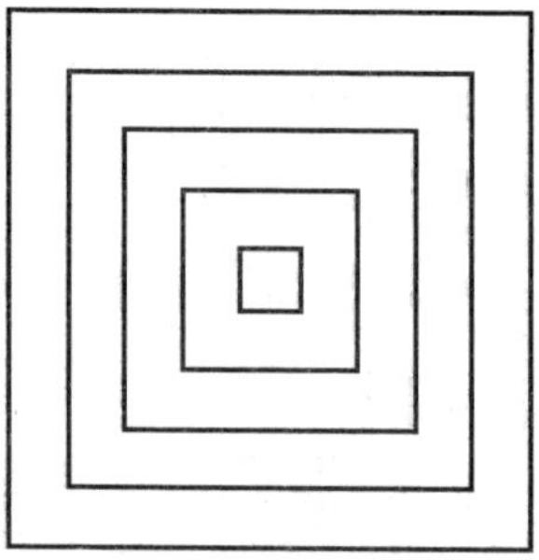

图 3

如果要计算个位是 5 的两位数自乘等于多少，便可以速算。例如，35×35＝1225，答案可以应声而出。方法是：把 3 与（3＋1）相乘得 12，后面再写上 25 就可以了。类似地，25×25＝625，这个 6 是由 2×(2＋1)而得；45×45＝2025，这个 20 是由 4×(4＋1)而得。这里面的道理，也可以在方格纸上表现出来。

在图 4 中，一格长度代表 5，于是一个小方格代表 5×5＝25，4 个小格是 100。要问 45×45＝？只要看看边长为 45（即 9 格）的正方形里有多少个小方格，即把图中带“×”号的一条切下填到阴影处，凑出一个 50×40＝2000 的矩形，剩下那个黑色的方格是 25。

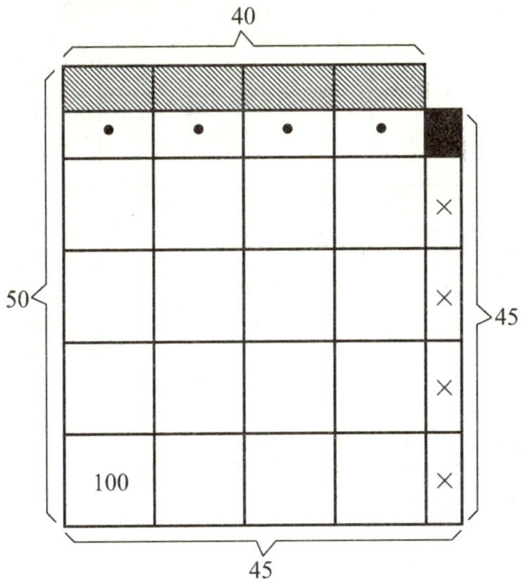

图 4

图 3 给我们一个启发：要把带“×”的一条和带“·”的一条凑成宽为 10 的长方形，并不一定非要两小条宽度都是 5，一个是 3、另一个是 7 也行。这么一来，又有了一种速算法。

两个两位数相乘，如果两个 10 位数相同，并且两个个位数之和是 10，可用下列方法速算：把 10 位数加工，与 10 位数相乘，写在前面，两个个位相乘，写在后面。例如 23×27＝621，这个 6 是由 2×（2＋1）而得，而 3×7＝21 写在后面。又如 44×46＝2024，这个 20 是 4×（4＋1），而 4×6＝24。72×78＝5616，前面的 56=7×（7+1），后面 16=2×8。

在图 5 中，用方格的数目作为实际计算的对象。

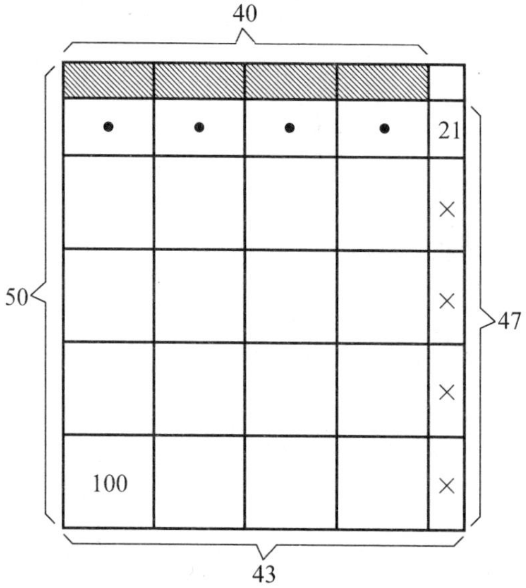

图 5

一个 43×47 的长方形，把右边带“×”的一条切下填到上边阴影部分，凑成 40×50 的长方形，还剩右上角的 3×7 大小的一块！

方格纸上还能说明求余数速算的道理。比如，232 除以 9，余数是 2+3+2=8。图 6 就把运算结果的原因说清楚了。（图中带“×”的方格表示除以 9 剩余的方格）

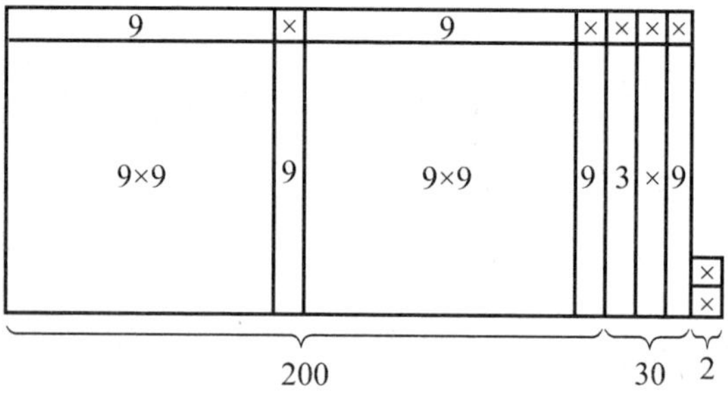

图 6

“错”也有用

加法比乘法容易做。

分数相乘，却比相加简单。分子乘分子，分母乘分母，多么干脆！分数相加呢，还要通分。这一通分，就要做三次乘法。

有时候，我把乘法的规则当成了加法的规则；用颠倒了。在两个分数相加时，来一个分子加分子，分母加分母，多糟！结果当然是作业本上添了一个红色的“×”：

$$\frac{2}{3}+\frac{1}{2}=\frac{2+1}{3+2}=\frac{3}{5}$$

从此我对分数相加要通分，印象更深了。

但是，这种错误的算法得到的结果，和正确的结果相比，有没有什么明显的不同呢？

仔细看看，是有很明显的不同：

按照正确的算法，正数相加，应当越加越大。$\frac{2}{3}+\frac{1}{2}$的答案，要比$\frac{1}{2}$和$\frac{2}{3}$都大才对。

可是$\frac{3}{5}$在$\frac{1}{2}$和$\frac{2}{3}$之间，它比$\frac{1}{2}$大，比$\frac{2}{3}$小。

早想到这一点，就会马上发现错误，不吃“×”了。

把两个分数凑在一起，作为加法，当然是错误的。但用到有些别的问题上，倒也有用。例如：

自行车旅行小组，昨天 7 小时行 100 千米，今天 6 小时行 80 千米，2 天的平均速度是多少？

如果列出的算式是：

$$\frac{1}{2}\left(\frac{100}{7}+\frac{80}{6}\right),$$

那就错了。正确的做法是

$$\text{平均速度}=\frac{100+80}{7+6}\text{（千米/小时）}$$

这个平均速度，比第一天较快的速度慢，比第二天较慢的速度快。

这样看，两个分数分子加分子，分母加分母，凑成一个新分数，结果好像把原来的两个分数做了一个“大平均”，新分数在两个分数之间，比大的小，比小的大。

这是不是反映了一个普遍规律呢？

多用几个数试试：

$$\frac{1}{2}<\frac{1+2}{2+3}<\frac{2}{3}，\frac{1}{4}<\frac{1+2}{4+5}<\frac{2}{5}$$

果然不错。但最好还是用字母代替数证明一下。

设 m、n、p、q 都是正数，并且 $\frac{n}{m}<\frac{q}{p}$，也就是 $np<mq$，要证的是 $\frac{n}{m}<\frac{n+q}{m+p}<\frac{q}{p}$，也就是：

$$n(m+p)<m(n+q)$$

$$p(n+q)<q(m+p)$$

展开一看，果然不错！

因为 $\frac{1}{1}=1$，这样就知道：分子分母都加 1，可以使比 1 大的分数变得小一点，比 1 小的分数变得大一点，例如：

$$\frac{7+1}{6+1}<\frac{7}{6},\ \frac{5+1}{6+1}>\frac{5}{6}。$$

这样凑出来的新分数，和原来的分数相差多少呢？用刚才的$\frac{3}{5}=\frac{2+1}{3+2}$试试：

$$\frac{2}{3}-\frac{3}{5}=\frac{1}{15},\ \frac{3}{5}-\frac{1}{2}=\frac{1}{10},$$

真巧，分子都是1。

这是不是又是一条规律呢？

多算几个试试：

$\frac{3}{5}$，$\frac{2}{3}$，凑成$\frac{5}{8}$，

$\frac{2}{3}-\frac{5}{8}=\frac{1}{24}$，$\frac{5}{8}-\frac{3}{5}=\frac{1}{40}$，

倒像是普遍规律！可是：

$\frac{2}{7}$，$\frac{3}{4}$，凑成$\frac{5}{11}$，

$\frac{3}{4}-\frac{5}{11}=\frac{13}{44}$，$\frac{5}{11}-\frac{2}{7}=\frac{13}{77}$，

这又不像是普遍规律了。

可是，计算结果有两个13出现在分子上，是不是里面还有点规律呢？再仔细检查：

$$\frac{3}{4}-\frac{2}{7}=\frac{13}{28},\ \frac{2}{3}-\frac{1}{2}=\frac{1}{6},$$

这下找到一点线索了：原来两个分数之差的分子是1，凑出来的分数和原来两个分数之差分子也是1，原来两个分数之差分子是13，凑出来的和原来则个之差，分子也是13！

用字母代替数算一算：

$\frac{q}{p}$，$\frac{n}{m}$是原来的分数，凑成新分数是$\frac{q+n}{p+m}$。

$$\frac{q}{p}-\frac{n}{m}=\frac{mq-np}{pm},$$

$$\frac{q}{p}-\frac{q+n}{p+m}=\frac{mq-np}{p\ (p+m)},$$

$$\frac{q+n}{p+m}-\frac{n}{m}=\frac{mq-np}{m\ (p+m)},$$

果然不错，分子都是（$mq-np$）。这条规律算是被找到了。

如果一开始（$mq-np$）$=1$，像$\frac{2}{3}-\frac{1}{2}=\frac{1}{6}$那样，差的分子是1，凑出来一个$\frac{3}{5}$：

$$\frac{1}{2}<\frac{3}{5}<\frac{2}{3},$$

两两之差分子仍是1。再凑出两个来：

$$\frac{1+3}{2+5}=\frac{4}{7},\ \frac{3+2}{5+3}=\frac{5}{8},$$

得到五个分数

$$\frac{1}{2}<\frac{4}{7}<\frac{3}{5}<\frac{5}{8}<\frac{2}{3},$$

它们当中，相邻两个分数之差，都是分子为1的分数。真有趣。

刚才我们是从$\frac{1}{2}$和$\frac{2}{3}$开始来凑。如果从更简单的分数开始呢？

最简单的数当然是0和1。最简单的分数就是$\frac{0}{1}$和$\frac{1}{1}$，凑一下，出来个$\frac{0+1}{1+1}=\frac{1}{2}$：

$$\frac{0}{1}\qquad\qquad\frac{1}{2}\qquad\qquad\frac{1}{1}$$

继续进行：

$$\frac{0}{1}\quad\frac{1}{3}\quad\frac{1}{2}\quad\frac{2}{3}\quad\frac{1}{1}$$

$$\frac{0}{1}\quad\frac{1}{4}\quad\frac{1}{3}\quad\frac{2}{5}\quad\frac{1}{2}\quad\frac{3}{5}\quad\frac{2}{3}\quad\frac{3}{4}\quad\frac{1}{1}$$

$$\frac{0}{1}\ \frac{1}{5}\ \frac{1}{4}\ \frac{2}{7}\ \frac{1}{3}\ \frac{3}{8}\ \frac{2}{5}\ \frac{3}{7}\ \frac{1}{2}\ \frac{4}{7}\ \frac{3}{5}\ \frac{5}{8}\ \frac{2}{3}\ \frac{5}{7}\ \frac{3}{4}\ \frac{4}{5}\ \frac{1}{1}$$

这样做下去，都能得到些什么分数呢？

让我们来试一试。

以 2 为分母的，有$\frac{1}{2}$；

以 3 为分母的，有$\frac{1}{3}$，$\frac{2}{3}$；

以 4 为分母的，有$\frac{1}{4}$，$\frac{3}{4}$；

以 5 为分母的，有$\frac{1}{5}$，$\frac{2}{5}$，$\frac{3}{5}$，$\frac{4}{5}$；

再做下去，马上就要出现$\frac{1}{6}$和$\frac{5}{6}$，但是决不会出现$\frac{2}{6}$、$\frac{3}{6}$、$\frac{4}{6}$。因为这些分数自左向右是一个比一个大，一个数只有一个位置，而$\frac{2}{6}$、$\frac{3}{6}$、$\frac{4}{6}$$\left(即\frac{1}{3}、\frac{1}{2}、\frac{2}{3}\right)$它们的位置，早已被$\frac{1}{3}$、$\frac{1}{2}$、$\frac{2}{3}$占了。

再做下去，会有$\frac{1}{7}$、$\frac{6}{7}$出现。这样，以 7 为分母的真分数也都到齐了。

你很容易猜出来：

一是这样做下去，只会产生既约的真分数。（即分子分母除 1 外没有其他公约数的分数，并且分子小于分母。）

二是所有的既约真分数，都会一个一个地出现，既不会重复，也不会遗漏。

这两个猜想对不对呢？

这样的猜想又有什么意义？

这两个猜想，确实都对，并且已经得到了证明。这样从$\frac{0}{1}$、$\frac{1}{1}$出发造出来的一串分数，叫做“法里分数”，在数学的研究中还很有用处呢。

花园分块

三角形是最简单的多边形。

简单的东西，往往用处很大。盖大楼要用许多材料，形状简单的砖、石头、沙用得最多。

各种各样的图形里，总有三角形，或者有暗藏的三角形，所以三角形用处大。

你早就知道，“三角形的面积等于底和高的乘积的一半。”有关三角形的知识，这一条最简单。简单的东西用处大，这条知识用处大得很，只要你重视它，会用它，它能帮你解决成千成百各式各样的几何问题呢。

有一个正方形的花园，周界总长 400 米，周界上每隔 20 米种一棵树，一共 20 棵。现在要把花园分成面积相等的 4 块，还要求每块都有 5 棵树。你怎样来分呢？

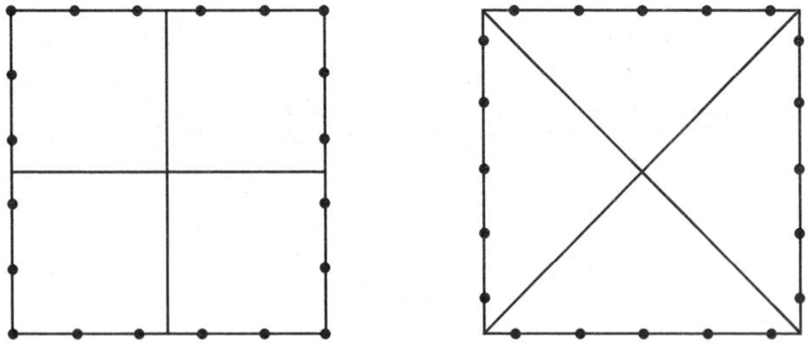

图 1

你很容易想到图 1 的两种分法。花园角上有树的时候，用左法，角上没树，用右法。

如果把题目里的 20 棵树改成 40 棵，沿周界每 10 米一棵，而且角上有树，要分得每块面积相等，而且边界上都有 10 棵树，图 1 中的两种方法都不灵了。

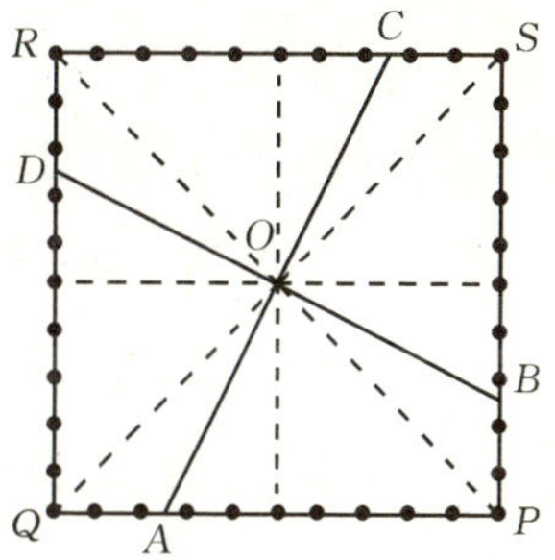

图 2

我们可以在边界上随便哪两棵树之间取一点 A，沿着边界向一个方向量 100 米得到 B，再量 100 米得到 C，再量 100 米得到 D，当然 D 到 A 也是 100 米。把 A、B、C、D 和正方形的中心 O 连起来，便把花园分成了四块。这四块的面积是不是一样大呢？只要计算一块就知道了。把图 2 中四边形 $APBO$ 分成两个三角形来计算，根据三角形面积公式得到：

$\triangle APD$ 的面积$=\frac{1}{2}\times 50\times AP$

$\triangle BPO$ 的面积$=\frac{1}{2}\times 50\times BP$

$\therefore$ 四边形 $APBO$ 的面积$=\frac{1}{2}\times 50\times(AP+BP)=2500$（米^2）

在这里，中心 O 到各边的距离是 50，$AP+BP=100$ 这都是知道的。

如果问题再变一变，不要求把花园分成四块，而要分成五块，而且要面积相等，每块都是 8 棵树，又该怎么办呢？

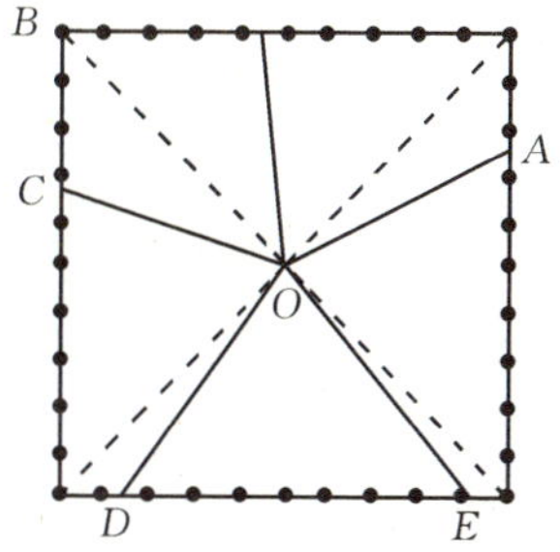

图 3

很多人会觉得分五块难。照搬刚才的方法把花园分成五块，从图 3 可以看，这五块的形状不一样。用三角形面积公式，可以算出每一块都是 2000 平方米。

那么，为什么知道中心 O 到各边的距离是 50 呢？这又可以用三角形面积公式来说明：中心 O 是正方形对角线的交点，对角线把正方形分成四个面积一样大的三角形：$\triangle OAB$、$\triangle OBC$、$\triangle OCD$、$\triangle ODA$，它们的面积都是$\frac{1}{4}\times 10000=2500$（米^2）。以$\triangle OAB$为例，把$AB$看成底，高$OH$就是$O$到$AB$边的距离，反过来用面积公式

$$\frac{1}{2}\times AB\times OH=2500\text{（米}^2\text{）}$$

已知$AB=100$米，就可以求出$OH=50$米。同理，O到各边距离都是50米。

我们已经看到，同一个面积公式在这里有两种不同的用法：

一、正用：计算面积；（分成三角形来算）

二、反用：求线段长度；（图4中，用$\triangle OAB$的面积和底求高。）

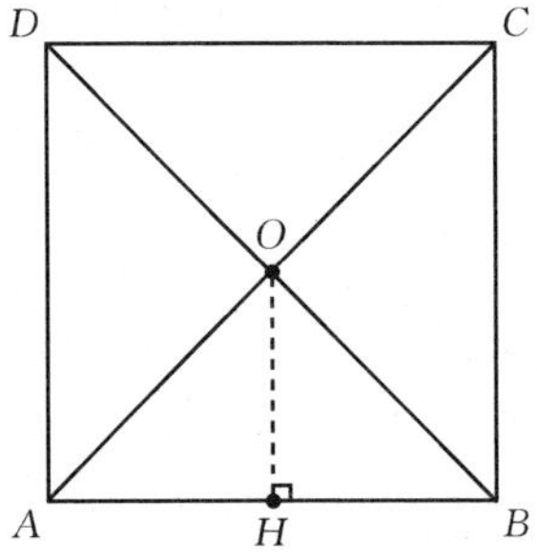

图4

我们又看到，同一个问题，有不同的解法，有的方法，问题一变就不能用了，有的方法，却能跟着问题变，这种方法，值得你特别注意！

巧分生日蛋糕

一块正方形的生日蛋糕（严格地说，是正四棱柱形的，由于这柱体的高相对较小，通常人们把它叫做方形蛋糕），表面上涂有一薄层美味的糖奶油，要均匀地分给五个孩子，应当怎么切呢？

困难在于，不但要把它的体积分成五等份，而且同时要把表面积也分成五等份！

要是四个人分、八个人分就好了。不然，要是图形的蛋糕，也就好了。偏偏是方形蛋糕五个人来分！

且慢抱怨！冷静地想一下，你会意外地发现，“方形”和“五人来分”这两个条件，并没有给你增加什么困难，解答是令人惊奇的平凡而简单：只要找出正方形的中心 O，再把正方形的周界任意五等分，设分点为 A、B、C、D、E，作线段 OA、OB、OC、OD、OE，沿这些线段向着柱体的底垂直下刀，把它分成五个柱体便可以了。如图 1，便是一种分法。（我们在图中标出了方形各边的五等分点，这就易于看出 A、B、C、D、E 是周界的五等分

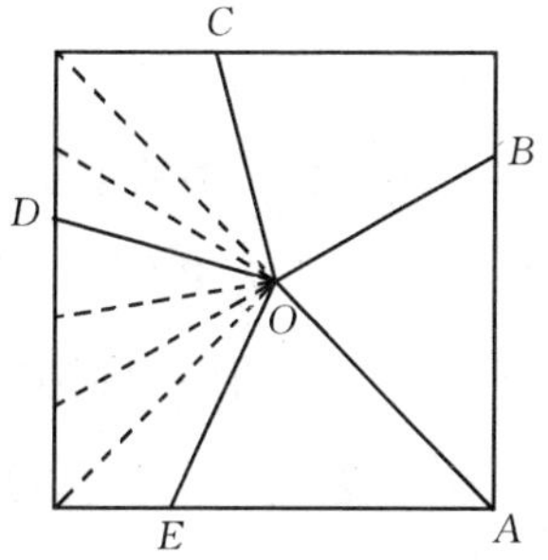

图 1

点了。）

要证明这种分法的正确性，只要用一下三角形面积公式和柱体体积公式就够了。由于 O 到四边距离相等，所以图中用虚线划分的小三角形都是等底等高的！剩下的，就是用人人皆知的公式，通过具体计算验证各块的体积相等，并且所附带的糖奶油面积也相等罢了。

这件事提醒我们：面对貌似困难的题目不要紧张，冷静下来，运用你学过的基本知识去分析它，往往会发现，它其实并不难。

让我们进一步想：如果蛋糕是正三角形、正六边形、正 n 边形，而且 m 个个人来分呢？你一定会毫不犹豫地回答：分法是一样的！

如果蛋糕是任意三角形呢？也许你不那么有把握了吧？想一想：刚才能成功的关键是什么？是"方形中心到各边等距"。那么，三角形内有没有到各边等距的点呢？有，内切圆心就是！分法找到了：把三角形的周界分成五等分，把分点 A、B、C、D、E 分别和内心 O 连起来，沿这五条线段下刀就是。

但是，你会把任意三角形的周界五等分吗？这时，图 1 中先把各边五等分的办法显然不太适用了。你可以先把三边"拉"成一条线段，分好之后再搬回来，用规尺完成这个作图是容易的，如图 2 所示，这里不再用文字解释了。

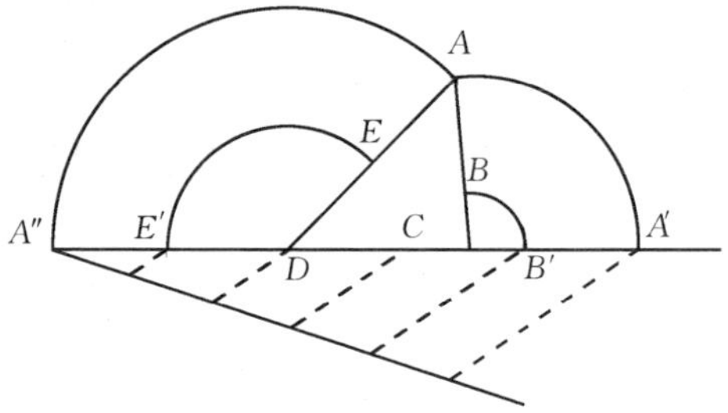

图 2

刚才我们用到了三角形的内心，这会使我们想到：任意的圆外切多边形也有"内心"，即它的内切圆心 O，而 O 到外切多边形的各边也是等距的，这样一来，所有的圆外切多边形的蛋糕，都可以按照要求均分成 m 块了。方法仍然相同。比如，菱形蛋糕便可以这样来分。

通常吃的蛋糕形状大致都是柱体。如果一家食品公司独出心裁，做了一种金字塔形蛋糕，我们能够把它（连同它的表面积）均分成五块吗？

金字塔形，就是正四棱锥形。它的分法仍然和前面的分法类同。只要找出锥形的底的周界的五等分点 A、B、C、D、E，把它们和锥顶点 O 连接起来，设 O 在锥底的正投影为 O'，我们以 $\triangle OO'A$、$\triangle OO'B$、$\triangle OO'C$、$\triangle OO°D$、$\triangle O'OE$ 为剖面下刀，便可以满足要求了。(图 3)

进一步思考，你会想到：如果棱锥的底面是圆外切多边形，而且棱锥顶点和底的内切圆圆心连线垂直于底面的话，仍可以依样画葫芦地均分成若干块。因为，利用勾股定理和立体几何里的"三垂线定理"容易验证：棱锥各侧面三角形高（即棱锥之斜高）相等。另外，底面内心仍和底的各边等距。

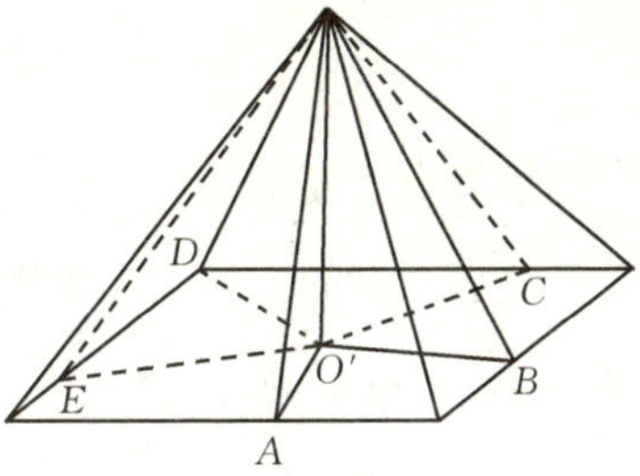

图 3

回顾一下，我们从开始到现在，一步一步已走得不近了。但每一步并不太费力。这样一小步一小步地向前挪动，可以使你从简单情况出发，而解决相当困难的问题。不信，你可以试试问一位爱好数学的朋友：

"怎样把正四面体形的蛋糕均匀地分成五块，同时使表面上的糖奶油也分得均匀？"

十之八九，他会觉得这是个难题。甚至他很难一下子相信你告诉他的解答（如上述）是正确的！但对于你，这个问题已了如指掌了。

但是，这样的分法并非无往而不胜！如果是一块长和宽不相等的矩形蛋糕，就会让我们碰钉子。但对于矩形蛋糕，也不是没有办法；设矩形的长为 a，宽为 b。下面提供的方法可以把它均分成五块。（注意：别忘了表面积也要分均匀）（图 4）

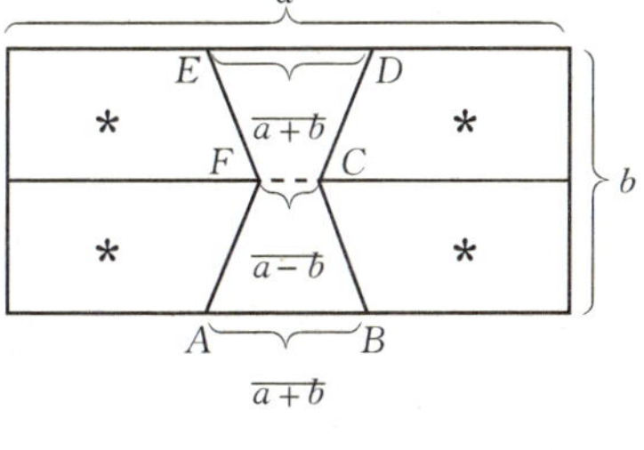

图 4

说明如下：四块带 * 的部分是全等形，因而只要计算一下中间的六边形 AB-$CDEF$ 有关的蛋糕的量。设蛋糕高为 h，则这一块的

$$体积=h\times b\times\left(\frac{a+b}{5}+\frac{a-b}{5}\right)=\frac{abh}{5},$$

$$糖奶油面积=2\times h\times\frac{a+b}{5}+2\ \frac{1}{2}\times\frac{b}{2}\left(\frac{a+b}{5}+\frac{a-b}{5}\right)$$

$$=\frac{1}{5}[2h\ (a+b)\ +ab]$$

$$=\frac{1}{5}\ (2ah+2bh+ab)$$

恰好合于要求。

最后，试问一问：怎样把矩形蛋糕均分为七块？九块？十块？m 块？（请参考图 4，也有别的方法）

“1+1≠2”的形形色色

这个标题也许使你惊奇。1+1当然等于2，这在算术里早已知道了！为什么这里却说1+1≠2呢？其实，只要打破常规，大胆想象，确能找出几条能自圆其说的“1+1≠2”！

例1　一只虎加一只羊，虎吃了羊，岂不是1+1=1吗？

例2　一堆沙子和另一堆沙子，是一大堆沙子，又是1+1=1！

例3　一支筷子加一支筷子，是一双筷子，也可说是1+1=1！

你一定会觉得这几个例子不严肃，缺乏科学性。特别是例2和例3，把两堆叫“一大堆”，把两支叫“一双”，不过是文字游戏罢了。

好。让我们继续找些1+1≠2的例子。

例4　如图1，小明向东走1千米，接着向北走1千米，结果他离出发点不是2千米，按勾股定理算出来，是$\sqrt{2}$千米，即大约1.41千米，这是1+1<2！

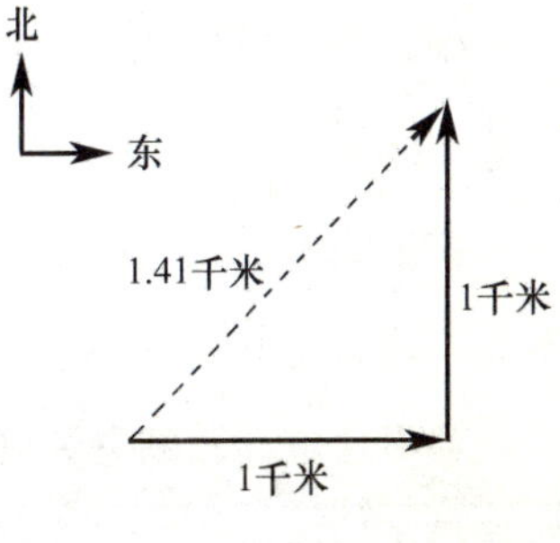

图1

最后这个例子，数学味道比前几个浓得多。它告诉我们位置的移动——在数学中叫“位移”，光说距离的大小，不提方向是不够的。向东走 1 千米，再向东走 1 千米，离出发点 2 千米。向东走 1 千米，再向西走 1 千米，却回到出发点了。像这样既有大小、又有方向的量，叫做向量。位移、力、速度、加速度等都是向量。可见向量有很大的用处。

向量怎么相加呢？在图上看是很简单的，用带箭头的线段表示向量，线段的长度就表示向量的大小，甲乙两个向量首尾衔接，从甲的尾巴到乙的箭头便可以画个带箭头的线段，这个线段便表示甲、乙两向量之和。

当甲、乙两向量大小都等于 1 时，两向量的和的大小通常小于 2，只有甲、乙方向相同时，它们的和的长度才是 2！

例 5 把所有整数分成两类，偶数和奇数。用 0 代表偶数，1 代表奇数。这时：

$1+1=0$　　（奇＋奇＝偶）

$1+0=1$　　（奇＋偶＝奇）

$0+0=0$　　（偶＋偶＝偶）

$1\times1=1$　　（奇×奇＝奇）

$1\times0=0$　　（奇×偶＝偶）

$0\times0=0$　　（偶×偶＝偶）

这种 0 与 1 之间的运算，叫“模 2”算术。“模 2”算术可以用在编码上。编码的用处可大了。信息的记录、保存、传递都离不开它。特别是军用密码的编制和破译，各国都在紧张地研究它。

例 6 如图 2，甲、乙两个开关并联起来，组成一个电路丙。用 1 表示通电，0 表示断电。“＋”表示并联，很容易看出来：

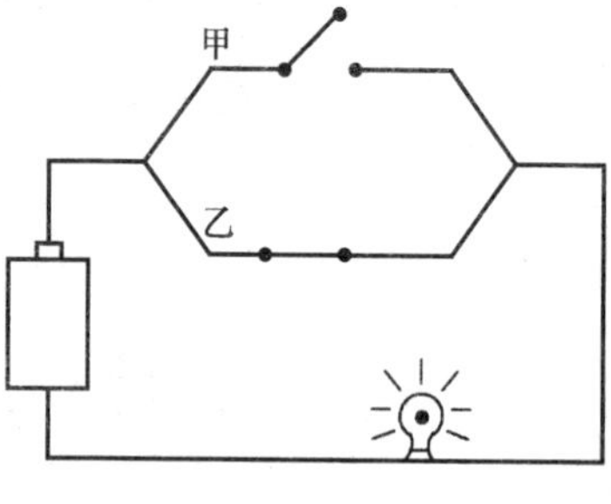

图 2

若甲断电、乙也断电，则丙也断电。灯泡不亮。这就是 $0+0=0$。

若甲通电、乙断电，则丙通电。灯泡亮了。造就是 $1+0=1$。

若甲通电、乙也通电，则丙通电。灯泡亮

了。这是 1+1=1！

如果甲、乙电路不是并联而是串联（图 3），可以用乘法表示。

这时甲、乙有一个断开，丙就断开。这就是：0×0=0，0×1=0；1×0=0。当甲、乙都接通时，灯就亮了，造就是：1×1=1。

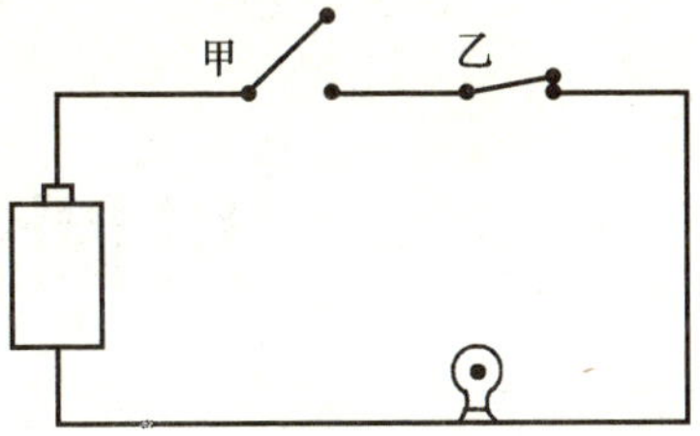

图 3

按照这种规律，建立了又一种算术，叫布尔算术。布尔算术里只有两个数：0 和 1。它和“模 2”算术不同之处在于 1+1=1。在“模 2”算术里 1+1=0！

在布尔算术基础上，又发展起一种布尔代数，这种代数在电子线路的设计上大有用处，计算机的研制、使用都离不开它。

你看，“1+1≠2”这个看来荒谬的式子，把我们引到了多么广阔的领域啊！

用圆规巧画梅花

在正五边形的每条边上，向外画半圆，便成了一朵梅花，你能画吗？

这有什么稀奇呢？人人都会画。

可是有个要求：在画花瓣的时候，圆规的针脚不许离开正五边形的中心点。你会画吗？

也许你会提出疑问，这怎么可能呢？

能！这里告诉你两个方法。提到这种方法，我还想起了一段往事。

当我第一次拿到圆规的时候，心里感到特别好奇，总想东画一个圆，西画一个圆。

一次，我在一个破硬纸盒子里画圆，可是圆心定偏了，画着画着，纸盒的侧面挡住了圆规上铅笔的去路。于是，我把圆规稍微向后倾斜了一下，针脚依然插在原处，硬是从纸盒的侧面画了过去（图 1）。画完之后，我把纸盒的四个侧面摊平一看，奇怪的事发生了！我画的竟不是一个圆。而是比圆多凸出了一块（图 2），真像个不倒翁。凸出的部分恰好是一个半圆。

说到这里，你一定会想到圆规针脚不动，画出五瓣梅花的方法了吧。

一个方法是在一个正五边形的盒子里画，画完之后把盒子的侧面全部破开摊平。但是，这样的盒子是不大容易找到的。

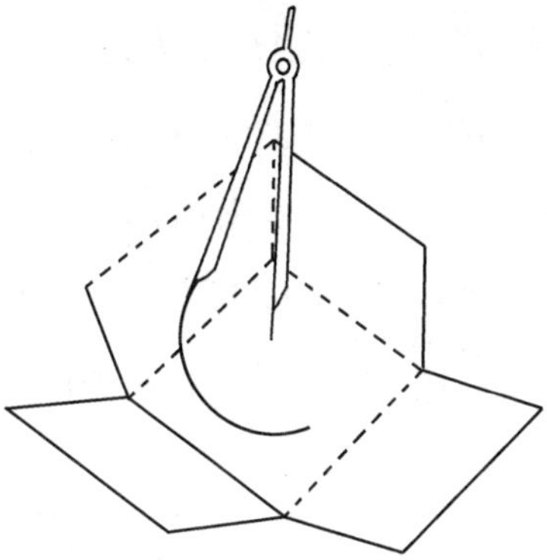

图 1

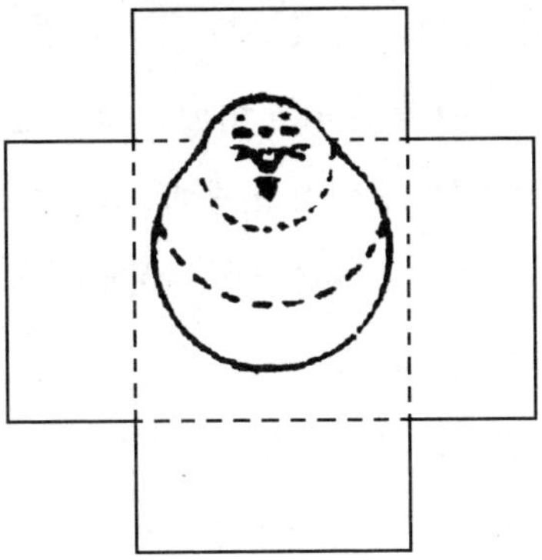

图 2

另一个可行的方法是这样的。先在纸上画一个正五边形。在桌上放一个木匣或硬纸匣，匣的侧面要平，还要和桌面成直角。沿着正五边形的边把纸折成直角，让折缝紧贴匣子侧面的底边；再把圆规针脚钉在正五边形中心，取半径等于五边形中心到顶点的距离，使圆规上的铅笔从靠匣子侧面画过去（图 3），于是，一瓣梅花就画成了。画完一瓣，针脚不动，把纸和匣子旋转到另一边，再画第二瓣梅花，直到画成五瓣为止。

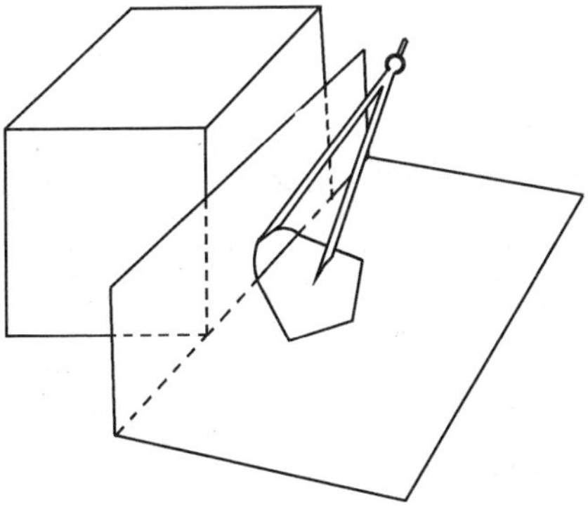

图 3

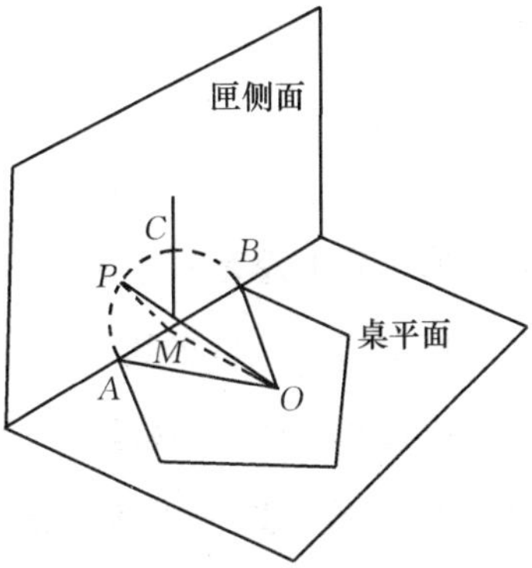

图 4

这是什么道理呢？我们不妨来证明一下：

设正五边形的一边为 AB（图 4），AB 恰好在桌平面与匣侧面的交线上。取 AB 的中点 M，连接 OM 成一直线，因为 $AO=BO$，$\triangle OAB$ 是等腰三角形，所以，$\triangle OAM$ 是直角三角形，也就是说，$OM\perp AB$，OA 是$\triangle OAM$ 的斜边。

因为两个平面互相垂直，所以匣平面上任取一点 P，$\angle PMO$ 就是直角。这里稍稍涉及一点立体几何的知识，你还没有学。但是，你可以用一个三角板，把直角的顶点放在 M 处，一个直角边沿 OM 固定，让另一直角边在匣侧面上转动，就可以证实$\angle PMO$ 的确是直角。

设圆规的铅笔画到了匣侧面的 P 点，由于$\angle PMO=90°$，所以$\triangle PMO$ 是直角三角形。又由于 $OP=OA$（即圆规两脚的距离不变），可利用勾股定理算出：

$$PM=\sqrt{OP^2-OM^2}=\sqrt{OA^2-OM^2}=AM$$

这一点可以说明 P 点运动时，画出一个以 M 为圆心，以 AM 为半径的半圆。

如果匣的侧面和桌平面的夹角不是直角，圆规的针脚还是不动，圆规在侧面上画出来的又是什么呢？你不妨猜一猜、试一试、证一证。

你会发现：两个平面成钝角时，画出来的是不到半圆的圆弧；两个平面成锐角时，画出来的是超过半圆的圆弧。总之，画出来的都是圆弧。

要证明画出来的是圆弧并不难。也可以更直截了当地“看”出来：不管 P 点怎么在空中转动，由于 O 是固定的，OP 距离不变（图 5），P 在空中运动的轨迹总是以 O 为球心、以 OP 为半径的球面。用平面去截取球面，截取出来的总是一个圆。

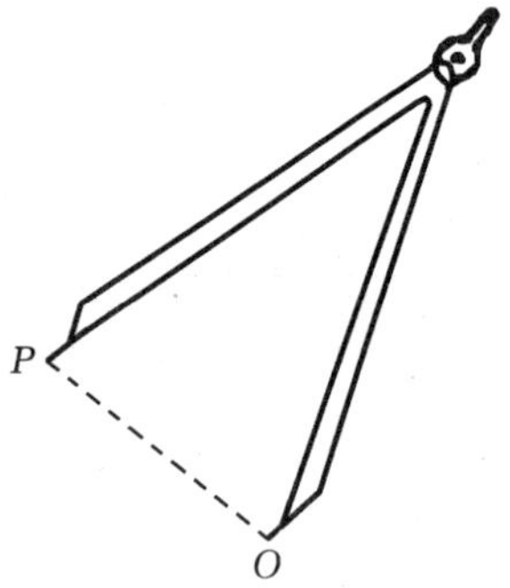

图 5

怎样知道有时是半圆，有时又不是半圆呢？

不妨设想 OP 是一根绳子，O 端钉在天花板上，一人紧拉着 P 端在地板上跑，他所跑的路线就是一个圆周。（图 6）

如果 O 点不钉在天花板上，而钉在墙壁上，他的活动范围就只剩下一半了，显然是一个半圆了（图 7）。

这样想问题的时候，我们已经把匣子的侧面当成地板，把桌面立起来，当成墙壁了。墙壁倾斜了，下面的圆弧仍是圆板，但不是半个圆。

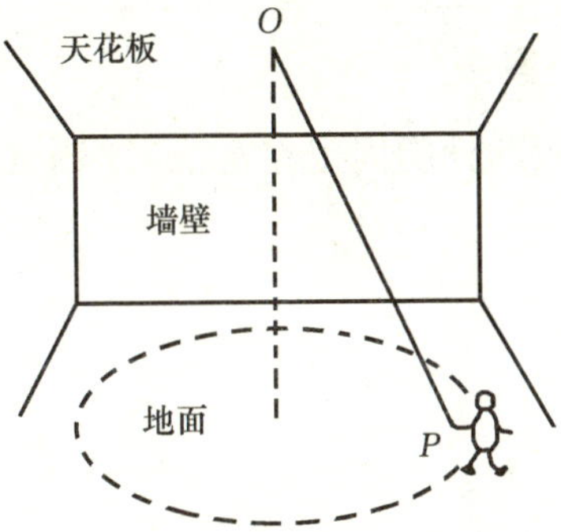

图 6

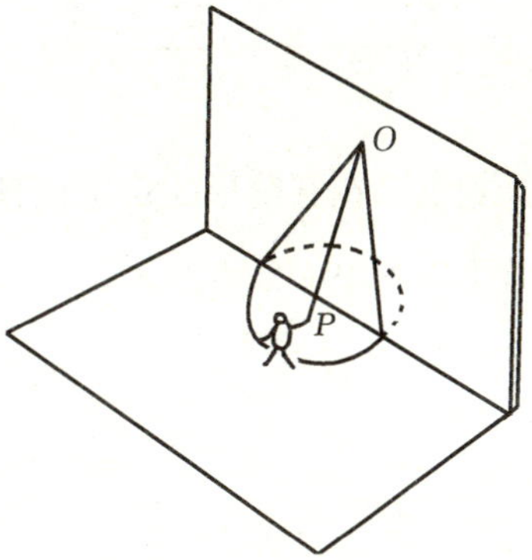

图 7

设想钉子不动，墙身向外倾斜，拉绳子的人活动范围就不到半圆了。这时候两平面构成钝角（图 8）。相反，墙身向里倾斜，拉绳子的人活动范围就超过了半圆了（图 9）。

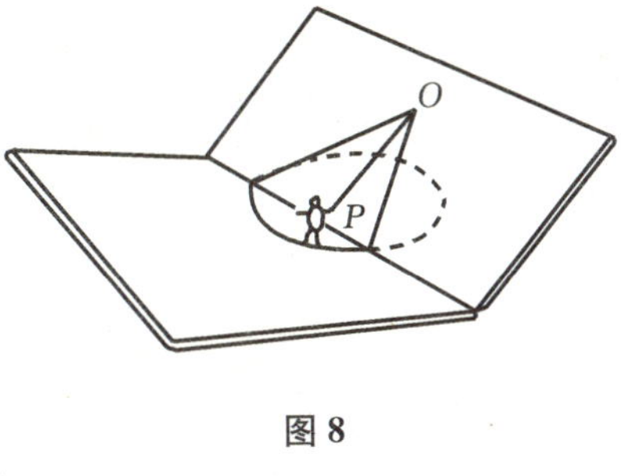

图 8

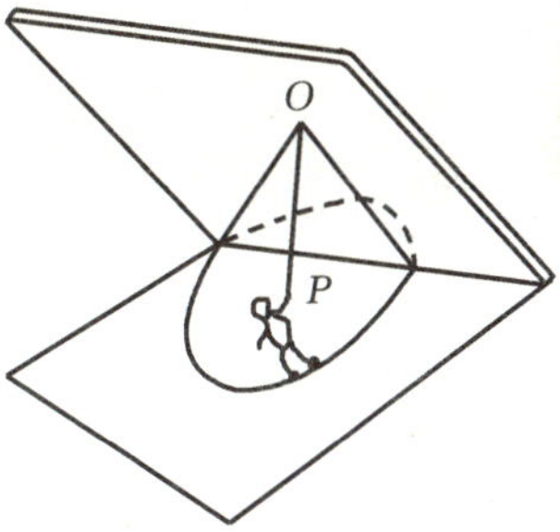

图 9

说穿了，就这么简单。

在学数学的时候，常常需要这样来想问题，把抽象的问题化成具体问题来考虑。脑子里不妨先离开那些公式、符号和定理，看看它大体上是怎么回事。这样做，好比到一个陌生的城市去找一栋楼房之前，先站到山上看看这个城市里的街道，看得大体清楚了，进城去找就容易多了。

数学家把这种做法叫做“从直观上弄清楚”。直观上清楚了，并不能代替严密的论证，但能帮我们找出正确的结论，启发我们如何去证明它。

最后，留给你一个问题：能够用圆规在纸上画出一段直线吗?

答　　案

把纸贴在圆筒形的盒子内侧，圆规的针脚固定在盒子底部中心，这样就可以画出一条直线了。

从朱建华跳过 2.38 米说起

1983 年 6 月，朱建华跳过 2.37 米，打破了男子跳高世界纪录。

9 月 22 日，他又飞过 2.38 米的新高度！

世界跳高纪录在 1 厘米 1 厘米地增长。既然跳过了 2.38 米，那谁又能说 2.39 米、2.40 米不会被征服呢？

1 厘米，只有那么一点。在已经达到的高度上增加那么一点，似乎总是可能的。

但是，如果真的 1 厘米 1 厘米地不断加下去，你会发现人需要跳过的高度将是 3 米、5 米、10 米，直至比月亮还高！

也许 1 厘米太多了一点。1 毫米 1 毫米，1 微米 1 微米地增长是不是可能呢？

也不行，你可以算出来：即使每次只增长一微米，只要一次又一次不断刷新纪录，人还是会跳得比月亮还高。

不管多么小的正数 a，哪怕是万分之一，亿亿分之一，把它重复相加：$a+a=2a$，$2a+a=3a$，$3a+a=4a$，加的次数多了，便能够要多大、有多大。数的这条性质，叫做阿基米德性质，或阿基米德公理。这个阿基米德，就是那位发现浮力定律的古代希腊科学家。

照这么说，是不是一个正数加上一个正数，再加一个正数，再加、再加……不断加下去，就一定会越来越大，要多大有多大呢？

这可不见得。越来越大是对的。可是要多大有多大，就不一定了。

为什么呢？刚才不是说，不管多么小的数，只要反复地加，可以要多大、有多大吗？

阿基米德公理说的是同一个正数反复地加上去，要多大有多大，如果每次加上去的不是同一个数，是越来越小的正数，情形就变了。

从 0.3 开始，加上 0.03，再加 0.003，0.0003，无穷地加，确实越来越大，和 1/3 的差越来越小；但这样无限加下去，热论如何也达不到 1/3（为什么，请想一想）。所以规定：

$$1/3=0.\dot{3}=0.3+0.03+0.003+0.0003+\cdots\cdots$$

另一个例子是

$$1=\frac{1}{2}+\frac{1}{4}+\frac{1}{8}+\frac{1}{16}+\cdots\cdots$$

它的意思，从右图上可以看个明白。一个正方形中无穷多个长方形的面积之和只能越来越接近于这个正方形的面积，却根本不可能比这个正方形更大。

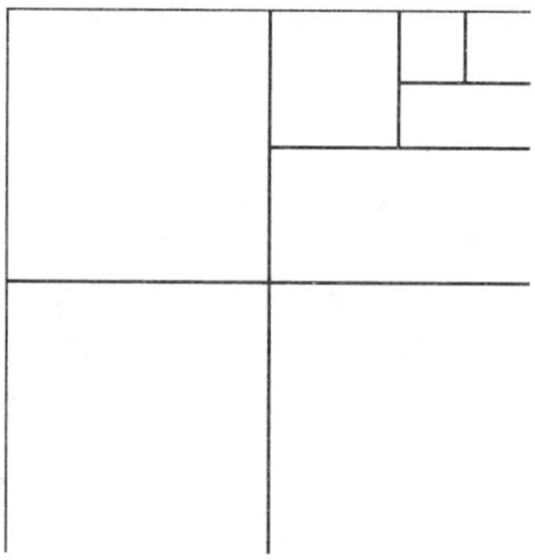

根据上面的例子，是不是又可以说：一串越来越小，要多么小就能多么小的正数，一个个加起来，就不会变得很大很大，要多大有多大了呢？

你要是这样看，那就又错了。

比方，从 1 开始加上两次 1/2，再加三次 1/3，四次 1/4……不是照样可以要多大，有多大吗？

也许你不服气。因为加上去的数重复的很多。那就再看这个例子：

$$1+\frac{1}{2}+\frac{1}{3}+\frac{1}{4}+\frac{1}{5}+\frac{1}{6}+\frac{1}{7}+\frac{1}{8}+\cdots\cdots$$

它这样加下去，也会要多大，有多大。你明白其中的道理吗？

道理也很简单：

$\frac{1}{3}+\frac{1}{4}$比 2 个$\frac{1}{4}$大，大于$\frac{1}{2}$；

$\frac{1}{5}+\frac{1}{6}+\frac{1}{7}+\frac{1}{8}$比 4 个$\frac{1}{8}$大，也大于$\frac{1}{2}$；

$\frac{1}{9}+\frac{1}{10}+\cdots\cdots+\frac{1}{15}+\frac{1}{16}$比 8 个$\frac{1}{16}$大，也大于$\frac{1}{2}$；

…………

可见，其中要多少个 1/2，有多少个 1/2，加起来，不就是要多大有多大了吗！

在这篇文章里，从朱建华破跳高世界纪录开始，我们讨论的都是加法，都是无穷多个数相加的问题。在数学中，无穷多个数“相加”，叫做无穷级数。无穷级数属于高深的数学知识，要在高等数学中才学到，可以用来解决许多科学上的难题。但是在我们讲的这些当中，你却可以看到，高深数学的基本思想，就寓于平凡的事物中。

逃不掉的老鼠

一条长线上有 5 只猫，各管一段线。一条短线上有 5 只老鼠，各有一段活动范围（图 1）。猫和老鼠都编了号码，1 号猫负责捉 1 号老鼠，2 号猫负责捉 2 号老鼠，这样继续下去，直到 5 号猫负责捉 5 号老鼠。如果把短线和长线放在一起，但短线的两端不能伸到长线之外（图 2）。这时候，是不是总有一只（也许有更多）倒霉的老鼠，它的活动范围恰好和专门捉它的那只猫的防区相接触呢？

图 1

观察图 2，你会发现，不管如何划分线段，也不管短线在长线两端之内如何移动，至少有一只老鼠要倒霉。图 2 中我们用箭头指出了这些逃不掉的老鼠的号码，最下面的（c）中，2 号猫的防区刚刚和 2 号老鼠的活动范围边界相连（3 号也一样），也算是相接触了。如果不是边界和边界正好对准，就像图 2（a），（b）中所画的那样，防区和同号码的活动范围总有更多的接触。

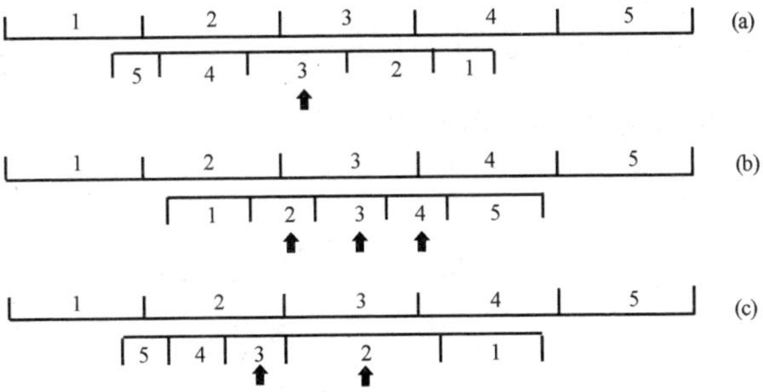

图 2

是不是因为猫和老鼠都太少，才碰巧发生这种情形呢？你不妨自己再画些类似的图，把大小线段都分成 10 段、20 段、100 段来看看！你会惊奇地发现，总会有两个相同的号码凑在一起。

这里面有没有什么道理呢？

说穿了也很简单：请看图 3，小线段左端的号码 1，对应于比它大的 7；右端的 100，对应于比它小的 94，从左往右看，一开始是上面的号码大，到后来变成上面比下面的小了，不难想象，中间一定有某个地方，上下的号码正好相等。事情就是这样平凡，这好比两人赛跑，一开始甲在乙的后面，后来甲又超过了乙，是不是一定有那么一瞬间，甲和乙并肩前进呢？这是很显然的。

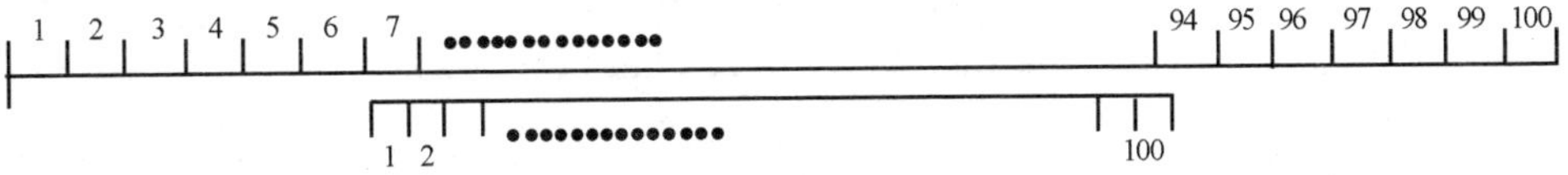

图 3

如果图中短线段的号码是从右边开始，道理也一样，就像两人在一条路上互相迎面走来，总要见面一样。

同样的道理，如果长线段上的每个点代表一只猫，它的号码用 0 到 1 之间的实数 x 表示，x 就是它到端点 0 的距离。短线段上每个点代表一只老鼠，号码也连续地从 0 变到 1。尽管这时候猫和老鼠都有无穷多只，防区和活动范围都缩小到一个点，可是，总有一只老鼠倒霉，它正好碰上和它号码相同的猫！如图 4，用一条和两根线段垂直的虚线来截它们，把虚线从左向右慢慢移动。在 a 和 b 两个截点上，你会发现，一开始上面的数字大（$a>0$），到后来下面的数字大（$b<1$）。也就是说，在虚线慢慢地右移时，下面截点的数，从"落后"慢慢变成了"超前"，这中间一定有个地方，下面正好赶上了上面，也就是 $c=c$。不过，c 点究竟在什么位置，可就不知道了。

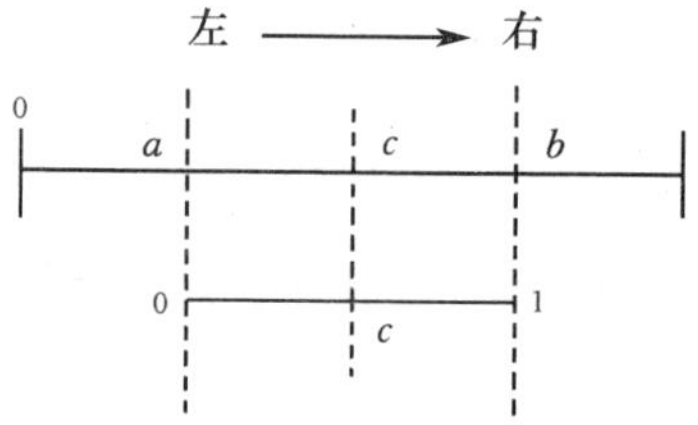

图 4

要是用矩形代替线段，就更有趣儿了。把大矩形划分为 9 个防区，小矩形按相似的顺序编号，划为 9 个活动范围。把小矩形画在透明纸上，叠放在大矩形里，不管怎么放，总有一只老鼠，它的活动范围和号码相同的猫的防区相接触！如图 5 中用箭头指出了这些号码。

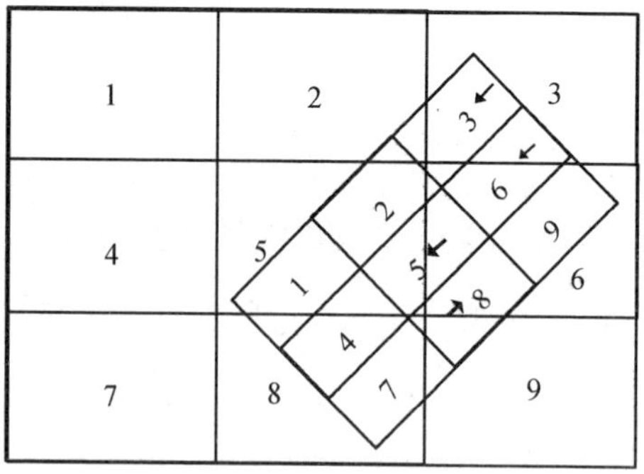

图 5

如果把大小矩形都分成 100 格、1000 格，同样的情况仍然会发生，即使小矩形画得不那么规矩，画成了平行四边形、梯形，甚至弯弯曲曲，歪歪扭扭，都没关系。你就是把小矩形折叠几次，或揉成一团，（不要撕破）压放在大矩形里，还是至少会有一只逃不掉的老鼠（如图 6）。

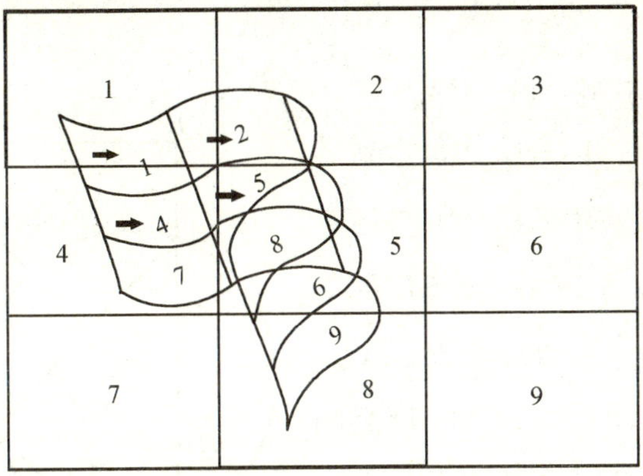

图 6

如果把矩形换成长方体，把小长方体放到大长方体内，情形仍是一样！这里面包含了一条高深的数学定理，叫做不动点定理。它有很多的变化、推广和应用。许多科学问题的求解，可以用不动点定理来帮忙哩！

不动点定理还可以用一个简单的例子说明：把一张小的中国地图放在大的中国地图内，一般地说，大地图上的北京、上海、杭州是不会和小地图上的北京、上海、杭州正好落在一起的，它们都动了位置。但可以肯定，一定有一个地方没有动，它在两个地图上的标记落到一块了。如果大小地图相似，这个定理可以用下列几何题来表达。你能做出来吗？

正方形 $A'B'C'D'$ 在正方形 $ABCD$ 之内，请在 $A'B'C'D'$ 内找一点 P，使 $\triangle PA'B' \backsim \triangle PAB$（$P$ 就是不动点）。

答　案

假设 P 点已找到，由 $\triangle PA'B' \backsim \triangle PAB$，故 $\angle PB'A' = \angle PBA$。延长 $B'A'$，交直线 AB 于 E，由 $\angle 1 = \angle 2$ 知 $\angle 3 = \angle 4$，故 P 在 $\triangle B'EB$ 的外接圆上。同理，P 也应当在 $\triangle A'FA$ 的外接圆上（F 是 $A'D'$ 和 AD 交点），作出这两个圆，便把 P 找出来了。如果 $AB /\!/ A'B'$，上述方法失效。这时 P 点应当是直线 AA' 与 BB' 交点。

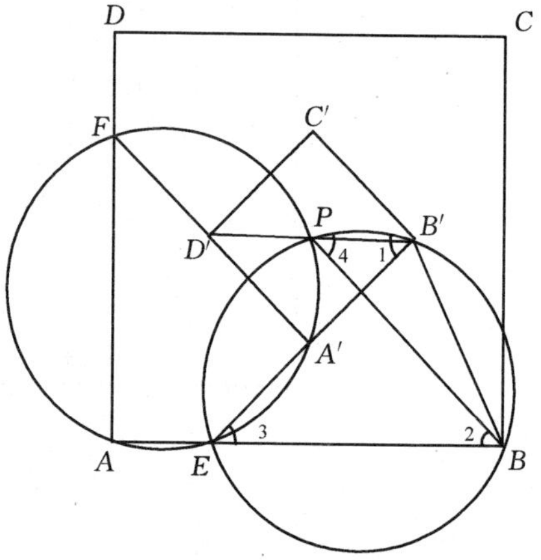

石子游戏与同余式

（一）

让我们来玩拿石子的游戏吧！

一堆石子，你抓一把，我抓一把，总会抓光的。谁抓到最后的一把，就算输。

光这样规定行吗？先抓的人一下子抓得多，只剩下 1 颗，不就轻而易举地取胜了吗？

那就规定，每次最多不能超过多少。比方说，每次至多取 8 颗石子，再多了就不行。至少呢，总得拿 1 颗吧，如果允许不拿，那最后 1 颗谁也不肯拿了。

两个人都想胜，就要琢磨取胜的方法。石子多了头绪太多，先想想最简单的情形。

1 颗石子，很简单，谁先拿谁输。

2 颗石子，先拿的人就稳操胜券了。拿 1 颗，留 1 颗就是。再多几颗，只要不超过 9 颗，总是先下手为强，他总可以一下拿得只剩下 1 颗石子。

9颗再多1颗，情况又不同了。我先拿，无法拿得只剩1颗。你接着拿，倒可以让石子只剩1颗。具体方法是：我拿1你能拿8，我拿2你就拿7，我拿3你就拿6……总之要凑够9颗。结果，先拿的反而输了。

石子数目只要是9的倍数加1，后拿的人总可以“后发制人”，用“凑9法”来对付先拿的人。9颗9颗地把石子拿掉，剩下1颗时，正轮到先拿的人。

要是石子数用9除不是余1，主动权就在先拿的人手里了。比如石子数目是58，用9除58余4。你先拿，拿走3颗，石子数变成55，用9除余1了。以后不论我怎么办，你都可以用凑9法取胜。

游戏的全部奥秘都已揭露无余了。知道奥秘的两个人来玩，当然便索然无味。

把规矩改一改呢？比如，每次至多可以拿7颗，或4颗，又该如何呢？这样变不出多少花样来。每次拿7颗，当石子数用8除余1时，先拿的输；其他情况，先拿的胜。至于奥秘，不过是把凑9变成凑8而已。

当然，在拿的过程中不能失误。失误一次，被对方发现，立刻由主动变为被动了。

不论是规定拿最后1颗的为胜还是为负，掌握了取胜奥秘者，必须先算一算石子数目被9除余几（要是每次不超过7颗，要算算被8除余几，不超过6颗，要算算被7除余几）。在这类游戏中，取胜的关键在于很快地算出一个整数被另一个整数除时的余数。可是你能不能做到这一点呢？有没有一种简便的计算余数的方法呢？

（二）

上一期我们介绍了一种有趣的石子游戏，这个游戏牵涉到余数的问题，引起了小读者的注意。如何用简单的方法算出余数呢？我们不妨来逐个研究一下。

用9除一个数的余数，很容易算。只要把被除数各位数字加起来代替原来的数就可以了。在加的过程中9可以换成0。例如，要问358472用9除余几，可计算

$$3+5+8+4+7+2=29$$

用9除29余2，所358472用9除余2。

实际上，还可以更简单一些：7+2=9，5+4=9，所以只要计算3+8=11用9除时的余数。

道理何在呢？也很简单：

$$\begin{aligned}358472 &= 300000+50000+8000+400+70+2\\&=3\times(99999+1)+5\times(9999+1)+8\times(999+1)\\&\quad+4\times(99+1)+7\times(9+1)+2\\&=9\times(33333+5555+888+44+7)\\&\quad+(3+5+8+4+7+2)\end{aligned}$$

可见358472与（3+5+8+4+7+2）相差的是9的倍数，用9来除，余数当然一样。

求余数的实质，是从被除数里去掉除数的倍数。抓住这一点，你就能发现另外一些求余数的方法：

除数是3时，求余数的方法和除数是9时完全一样。如425除以3可换成4

+2+5 除以 3。

除数是 4 时，可以用被除数的最右边的两位数代替原数，并且可以去掉个位数里含的 4 和 10 位数里含的 2。例如，369257 除以 4，余数和 57 除以 4 一样。5 里面有两个 2，去掉后是 1，7 里面有一个 4，去掉后是 3，用 4 除 13 余 1，故 369257 用 4 除余 1。

如果用符号代替语言，能把求余数的方法表达得更简单：

两个数用 9 除时余数一样，就说这两个数“模 9 同余”。“模”，就是个标准。若 a 和 b 是模 9 同余的话，就可记成

$$a \equiv b \pmod{9}$$

或更简单地记成 $a \overset{(m9)}{=\!=} b$。例如 $28 \overset{(m9)}{=\!=} 10$。类似地，还有模 8 同余、模 7 同余、模 10 同余、模 236 同余，都可以。这种式子叫**同余式**。例如 $10 \overset{(m8)}{=\!=} 2$，$34 \overset{(m7)}{=\!=} -1$，$25 \overset{(m5)}{=\!=} 0$，等等。

模相等的同余式两端可以相加、相减、相乘。这种性质就像等式一样。

用一下同余式的写法和运算规律，能把用 9 作除数时的余数计算方法说得又简单又明白，因为

$$10 \overset{(m9)}{=\!=} 1 \tag{1}$$

两端自乘得

$$100 \overset{(m9)}{=\!=} 1 \tag{2}$$

再用（1）×（2）得 $1000 \overset{(m9)}{=\!=} 1$……因而

$$358472 \overset{(m9)}{=\!=} 3+5+8+4+7+2 \overset{(m9)}{=\!=} 3+8 \overset{(m9)}{=\!=} 2。$$

下面介绍一下用 6、7、8、11、13 几个数作除数时余数的简便求法，请你自己用同余式的运算规律来说明，或者不用同余式，直接用普通的算术式子说明。

除数是 6 时，把被除数的个位数字与其余各位数字之和的 4 倍相加，得数可以代替原来的被除数。在运算当中，大于 6 的数字可以减去 6。例如，问 897635 用 6 除余几？可以用 $4\times(8+9+7+6+3)+5 \overset{(m6)}{=\!=} 4\times(2+3+1+0+3)+$

$5\overset{(m6)}{=\!=}4\times(2+1)+5$ 来代替 897635，即用 17 代替原数，所以余数是 5。

除数是 7 时，可以把除数这样变小：

个位数字＋（3×十位数字＋2×百位数字－千位数字）

－（3×万位数字＋2×十万位数字－百万位数字）

＋（3×千万位数字＋2×亿位数字－十亿位数字）

－（3×百亿位数字＋……）

如要问 3986452 用 7 除余几，可计算：

$$2+(3\times5+2\times4-6)-(3\times8+2\times9-3)$$

在计算过程中，比 7 大的数可减去 7，比 7 小的数也可力加上 7，便得：

$$2+(1+2)-(3+1)=1$$

所以这个数用 7 除余 1。

除数是 8 时，只要看个位、十位和百位，计算一下：

个位数字＋2×十位数字＋4×百位数字，用计算结果代替原来的被除数。例如，要问一个数 6705493 用 8 除余几，只要看 493，对 493 处理的方法是：

$$3+2\times9+4\times4$$

记住有 8 就去掉，计算结果可以是 3＋2＋0＝5。即余数为 5。

除数为 11，求余数的方法特别简单，只要计算：

个位数字－十位数字＋百位数字－千位数字＋……算出来如果是负数，可以加上 11 的倍数使它变成正的。例如 34357 用 11 除余几？只要求

$$7-5+3-4+3=4$$

就知道它用 11 除余 4。

除数为 13，求余数的方法和除数为 7 时类似，计算方法是：

个位数字－3×十位数字－4×百位数字－千位数

＋3×万位数字＋4×十万位数字＋百万位数字

－3×千万位数字－4×亿位数字－十亿位数字

－……

计算过程中，可以把 13 去掉，也可以加上 13。

例如要问 893142 用 13 除余几，算法是：

$$2-3\times-4\times1-3+3\times9+4\times8$$

结果是 42，42 除以 13 余 3，就知道 893142 用 13 除余 3。

求用 14、15、16 作除数时的余数的简便算法，你知道吗？把上面介绍的方法中的道理弄通，你就能自己找出另一些方法了。

石子游戏与黄金数

（一）

前两次谈到的石子游戏，也许你觉得稍嫌简单了一点。不过，由它引出的余数问题，却是数学花园里一片引人入胜的所在。

现在试试另一种游戏。两堆石子。还是我们两个人轮流拿。谁拿到最后一个谁是胜利者。

一次允许拿几颗呢？至少一颗，至多不限，你把一堆一下子拿光都行。也可以在两堆里拿，但在两堆里要拿得一样多。这些规定是有道理的。如果允许在两堆里随便取，先下手的一下子拿光就胜了。

规则并不复杂。想要掌握取胜之道，可不是那么容易。

仍然从最简单的情形出发来思考：

如果一堆是空的，或两堆一样多，当然先拿的入胜。

两堆不一样，一堆至少是 1 颗，另一堆至少是 2 颗，先拿的必然输。不论他怎么拿，对方总能拿到最后一颗。

你马上就会想到：如果两堆之差为1，而且较小的一堆不止1颗，先拿的必然能胜利！他可在两堆里取相同的数，使石子剩下的是1颗和2颗。对方再也没有办法了。

这给了我们一个启示：如果两堆之差分别为2、3、4，又该怎么拿呢？

如果两堆之差为2，不妨设较少的一堆至少是3颗。否则，先拿的人在大堆里拿，总能让剩下的是1颗和2颗，便可稳操胜券。

较少的是3颗，另一堆便是5颗。这种情形，轮到谁拿谁输。

不信你拿一下试试。你从3颗中取1，我就从5颗中取4。你从3颗中取2，我从5颗中取3。你从5颗中取1，我就从两堆中各取2颗。你从5颗中取2颗呢，我就一下子拿光！总之，你拿过之后，我总可以把石子拿成1和2，或者拿光！

如果较少的一堆多于3颗，两堆之差为2，先拿的人又能取胜了。办法很简单：在两堆里同时拿，使剩下的数目是3和5。

两堆之差为3，又怎么分析呢？

不妨设较少的一堆至少是4颗。否则，我先拿，就把石子拿成3与5，或1与2。

这样，较大的一堆便是7颗。又是谁先拿谁输了。不过，刚才那么分析，石

子越多越麻烦。我们得抓点本质上的东西。

石子的数目是4与7。请你拿。你在不在较小的一堆里拿呢？当然不敢。把4拿成3、2或1，我就把另一堆拿成5、1或2。

好，你只有在大堆里拿，而且不敢把大堆拿成2或1，你拿过之后，两堆之差便小于3，我总可以把它拿成3与5，或1与2，或拿光！

我只要把石子拿成4与7，便能胜了。因此，两堆石子之差为3时，只要较少的一堆不是4颗，先拿的人必能取胜。

耐心分析下去，可以找到一张表：

两堆之差	1	2	3	4	5	6	7	8	9	10	11	12
小堆	1	3	4	6	8	9	11	12	14	16	17	19
大堆	2	5	7	10	13	15	18	20	23	26	28	31

表上有一对一对的石子数：(1，2)，(3，5)，(4，7)……如果你能把石子数目拿得和表上的某一对数相同，就能得到胜利。因为，不管我怎样拿，你总可以把石子拿得和表上另一对数字相符合。这样越拿越少，最后你把石子数拿成2。我只有认输。

这个表又是怎么造出来的呢？说出来简单：

(1) 差为1时，小堆1颗，大堆当然是2颗。

(2) 差为2时，小堆3颗，因为1与2都用过了，大堆当然是5颗。

(3) 差为3时，小堆4颗，因为1、2、3都用过了。大堆当然是4＋3＝7颗。

(4) 差为4时，小堆是6颗，因为1至5都用过。

以此类推，一句话：小堆里石子的数目，必须是前而没用过的数目中的最小的一个。这种办法就保证了一个特点：表上的石子数，拿过一次之后一定不在表上，但适当地再拿一次，又能回到表上！

取胜的奥秘你知道了。道理，多想想也不难想通。但你也许不知道，许多有趣而又有用的数学知识，和这张表有密切的联系！

（二）

石子游戏不仅有趣，还联系着一些有用的数学知识呢。如果我们把上期石子游戏中的那张表往后造下去，把小堆石子数与大堆石子数比一下，这个比值将会十分接近一个大名鼎鼎的数：

$$\frac{\sqrt{5}-1}{2}=0.61803398\cdots\cdots$$

我们通常简称它为 0.618。就是这个 0.618，它跟随我国杰出的数学家华罗庚教授奔走大江南北，在推广优选法中立下了汗马功劳。

早在古希腊，这个 0.618 已经被人们称为“黄金之数”。它和绘画、雕刻、建筑，都结下了不解之缘。

盖房子要开窗口。长方形的窗口，长与宽之比是多少才顺眼呢？大量的调查研究表明：长与宽之比是 1∶0.618 时，最为美观。

一根琴弦 AB，在什么位置弹奏，声音较为和谐、悦耳呢？如取 C 点使 $AC:CB=1:0.618$，就能达到这个目的。

舞台上的报幕员，站在中间嫌呆板，太靠边了又似乎失去了平衡。如果把位置选在 1∶0.618 的分点处，多数人会感到很得体。

这个 0.618，最初是怎么算出来的呢？如果你有二次方程的知识，便不难明白。

人们觉得，如果一个长方形的窗口，去掉一个正方形后，剩下的小长方形和原来的长方形相似，才叫美。

为了达到这个目的，要算一算。如图，设矩形长为 y，宽为 x。

去掉一个边长为 x 的正方形后，剩下的小矩形长为 x，宽为 $y-x$。

想要一大一小两个矩形相似，应当要求

$$\frac{x}{y}=\frac{y-x}{x}=\frac{y}{x}-1$$

设 $\frac{x}{y}=a$，得到一个方程 $a^2+a-1=0$，解出来 $a=\frac{-1\pm\sqrt{5}}{2}$。取正根，就得 $\frac{x}{y}=\frac{\sqrt{5}-1}{2}=0.618\cdots\cdots$ 也就是黄金数。

黄金数的故事是说不完的。它在许多地方出现。比如，五角星也和它有关。如图，$\frac{AB}{BC}$、$\frac{BD}{DC}$、$\frac{DE}{AD}$，都是 0.618……

叫人惊奇的是，某些植物生长的规律，也和 0.618 有关系。这里就不细说了。为什么石子游戏的取胜，又和 0.618 有关系呢？

原来，前面讲的数表，竟可以用公式表示：用 n 表示差数，A_n 表示小堆数，B_n 表示大堆数，就有：

$$A_n=\left(n\times\frac{1+\sqrt{5}}{2}\right)\text{的整数部分}$$

$$B_n=\left(n\times\frac{3+\sqrt{5}}{2}\right)\text{的整数部分}$$

例如，两堆之差为 5 时：

$5\times\frac{1+\sqrt{5}}{2}=8.09016$……整数部分是 8；

$5\times\frac{3+\sqrt{5}}{2}=13.09016$……整数部分是 13。

当不考虑由小数部分引起的误差时，便有：

$$\frac{A_n}{B_n}\approx\frac{n\times\frac{1+\sqrt{5}}{2}}{n\times\frac{3+\sqrt{5}}{2}}=\frac{1+\sqrt{5}}{3+\sqrt{5}}=\frac{\sqrt{5}-1}{2}$$

至于为什么会有这么巧合的公式，不是三言两语能说清楚的了。

小小的游戏，竟联系着如此深奥的数学原理！从这里，我们可以稍微领略一下数学规律的朴素的美。

石子游戏与递归序列

现在来玩一种新鲜的石子游戏。

石子只有一堆，限定石子的颗数是奇数。

拿法也很简单：甲乙两人轮流拿，每人每次只许拿 1 颗或 2 颗，不许多拿，也不许不拿。

这么简单的游戏，有什么奥妙呢?

奥妙就在胜负的规则上。这规则是：当石子拿完之后，谁拿到手的石子总数是奇数，谁就是胜利者。

这样，当你考虑该拿多少石子时，不但要看剩下多少石子，还要看手里有多少石子。比方说，只剩下 2 颗石子时，恰好该你拿，你怎么做，才能摘取这近在眼前的胜利之果呢？数一数手里的石子吧。手里是奇数，你就拿 2 颗，手里是偶数，当然拿 1 颗啦！怎么找制胜的诀窍呢?

我们已经有经验了。从最简单的情形入手研究，是掌握石子游戏规律的好办法，也是解数学题的一条基本法则。

只剩下一颗石子，先拿者胜。这说法对吗？粗想似乎不错。可是别忘了，胜负和手中的石子数还有关联呢！如果你手中有偶数颗石子（没有石子也算偶数颗石子），轮到你拿时，只有 1 颗石子，你当然胜了。如果不巧，你手中已有奇数颗石子，再拿 1 颗就成了偶数。而石子总数却是奇数。你拿到偶数，对方当然拿到奇数而获胜。

因此，不能把“只剩 1 颗石子”的局势简单地定性为“先拿者胜”，而应当具体地说成是“偶胜奇败”——先拿者手中有偶数颗石子则胜，有奇数颗则败。

如果是 2 颗石子，先拿者便能控制全局，稳操胜券。道理刚才已说过了：手中有偶拿 1 颗，手中有奇拿 2 颗嘛！

这样，“只剩 2 颗石子”的情形，可以定性为“奇偶皆胜”。

进一步考虑剩 3 颗石子的局势。如果轮到你拿，你千万不要只拿 1 颗，只拿 1 颗，对方便面临“奇偶皆胜”的幸运场面了。如果你拿 2 颗呢？对方面临的是“偶胜奇败”的境地。在剩 3 颗石子的情形下，两人手中石子数之和为偶数，你手中的奇偶性和对方相同，所以对于你，便是“奇胜偶败”了。因此，只有 3 颗石子的局势，叫做“奇胜偶败”。

4 颗石子的局面，你当然不能拿 2 颗，以免对方占据“奇偶皆胜”的制高点。拿 1 颗，对方是“奇胜偶败”。对于你，是不是又可以说是“偶胜奇败”呢？这回不行了。因为你已经拿了 1 颗石子，改变了自己手中的奇偶性。所以对于你也是“奇胜偶败”。

剩下 5 颗石子时，你手里的奇偶性和对方是一致的。如果你是偶数，对方也是偶数。不管你拿 1 颗或 2 颗，对方总会陷入“奇胜偶败”的绝境。反之，如果你手中的是奇数，对方也是奇数，不管你拿 1 颗或 2 颗，都无可奈何地把“奇胜偶败”的有利局面拱手让人。

因此剩 5 颗石子的定性结论是“偶胜奇败”。和剩 1 颗石子的局面相同。

剩 6 颗的局势会不会又和剩 2 颗局面一致呢？

果然不错。剩 6 颗时，两人奇偶相反。你手中是偶数时，取 1 颗，对方陷入“偶胜奇败”的境地。你拿到奇数时，取 2 颗，对方陷入“奇胜偶败”的境地！所以剩 6 颗和剩 2 颗一样，是“奇偶皆胜”！

是不是要继续分析还剩 7 颗、8 颗、9 颗各种局面呢？看来不必了。剩 5 颗等于剩 1 颗，剩 6 颗等于剩 2 颗，剩 7 颗岂不是等于剩 3 颗了吗？如此循环，规律不就找到了吗？

是不是真的循环呢？

为了讨论起来简便，我们用字母代替语言。字母 B 代表“奇偶皆胜”（B 是 both 的第一个字母），O 代表“奇胜偶败”（O，即 odd，奇数），E 代表“偶胜奇败”（E，即 even，偶数）。

我们已经弄清了，剩下石子为 1、2、3、4、5、6 颗时，顺次出现的局势是 EBOOEB，所以猜想：接下去会继续循环，成为一组很有规律的排列，EBOOEBOOEBOO……

怎样从开始的 EBOOEB，推断出后面的一串呢？只要证明下列几条规律就够了。

（1）若 EB 前面字母个数为偶数，EB 之后必为 O，且 BO 前面有奇数个字母。

（2）若 BO 前面字母个数为奇数，BO 之后必为 O，且 OO 前面有偶数个字母。

（3）若 OO 前面字母个数为偶数，OO 之后必为 E，且 OE 前面有奇数个字母。

(4) 若 OE 前面字母个数为奇数，OE 之后必为 B，且 EB 前面字母个数为偶数。

一条接一条地应用这 4 条规律，周而复始，就能证实我们的猜想。

这 4 条规律证起来并不难。同学们不妨试着分析一下。这是很好的逻辑思维训练呢！这样一列符号，后面的每项由前面相邻的几项所确定，在数学里叫做递归序列。这里每项仅仅由前两项确定，叫二阶递归序列。

由有限个符号组成的递归序列，最后一定会出现循环。

牢牢记住 EBOO 这四个字母的顺序，只要你手中的石子的奇偶性符合面临局势的代表字母，便胜券在握了。

什么叫符合？比方说，现在轮到你拿石子了。剩下石子的数目是 9，把 9 用 4 除余 1，4 个字母中第一个是 E，你面临的局势为 E，E 代表偶数。如果你手中石子恰是偶数，你便能胜利。

类似地，剩下的数目被 4 除余 2 时，你面临局势 B，奇偶皆胜！被 4 除余 3 或除尽时，你手中为奇数时才有取胜把握。

会正确地分析形势了，还要会选择正确的策略。否则，一个回合之后，有利的局面便会被对方夺去。

如何牢牢控制胜利的局面呢？记住下面的几个要诀：

剩下石子是 4 的倍数时，取 1 颗；

剩下石子用 4 除余 3 时，取 2 颗；

剩下石子用 4 除余 1 时，取 1 颗、2 颗均可；

剩下石子用 4 除余 2 时，手中为奇数时取 2 颗，手中为偶数时取 1 颗，总之让自己手中的石子数凑成奇数。

按这几条取石子，如果有了胜利局势，决不会丧失。如果最后输了，那说明你本来就没有得到有利形势。而且对方策略一直正确，所以你败而无憾。

还有两种最简单的情形，一开始可以决胜。

如果石子总数是 $m=4k+1$，先拿的必可取胜。取胜之道是：先拿 2 颗，以后对方拿几颗，你也拿几颗。最后自然胜利。

如果石子总数是 $m=4k+3$，后拿的必可取胜。取胜之道是：对方拿几颗，你也拿几颗。

要是一开始你无法利用这两种机会，那就只有按前面的 4 条要诀行动，静观其变，等待对方犯错误了。

最后这两条简单的取胜方法，道理何在呢？作为习题，请你动动脑筋。

解　答

如果石子总数是 $4k+3$ 颗（3、7、11……）对方先拿。你的拿法是：他拿多少，你拿多少，这样每一个回合，剩下的石子减少 4 颗或 2 颗，最后可能剩下 3 颗或 1 颗。如果剩 3 颗，说明两人一共拿了 $4k$ 颗，每人都有 $2k$ 颗。你手中是偶数，该他拿，无论如何，你总能拿到 3 颗中的 1 颗。如果剩 1 颗，说明每人手中已有 $2k+1$ 颗石子，最后一颗是他的，他当然输了。

如果石子总数是 $4k+1$ 颗（5、9、13……），你先拿。拿掉 2 颗之后，石子数变成 $4(k-1)+3$ 颗，就回到刚才研究过的情形了。

镜子里的几何问题

用一面镜子照照自己。如果镜子太小，你就看不见自己的整张面孔。换一面大点的镜子，可以看见整个头部了，还能看见自己的上半身了。如果想看到全身，镜子还得再大点。

这时，一位同学从你背后走来。你在镜子里看到了他。看到的居然不是半身，而是全身！这有点怪。为什么看不到自己的全身呢？

也许，是因为离镜面近了些吧，所以看不见全身。现在你离远一点。结果还是不行。不管你离镜子多远，你所看到的镜子里的你，仍然是那么一部分。

要想看到自己的全身，镜子要再大一些。要多大才行呢？

是不是要和你一样高呢？不要那么大。镜子的高度有你身长的一半就行了。

道理很简单。看看图 1。AB 是你，镜子里的你是 $A'B'$，镜面是 PQ。你离镜面多远，镜子里的你离镜面也是那么远。你站直了，镜子里的你也站直了。镜子直立着，所以 PQ 和 $A'B'$ 是平行的。你的眼睛是 E。P 是线段 EA' 的中点，Q 是 EB' 的中点。平面几何里有一条十分有用的定理："三角形两边中点连成的线段，长度是第三边的一半"，所以 PQ 应当是 $A'B'$ 的一半，也就是你身高的一半。

再小，你的视线就过不去了。

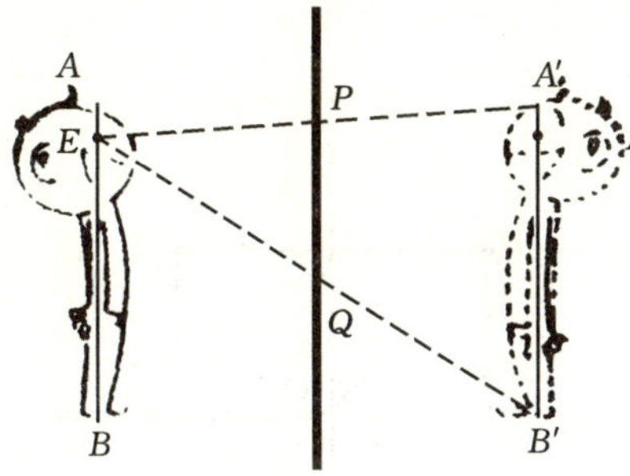

图 1

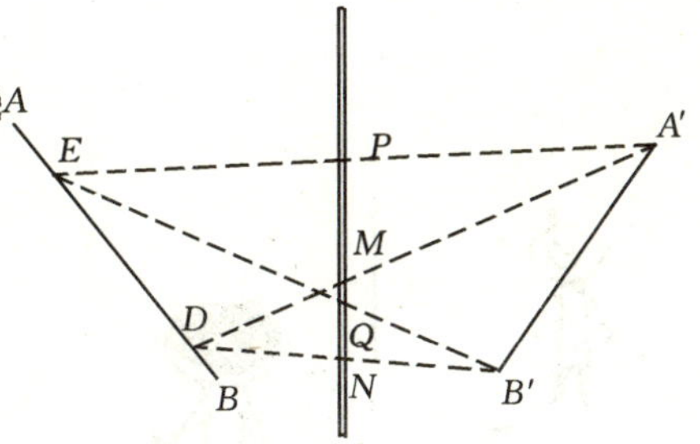

图 2

要是你斜靠在一块板上，如图 2，情况就不同了。E 点仍是眼睛，这时 PQ 就比 $A'B'$的一半还大。你要是倒过来，头朝下斜靠着，D 是眼睛，镜子的长 MN 可以比 $A'B'$的一半小。不过，你肯定不喜欢这么照镜子。

为什么你能看见镜子里的同学呢？看图 3 就明白了。这一次 AB 和 $A'B'$表示你的同学和他的镜中像。E 还是你的眼睛。你看，PQ 比 $A'B'$的一半要小多了。你的同学离镜子越远，你的眼睛离镜面越近，所需的镜子长度 PQ 越小。利用相似三角形的几何知识，只要知道了你的同学到镜面的距离和你自己到镜面的距离，就很容易求出 PQ 与 AB 的比。事实上：

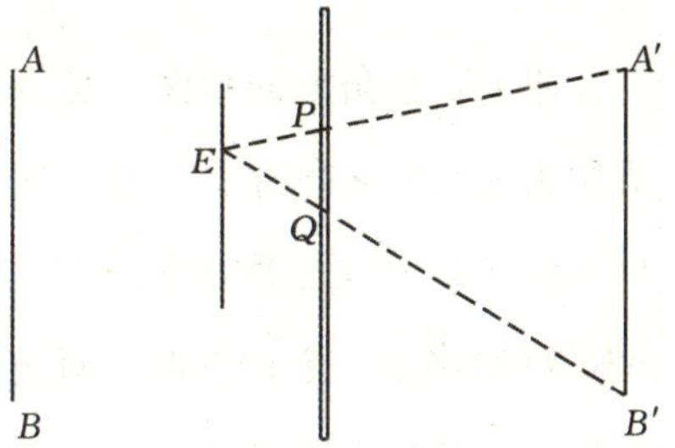

图 3

$$\frac{E\text{到镜面的距离}}{E\text{到镜面距离}+AB\text{到镜面距离}}=\frac{PQ}{AB}$$

如果你的房间墙上有一面大镜子。你走动时，镜中的你也在走动。你朝他走去，他就向你走来。你沿着墙走，他跟着你走。当你走到墙角，如果墙角是由两面大镜子构成，就会发生一个有趣的现象：在镜子里，恰在墙角的地方，有你的影像。不管你怎么走动，镜角里的你总在镜角处。把角缝比作一株树的树干，那镜里的你现在不但不跟你走，反而在和你捉迷藏。你向左动一动，他向右动一

动；你向右，他又向左。他总躲在“树”后，使你、他和树保持在一条直线上！（图 4）

图 4

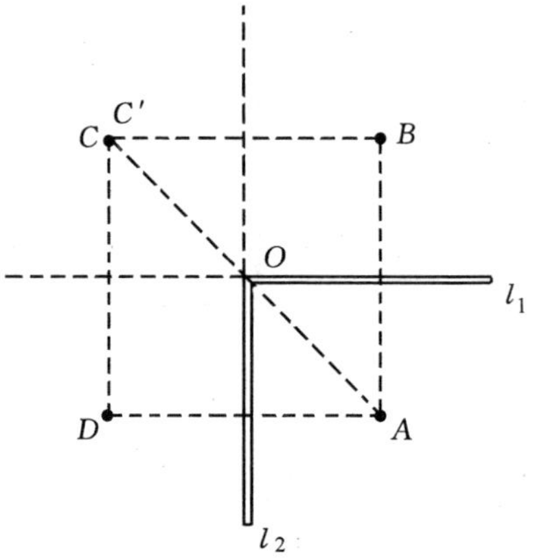

图 5

原来，在角上的影像，是两次镜面反射的结果。如图 5，物体 A 在镜子 l_1 里成像为 B，B 又在镜子 l_2 里二次成像为 C。另一方面，A 在镜子 l_2 里成像为 D，D 在镜子 l_1 里又二次成像为 C'，C' 的位置恰与 C 重合。不管 A 的位置如何变动，$ABCD$ 始终是一个长方形，而长方形的中心就是镜子所成的角棱所在之处。物体 A 与镜中镜的像连成的直线一定要通过角棱 O，怪不得你的镜中像一直躲在角棱的后面！

通常照镜子，你的右手在镜中是你的左手。但在镜角处，却不是这样。你的右手在镜中仍是你的右手。这是两次反射的结果。

在图 5 中，图形 A 和镜中像 B 一起组成轴对称图形，直线 l_1 是对称轴。而 A 和 C 则组成中心对称图形，O 是对称中心。

从图形 A 变成图形 B，这种变换叫做反射。确切地说，叫做关于直线 l 的反射。如果考虑的不是平面情形，而是空间情形，l 实际上不是直线，它代表平面——镜面，便说图形 A 经过关于平面 l 的反射而变成图形 B。

有不少几何问题，能用反射的技巧解决。图 6 是一个简单的例子：从 A 点出发到河边取水后回到 B 点（设河边是直线 l），怎样走使总路程最短？

解法很简单：以 l 为轴把 B 反射过去成为 B'。连直线 AB' 和 l 交于 P，P 点就是最短路程的取水处。要不，换一点 Q 比一比就知道了。

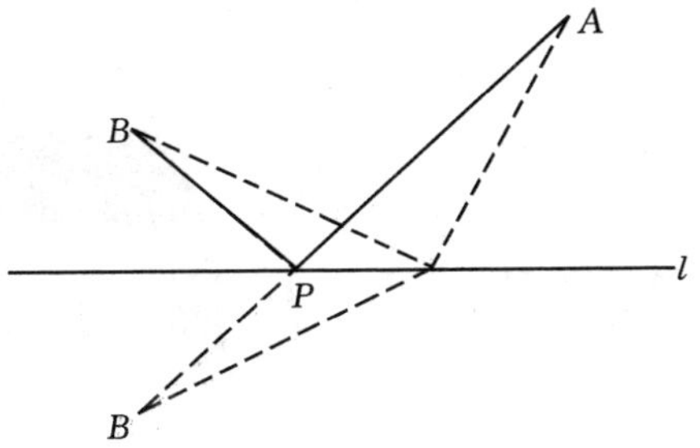

图 6

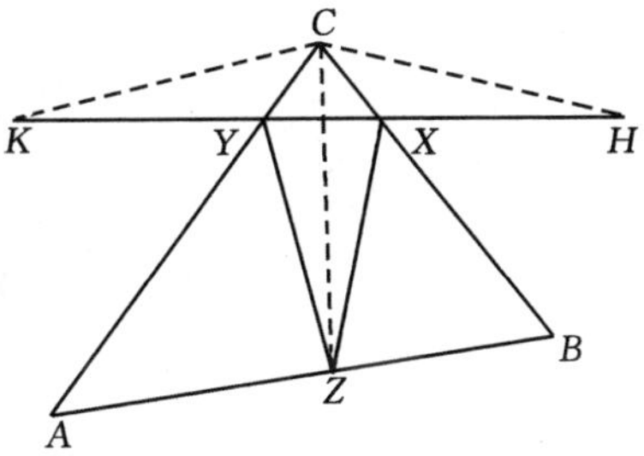

图 7

用反射的方法也能解决相当难的几何问题。有名的法格乃诺问题，就可以用反射法解决。

法格乃诺是 18 世纪意大利数学家。他提出的问题是：设△ABC 是锐角三角形。在三边上各取一点 X、Y、Z，怎样使△XYZ 周长最小呢？设 Z 是 AB 边上任一点。以 BC 为轴线把 Z 反射过去成为 H，以 AC 为轴线把 Z 反射过去成为 K（图 7）。直线 HK 手 BC、AC 分别交于 X、Y，因此

$$ZX+XY+YZ=HX+XY+YK=HK$$

所以，以 Z 为一个顶点的内接三角形中，△XYZ 周长最短（只要再找任两点 X_1、Y_1 比一下就知道了）。

刚才是固定了 Z 来思考的。如果 Z 在变化时，怎样使△XYZ 周长最短呢？这个问题请您思考一下。

从这个问题我们可以证得一个有名的定理：锐角三角形周长最短的内接三角形是它的垂足三角形。

在“代”字上做文章

代数比算术高明，高明在一个“代”字上。用字母来代替数，我们便会大开眼界。

用字母表示未知数，我们就有了解应用题的有力武器——方程。

用字母表示任意数，我们就有了各种各样的公式、恒等式、不等式。

在解题的时候，如果你对“代”字深有体会，适当代一下，往往可以收到意想不到的效果。

有这样一道题：

例 1 已知方程 $ax^2+bx+c=0$（a、$c\neq 0$）的两根为 x_1、x_2，试写出以 $\dfrac{1}{x_1}$、$\dfrac{1}{x_2}$ 为两根的二次方程。

这道题有多种解法。有的同学老老实实用公式求出 x_1、x_2 再算出 $\dfrac{1}{x_1}$、$\dfrac{1}{x_2}$，并利用 $\left(x-\dfrac{1}{x_1}\right)\left(x-\dfrac{1}{x_2}\right)$ 展开找到所要的方程。有的同学不用解方程的方法，而用韦达定理求出：$\dfrac{1}{x_1}+\dfrac{1}{x_2}=\dfrac{x_1+x_2}{x_1x_2}=-\dfrac{b}{a}\div\dfrac{c}{a}=\dfrac{-b}{c}$；$\dfrac{1}{x_1}\cdot\dfrac{1}{x_2}=\dfrac{1}{x_1x_2}=\dfrac{a}{c}$。然后

用根与系数的关系写出要求的方程：$x^2+\frac{bx}{c}+\frac{a}{c}=0$。有的同学则更妙，用“代”的方法，设所要求的方程中的未知数为 y，则 y 与原方程中的 x 互为倒数，即 $x=\frac{1}{y}$。把它代入原方程，得到 $a\left(\frac{1}{y}\right)^2+b\left(\frac{1}{y}\right)+c=0$，去分母得到 $cy^2+by+a=0$ 这就是 y 应当满足的二次方程！（注意，因为 a、$c\neq0$，故 x、y 都不会是 0）

用代的方法，我们还能解不少类似的题目。比如：要作一个一元二次方程，使它的根是方程 $x^2+3x-2=0$ 的根的三倍，怎么办？

好办，设 $y=3x$，则 $x=\frac{y}{3}$，代进去一整理，便得到$\frac{y^2}{9}+y-2=0$，也就是 $y^2+9y-18=0$。造就是所求的方程。

要作一个二次方程，使它的两根分别是方程 $x^2+px+q=0$ 两根的平方，怎么办呢？只要设 $y=x^2$，则 $x=\pm\sqrt{y}$，同样可以代进去。但是，这样要用到根式，麻烦。可以变通一下，把原方程移项变成 $x^2+q=-px$，两边平方得 $(x^2)^2+2qx^2+q^2=p^2x^2$，再用 $x^2=y$ 代进去，得到方程 $y^2+(2q-p^2)y+q^2=0$。

要是所求方程的两根分别是方程 $x^2+px+q=0$ 两根的立方，又该怎么办呢？

第一步：由原方程得，$x^2=-px-q$ ①

两端乘 x，$x^3=-px^2-qx$ ②

第二步：把①式代入②式右边的第一项里：

$$x^3=-p(-px-q)-qx=(p^2-q)x+pq,$$

也就是 $y=(p^2-q)x+pq$，故 $x=\frac{y-pq}{p^2-q}$，代到原方程里，就得到 y 应当满足的方程。要留心的是，用 p^2-q 做分母是不是合理？p^2-q 什么时候是 0？

代，对解方程也有帮助。有一位学物理的大学生，碰到一个方程，可以化成四次方程，但是很麻烦，可把他给难住了。我们来看看这个方程：

例 2 证明方程$\frac{1}{x^2}+\frac{1}{(x-a)^2}=\frac{1}{b^2}$的根，任何条件下全是实的。

要是直接进行有理化，就成了一个四次方程。如果仔细观察一下，把分母变得样子对称一些，便会给解题带来方便。

设 $x=y+\frac{a}{2}$，代进原方程之后，就是：

$$\frac{1}{\left(y+\frac{a}{c}\right)^2}+\frac{1}{\left(y-\frac{a}{2}\right)^2}=\frac{1}{b^2},$$

这样的方程去分母后变成：

$$2y^2+\frac{a^2}{2}=\frac{1}{b^2}\left(y^2-\frac{a^2}{4}\right)^2。$$

这是一个特殊形式的四次方程，用代换 $y^2=z$ 可以化成二次方程。下一步怎么做，你一定会做了。最后的解答是：$\Delta=a^2+b^2\geqslant 0$，即什么条件下，方程的根都是实的。

像这样用代换的方法使式子里出现对称形的想法，用处可不小。例如，要证明当 $0\leqslant x\leqslant 1$ 时，有不等式 $x(1-x)\leqslant\frac{1}{4}$，就可以设 $x=\frac{1}{2}+y$，因为 $0\leqslant x\leqslant 1$，故 $-\frac{1}{2}\leqslant y\leqslant\frac{1}{2}$，把 $x=\frac{1}{2}+y$ 代入：

$$x(1-x)=\left(\frac{1}{2}+y\right)\left(\frac{1}{2}-y\right)=\frac{1}{4}-y^2<\frac{1}{4}$$

一下子便出来了。

用代的方法还可以从一个平平常常的事实出发，推出一些有用的，不那么明显的式子。例如，若 A 是实数，总有 $A^2\geqslant 0$，用 $A=x-y$ 代入，得 $(x-y)^2\geqslant 0$，展开之后便是 $x^2-2xy+y^2\geqslant 0$，也就是 $x^2+y^2\geqslant 2xy$。当 $xy>0$ 时，把 xy 除过来便是

$$\frac{x}{y}+\frac{y}{x}\geqslant 2$$

这就不很明显了。如果在不等式 $x^2+y^2\geqslant 2xy$ 中，用 $x^2=a$，$y^2=b$，代入，便得 $\frac{a+b}{2}\geqslant\sqrt{ab}$，造就是用处很多的“平均不等式”！

刚才说的都是用字母代替字母，有时在一个公式里用数代替字母也有用处。一位同学在用因子分解公式时，把公式

$$x^3+y^3=(x+y)(x^2-xy+y^2),$$

错记成

$$x^3+y^3=(x+y)(x^2+xy-y^2)。$$

他觉得不对，但是又不能肯定，便设 $x=0$，$y=1$，代进去试，发现左边是 1，右边是 -1，马上肯定是错了。

但是，要注意，这样验证公式，如果两端相等，并不能断定公式没记错。比如，如果他设 $x=1$，$y=0$ 代进去，两边都是 1，也就发现不了错误。比较可靠的方法是，用字母代替记不准的地方，比方写成：

$$x^3+y^3=(x+y)(x^2+axy+by^2)$$

设 $x=0$，$y=1$ 代入，可求得 $b=1$，又设 $x=1$，$y=1$ 代入，得

$$2=2\times(1+a+1)$$

$$\therefore a=-1。$$

这样就把公式找回来了。

这个办法对记公式、恒等式很有用。

总之，“代”的方法，用处很广。它可以把已知与未知联系起来，把普遍与特殊联系起来，把复杂的式子变得简单而易于观察，把平凡的事实弄得花样翻新便于应用。在学代数，解代数题时，不要忘了在“代”字上多做文章。

第二篇　教学探索

再生的证明

一根磁铁棒，截为两段，在截断的地方，会产生两个新的极，变成了两根磁铁棒（图 1）。

一条蚯蚓，截为两段，在截断的地方，会长成两个肛门，变成了两条蚯蚓（图 2）①。

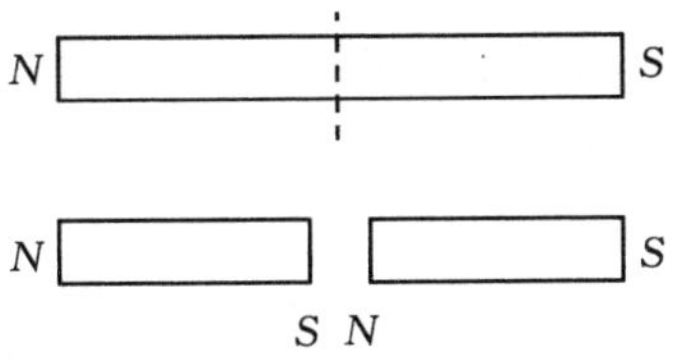

图 1

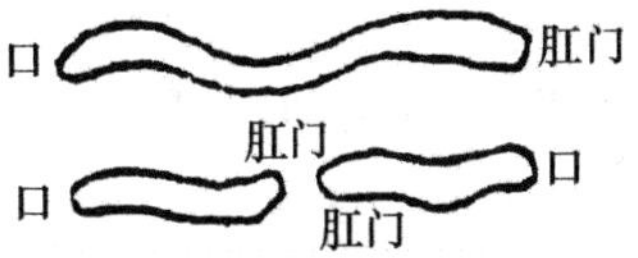

图 2

有人把这种现象叫做“再生”。

一个几何定理的证明，把图形砍掉一半，从剩下的半个圆形里，还能找出这个定理的证明吗？如果可以，我们不妨把它叫做“再生的证明”。

勾股定理，是几何学的一块重要的基石。它的证法多达 300 余种，最古老的

---

① 此事引自恩格斯《自然辩证法》，作者以为，蚯蚓似应为水蛭。存疑以待指正。

证法，出自我国古代无名数学家之手。如图 3，巧妙地利用一大一小的两个正方形的面积之差，一举奏效。这种证法变种极多，影响甚广。按图 3 而作的证法，众所周知，这里不赘言。

为科普小品津津乐道的是，在多达 300 余种的勾股定理的证法之中，居然有一个出自美国第二十届总统之手。这位总统叫加菲尔德，在 1876 年发表了一个勾股定理证法，1881 年当选为美国总统。

他的证法如图 4 所示：

“在直角$\triangle ABC$的斜边上作等腰直角三角形 BAE，其中 BA 和 BE 为两腰；过 E 作直线 CB 的垂线，交线段 CB 的延长线于 D。

容易证明$\triangle ABC\cong\triangle BED$，故 $BC=ED$，$AC=BD$。用 a、b、c 表示$\triangle ABC$中 A、B、C 各角对边之长，则

$$梯形\ AEDC\ 之面积=\frac{1}{2}(a+b)^2,$$

$$\triangle ABC\ 面积=\triangle BED\ 面积=\frac{1}{2}ab,$$

$$\triangle BAE\ 面积=\frac{1}{2}c^2。$$

于是得
$$\frac{1}{2}(a+b)^2=\frac{1}{2}ab+\frac{1}{2}c^2+\frac{1}{2}ab$$

整理一下，便得到 $a^2+b^2=c^2$。

不少资料上提到过这位总统先生的证法。但却未见有人指出：

这是一个“再生的证明”。读者不难发现：把图 3 沿虚线剪掉上方的一半，剩下的便是图 4。不但如此，就连证明的过程，每一步都是古老的中国证法所用等式的“一半”——等式两端同乘$\frac{1}{2}$所得的等式！你看，梯形面积是图 3 中大正方形之半，等腰直角$\triangle BAE$是图 3 小正方形之半，两个全等的三角形是图 3 中 4 个三角形之半！

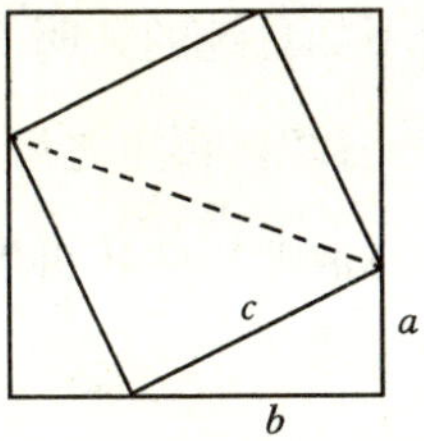

图 3

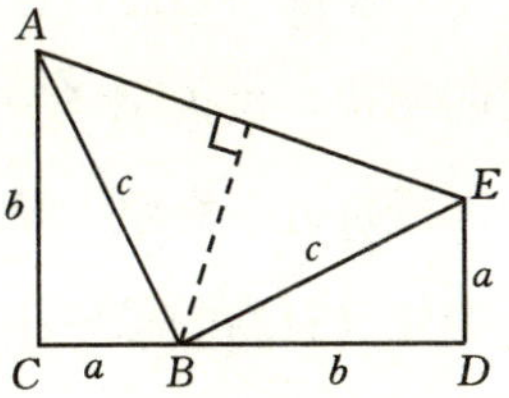

图 4

图 4 再剪掉一半，是不是还能成为又一个“再生的证明”的图呢？

有趣的是：果然不错。

在图 4 中过 B 作一条垂直于 AE 的虚线，沿虚线把右边的一半剪掉，便得到图 5。以图 5 为基础，可得勾股定理的下列证明：

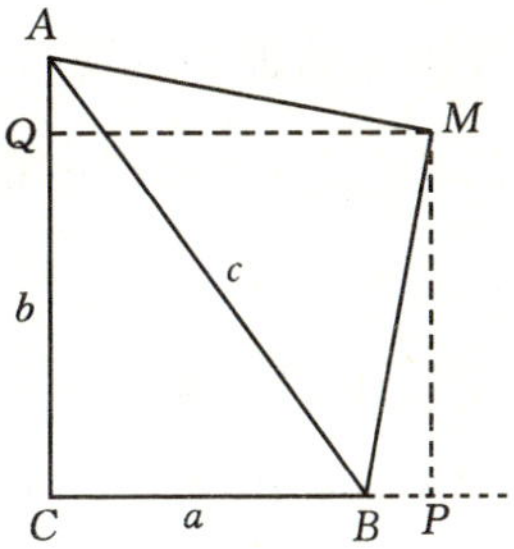

图 5

我们在直角 $\triangle ABC$ 的斜边 $+ AB$ 上作等腰直角 $\triangle MAB$，其中 $MA=MB$；自 M 向直线 AC 和 BC 引垂线，垂足分别为 Q 和 P。不妨设 $a\leqslant b$。

因 $AC\perp BC$，可得 $PM\perp QM$，从而 $\angle AMQ=\angle BMP$；再由 $MA=MB$，得知 $\triangle AMQ\cong\triangle BMP$，由此可证 $PMQC$ 是正方形。由 $AQ=BP$，可求得此正方形边长

$$PC=CB+BP=AC-AQ=\frac{1}{2}(a+b)。$$

于是显然有

$$ACBM\text{ 面积}=\text{正方形 }PMQC\text{ 面积}=\frac{1}{4}(a+b)^2，$$

$$\triangle MAB\text{ 面积}=\frac{1}{4}\times(\text{边长为 }c\text{ 的正方形面积})=\frac{1}{4}c^2，$$

$$\triangle ABC\text{ 面积}=\frac{1}{2}ab。$$

$$\therefore\ \frac{1}{4}(a+b)^2=\frac{1}{2}ab+\frac{1}{4}c^2，$$

整理化简，得到 $a^2+b^2=c^2$。这又是一个证明。

证明虽然再生了，但并不理想。这个证明不如总统的证明简洁，总统的证明不如中国古老的证明明快，可说是“一代不如一代”，再生之后，质量退化了！

退化的原因，大概是近亲繁殖，缺乏新鲜血液吧！两次再生过程，都不过是面积折半，如法炮制，没有新的思想注入。

能不能使再生的证明质量超过老一代呢？

再生，不一定非得把图形砍掉一半不可。壁虎尾巴可以脱落后再长一条出来，海星的部分肢体可以长成又一个小海星，也是再生。证明中所用的图形，取其部分，以构成新的证明，也不妨称之为再生的证明。

图 6 大家很熟悉。它表明了古希腊数学家毕达哥拉斯的一种证法，也是欧几里得几何原本中所载的勾股定理的证法。现行教材中，也普遍介绍了这个证法：$\triangle ABM$ 面积是正方形 $AMNC$ 之半，$\triangle AFC$ 面积是矩形 $ADEF$ 之半，但$\triangle ABM\cong\triangle AFC$，可见正方形 $AMNC$ 面积＝矩形 $ADEF$ 面积。同理，正方形 $BCKP$ 面积等于矩形 $BGED$ 面积，证明就完成了！

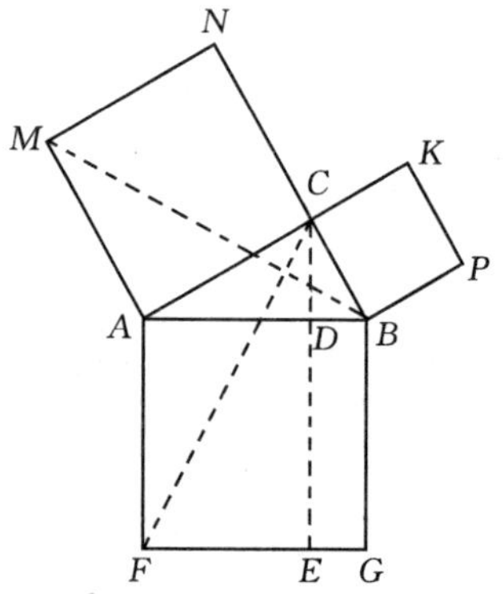

图 6

这个证明的出发点，是在$\triangle ABC$ 三边上各作正方形，证明斜边上的正方形是两腰上正方形面积之和。但在证明过程中，又是把每个正方形各取其半来比较的。既然各取其半可以，各取三分之一也可以，各取 k 分之一可以，各取其 a 倍也可以！最方便的是取怎样的一部分呢？

在以 AB 为边的正方形上，附贴了一个三角形 ABC，在 BC 为边的正方形上，附贴了$\triangle CBD$，AC 为边的正方形上，附贴了$\triangle ACD$。形成了三个彼此相似的三角形。由相似性，每个正方形面积和它边上附贴的三角形面积之比都一样。想证明两个小正方形面积之和等于大正方形，只要证明两个小三角形（$\triangle CBD$ 和$\triangle ACD$）面积之和等于$\triangle ABC$ 面积不就可以了吗？

这样，干脆把三个正方形剪掉，留下 A、B、C、D 这四个点构成的图形，便可以此为基础，再生出一个漂亮的证法：

如图 7，自$\triangle ABC$的直角顶点C向斜边AB上作高CD。易证$\triangle ABC$、$\triangle CBD$和$\triangle ACD$相似，根据“相似三角形面积与对应边之平方成正比”，可得

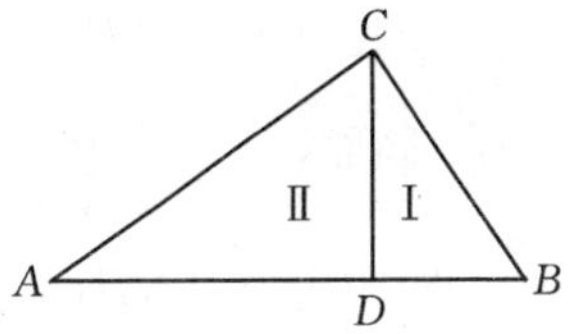

图 7

$\triangle$Ⅰ面积$=kBC^2$，$\triangle$Ⅱ面积$=kAC^2$。

$\triangle ABC$面积$=kAB^2$（$k>0$），

再由

$\triangle$Ⅰ面积$+\triangle$Ⅱ面积$=\triangle ABC$面积，

即得　$BC^2+AC^2=AB^2$。

以图 6 为根据，还可以得到一个不用面积关系的证法。通常教科书上也有介绍。不赘言。

在毕达哥拉斯的证明中，是用$\triangle ABM$来代表正方形$AMNC$的一半。如果干脆用对角线把这个正方形剖开，取其一半作代表岂不更好？好，连AN把AC边上的正方形分开了。为了把BC边上正方形的一半凑过来，我们不用对角线来分它，而是翻一下：在AC上取点I使$CI=CB$。这样，$\triangle BIC$面积是BC边上正方形的一半，$\triangle ANC$是AC边上正方形之半，它们两个三角形凑在一起是凹四边形$ANBI$，它的面积是不是AB边上的大正方形之半呢？

果然不错，如图 8，$\triangle ABC \cong \triangle NIC$，因此$NI=AB=AJ+BJ$，于是，注意到$NI \perp AB$，便有

$\triangle AIN$面积$=\frac{1}{2}IN \times AJ$，

$\triangle BIN$面积$=\frac{1}{2}IN \times BJ$。

两式相加，便知凹四边形面积确是AB边上大正方形之半。这是毕氏证法的一个变种。

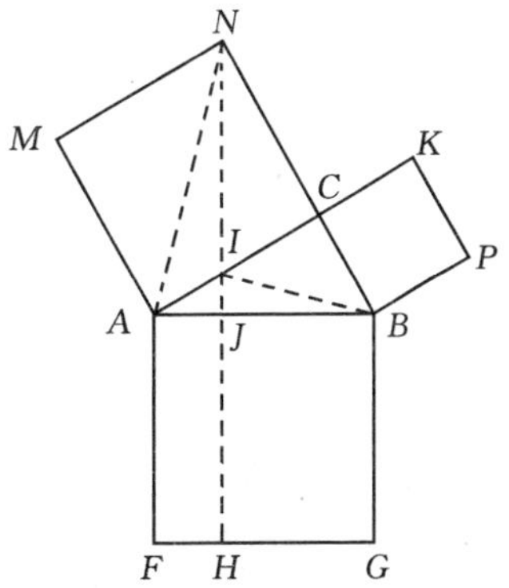

图 8

把这三个正方形去掉两个半，只剩下A、B、C、N、I、J这几个点，如图 9，又可得到一个再生的证明：

设直角三角形ABC的两腰$BC \leqslant AC$。延长BC至N使$CN=AC$，在AC上取I使$CI=BC$，则$\triangle ABC \cong \triangle NIC$，故$NI=AB$。

延长 NI 交 AB 于 J，由 $\angle 1=\angle 2$，可知 $NJ\perp AB$。因而，

凹四边形 $ANBI$ 面积 $=\frac{1}{2}NI\times AB=\frac{1}{2}AB^2$

另一方面又有：

$ANBI$ 面积 $=\triangle ACN$ 面积 $+\triangle BCI$ 面积

$=\frac{1}{2}AC^2+\frac{1}{2}BC^2$，

这就证明了 $AB^2=AC^2+BC^2$。

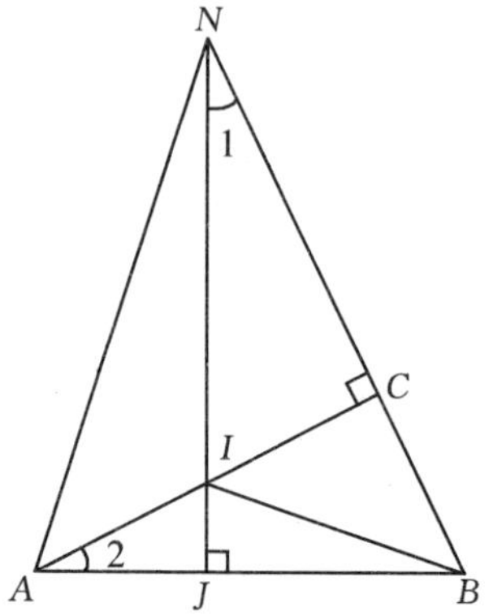

图 9

这个再生的证明，已隐去了它的原形，并且比原证明更简洁明快。在许多勾股定理证明之中，它应该说是最简单的了。因为图 7 的证法要用相似三角形，需要较多的准备，而这个证法只用到全等三角形和三角形内角和定理。

在几何教学中，一题多证，一例多变，是启迪学生思想，活跃学习气氛的有效方法之一。对几个重要的定理、例题或习题，从一种解法演化出几种解法，往往比分别孤立地介绍几种解法更易引起学生的思维共鸣，对学生的帮助更大。因为它着眼于几何图形的联系与变化，引道学生从学习走向创造。

要善问

有人说，数学的心脏是问题。

这话有理。试看一部数学史，不正是不断提出问题，解决问题的历史？问题，吸引着数学家深深开掘；为解决问题而创造方法，提出概念、建立体系，发展出一个又一个的数学分支。“平行公理能否证明”？这一问题把人们引入非欧几何的新天地，并启迪数学家们对公理化方法作深入的探讨。“高次方程有没有求根公式”？这一问题导致了群论的诞生。19 世纪的数学大师希尔伯特提出的 23 个问题，推动了 20 世纪许多数学分支的发展，更是众所周知的事实。

对于数学教师来说，善于提出问题，也极为重要。善于设问，能活跃课堂气氛，使学生通过自己的积极思维而掌握新课内容。

善于设问，能促使学生更深刻地理解数学中基本概念的实质，更灵活地运用所学的基本知识；能诱发学生独立思考的要求，使学生逐步学会思考的方法。

善于设问，也有助于教师自己的进修与提高。

对于多数人，尤其是对于青年人，一个看来自己能够解决的问题摆在面前，是富有引力的挑战。他会像棋手一样，把思维能力迅速动员起来，投入战斗。这对学习新的知识是极为有利的条件。

但是，教师必须了解自己学生的能力，把问题安排得使绝大多数同学经过努力能做出来。特别在学习新课的时候，更要小心。巧妙的安排能使学生在不知不觉之中进入新的知识领域，感到是自己动手挖开了宝藏，从而增强学习的兴趣与信心。

如果在学习一元二次方程的求根公式时，一开始提出："怎么解二次方程 $x^2+px+q=0$ 呢"？大概班上多数学生会茫然不知所对。适当缩小一下前进的步伐跨度，而提出求解下列几个方程：

1. $x^2=4$

2. $(x+2)^2=4$

3. $x^2+4x+4=49$

4. $x^2+4x=45$

5. $(x+a)^2=4$

6. $x^2+2ax+a^2=4$

7. $x^2+2ax=4-a^2$

8. $x^2+2ax=-q$

9. $x^2+px=-q$

10. $x^2+px+q=0$

大多数同学都将会自己找到求根公式。少数优生也许只要做 2、6、7、9 就行了。个别差生则要更多的指道。当然，整个过程之中，教师要做些画龙点睛的提示，并适时总结。

好的提问能帮助学生巩固和加深对基本概念的理解，帮助教师检查学生理解概念的程度。例如：$+a$ 和 $-a$ 哪个大？$x^2=a$ 的根是不是$\sqrt{a}$？$\sqrt{1-\sin^2 A}=\cos A$ 对不对？3.1416 是不是有理数？这类能够一针见血地检验出学生的概念错误的小问题，应注意收集，适时使用。

谁都知道学数学要多思考。学生的困难往往在于不知从何处思考起，也就是不会发现问题，不知道怎样提问题。教师向学生们提出的许多问题，可以起示范作用，教会学生如何找问题。

如何找问题呢？从已有的知识出发，通过引申、推广、对照，类比而提出问题，是最容易做到的，也是比较容易找到解答的。教师要向学生提出大量的这类“平凡”的问题让学生思考，这些问题不一定要求学生当做作业来做，主要目的是让他们学会提问题。

例如：一个定理中，条件改变一下，结论会有什么变化？圆内的点放到圆外怎样，正数改成负数怎么样？锐角改成直角或钝角怎么样？分角线改成中线怎么样？“大于”改成“小于”怎么样？这样的问题俯拾皆是，不怕找不到。

有些问题，自然地为后面要讲的课留下伏笔，使学生对新的知识有亲切的期望之感。例如：学了“等腰三角形底角相等”之后，自然会引出问题：三角形两边不等时，大边对的角是不是大一些呢？这就引出了“三角形中大边对大角”的定理。如果更详细地问：“边增大一倍，角增大多少？”更引向正弦定理的定理知识。学了勾股定理“在$\triangle ABC$中，若C为直角则$a^2+b^2=c^2$”之后，自然会问“若a，b不变，c变大了，c^2是不是会大于a^2+b^2？C变小了，c^2是不是会变得小于a^2+b^2？c^2和a^2+b^2相差多少？”这便引向余弦定理这一重要内容。适当地设问，会使学生认识到所学的知识是有机地联系在一起的。

另一些问题，则把学生引入课本之外的更广阔的数学园地，或是获得新的知识，或是掌握新的方法。这对于一些特别爱好数学，课堂学习“吃不饱”的学生来说，正如雪中送炭。例如：学了十进位，提出能不能有二进位？三进位？k进位？学了二次方程根与系数的关系，提出三次、四次方程根与系数有什么关系？这类问题往往要有较高的数学观点和较深的知识才能透彻解答，不可能也不应当要求初中学生很好地理解、掌握。但对于少数资优学生略加介绍，让他们动动脑筋，开开眼界，却也是大有益于成长的。

还有一些问题，虽然已在教材范围之外，但又和教材内容相辅相成，难度不太大，能够使学生开阔思路，增长兴趣的，则应当加以重视，提倡。教科书上一个定理是这样证的，能不能用别的方法证？（例如：正弦定理，勾股定理，都有很多证法）

定义能不能变一变？（例如，定义$|x|=\sqrt{x^2}$行不行？定义$\sin x$是直径为

1 的圆中圆周角 x 所对的弦长行不行?）能向学生提出这类问题，就要教师对教材融会贯通，而且有关的知识十分丰富。

“要给学生一碗水，教师得有一桶水”。教师对教材理解得深透，看得更远，知识更多，才能恰如其分地给学生提问题。教学相长，必须不断学习，进修。教的是初等数学，但也要知道一些高等数学。初等数学是高等数学的基础，在初等与高等之间，并没有不可逾越的鸿沟。从初等数学中提出问题，寻求解答，便自然走入高等数学的领域。会求圆的切线了，一般曲线的切线怎么求？会求圆的面积了，一般图形面积怎么算？这样的问题就会把你引进微积分学的大门。几何公理是怎么回事？公理之间的协调性和无矛盾性怎样证明？这样的问题只有向高等几何和数理逻辑寻求答案。善问促进你学习，学习又使你更加善问。有人说：“你的知识形成一个圆域，问题就出现在圆周上。圆越大，圆周越长，能提的问题就越多！”学与问是不可分开的，对数学尤其如此。

蝴蝶定理的新故事

这几年，人们对蝴蝶定理谈得可真不少了。谈它的历史，谈它的多种证法，谈它的美妙变化。

那么，关于“蝴蝶”，还有什么新鲜东西值得一提吗？如果是一年以前，笔者也觉得无话可说。现在又提笔写它，得感谢杜锡录先生。

在今年四月份广州的一次会上，与杜君久别重叙。他问我：“你知道筝形中的蝴蝶定理吗？”老实说，我不知道。杜君告诉了我这个定理，并且提到，他和单墫先生都希望有一个简单方法证明筝形中的蝴蝶定理。

这引出了蝴蝶定理的新故事。

（一）四边形里的蝴蝶定理

如果凸四边形 $ABCD$ 中，$AB=BC$ 而且 $CD=AD$，则称它为筝形。因为它确像一只瓦片风筝。图 1 中画出了筝形 $ABCD$。我们把对角线 AC，叫做筝形的横架，BD 叫做筝形的中线。

命题 1（筝形蝴蝶定理）　如果 $ABCD$ 是以 BD 为中线的筝线，过其对角线

交点 M 作两直线分别与 AB、CD 交于 P、Q，与 AD、BC 交于 R、S。连 PR、SQ 分别与横架. AC 交于 G、H，则 $MG=MH$。(图 1)

如利用三角知识，可给出一个简单证明：

筝形蝴蝶定理证法 1 记 $MA=MC=a$，$MG=x$，$MH=y$，由面积关系及正弦定理可得：

$$\frac{x}{a-x}\cdot\frac{a-y}{y}=\frac{MG}{AG}\cdot\frac{CH}{MH}$$

$$=\frac{\triangle MPR}{\triangle APR}\cdot\frac{\triangle CQS}{\triangle MQS}=\frac{\triangle MPR}{\triangle MQS}\cdot\frac{\triangle CQS}{\triangle APR}$$

$$=\frac{MP\cdot MR}{MQ\cdot MS}\cdot\frac{CQ\cdot CS}{AP\cdot AR}=\frac{MP}{AP}\cdot\frac{MR}{AR}\cdot\frac{CQ}{MQ}\cdot\frac{CS}{MS},$$

$$=\frac{\sin\gamma}{\sin\alpha}\cdot\frac{\sin\delta}{\sin\beta}\cdot\frac{\sin\alpha}{\sin\delta}\cdot\frac{\sin\beta}{\sin\gamma}=1$$，式中 α、β、γ、δ 诸角如图 1 所示。

即 $x(a-y)=y(a-x)$，由此推出 $ax=ay$，即 $x=y$。

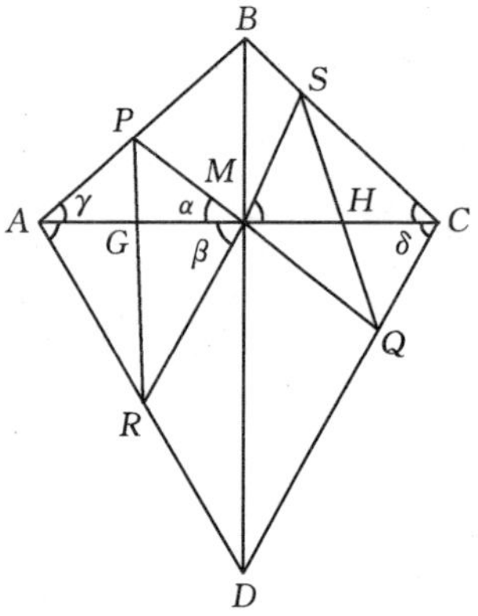

图 1

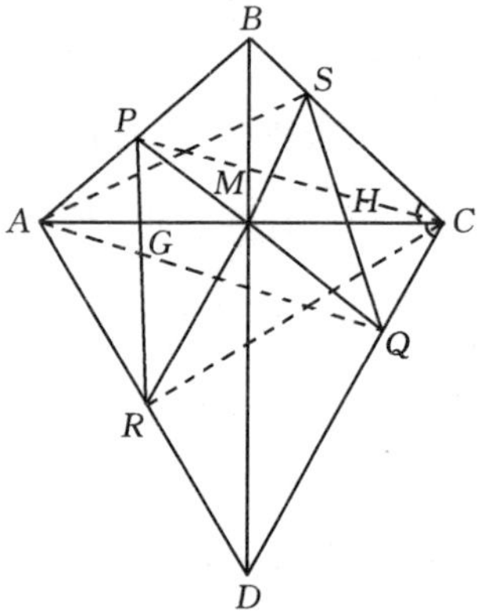

图 2

上述证法回答了杜锡录先生要一个简单证明的问题。但是，能不能更初等一些，不用三角函数与正弦定理呢？可以，请看：

筝形蝴蝶定理证法 2 记 $MA=MC=a$，$MG=x$，$MH=y$，在图 2 中用面积关系可得：

$$\frac{x}{a-x}\cdot\frac{a-y}{y}=\frac{MG}{AG}\cdot\frac{CH}{MH}=\frac{\triangle MPR}{\triangle APR}\cdot\frac{\triangle CQS}{\triangle MQS}$$

$$=\frac{MP}{MQ}\cdot\frac{MR}{MS}\cdot\frac{CS\cdot CQ}{AP\cdot AR}=\frac{\triangle APC}{\triangle AQC}\cdot\frac{\triangle ARC}{\triangle ASC}\cdot\frac{CS\cdot CQ}{AP\cdot AR}$$

$$=\frac{\triangle APC}{\triangle ASC}\cdot\frac{\triangle ARC}{\triangle AQC}\cdot\frac{CS\cdot CQ}{AP\cdot AR}$$

$$=\frac{AP\cdot AC}{CS\cdot AC}\cdot\frac{AR\cdot AC}{CQ\cdot AC}\cdot\frac{CS\cdot CQ}{AP\cdot AR}$$

$$=\frac{AP\cdot AC}{CS\cdot AC}\cdot\frac{AR\cdot AC}{CQ\cdot AC}\cdot\frac{CS\cdot CQ}{AP\cdot AR}=1。$$

下略。

上述两个证明中，都用到了 $AB=BC$，$AD=CD$ 这个条件。因为有了这个条件，才有 $\angle BAC=\angle BCA$，$\angle DAC=\angle DCA$。但从仿射几何观点看，命题的结论应当与角度无关，因而关于角度的条件似应能够取消。这么一想，便把筝形蝴蝶定理推广成了四边形蝴蝶定理：

命题 2（四边形蝴蝶定理）　设四边形 $ABCD$ 中对角线 AC、BD 交于 AC 之中点 M。过 M 作两直线分别交 AB，DC 于 P，Q，交 AD、BC 于 R、S。连 PR 与 QS 分别交 AM，CM 于 G，H，则 $MG=MH$。（图 3）

证明　记 $MA=MC=a$，$MC=x$，$MH=y$，则有

$$\frac{x}{a-x}\cdot\frac{a-y}{y}=\frac{MG}{AG}\cdot\frac{CH}{MH}=\frac{\triangle MPR}{\triangle APR}\cdot\frac{\triangle CQS}{\triangle MQS}$$

$$=\frac{\triangle MPR}{\triangle MQS}\cdot\frac{\triangle CQS}{\triangle CBD}\cdot\frac{\triangle CBD}{\triangle ABD}\cdot\frac{\triangle ABD}{\triangle APR}$$

$$=\frac{MP\cdot MR}{MQ\cdot MS}\cdot\frac{CQ\cdot CS}{CD\cdot CB}\cdot\frac{MC}{MA}\cdot\frac{AB\cdot AD}{AP\cdot AR}$$

$$=\frac{\triangle PAC}{\triangle QAC}\cdot\frac{\triangle RAC}{\triangle SAC}\cdot\frac{\triangle QAC}{\triangle DAC}\cdot\frac{\triangle SAC}{\triangle BAC}\cdot\frac{MC}{MA}\cdot\frac{\triangle BAC}{\triangle PAC}\cdot\frac{\triangle DAC}{\triangle RAC}$$

$$=\frac{MC}{MA}=1。$$

下略。

注意，条件 $MA=MC$ 是最后才用上的，这就马上得到了一个更广泛的结果：

命题 3（四边形蝴蝶定理的推广）　设 M 是四边形 $ABCD$ 的对角线的交点。过 M 作两直线分别与 AB，CD 交于 P，Q，与 AD，BC 交于 R，S。连 PR，QS

分别与 MA，MC 交于 G，H，则 $\frac{MG}{AG}\cdot\frac{CH}{MH}=\frac{MC}{MA}$。

证明当然不用再写了。只要把前面的证法去头截尾留中段即可。

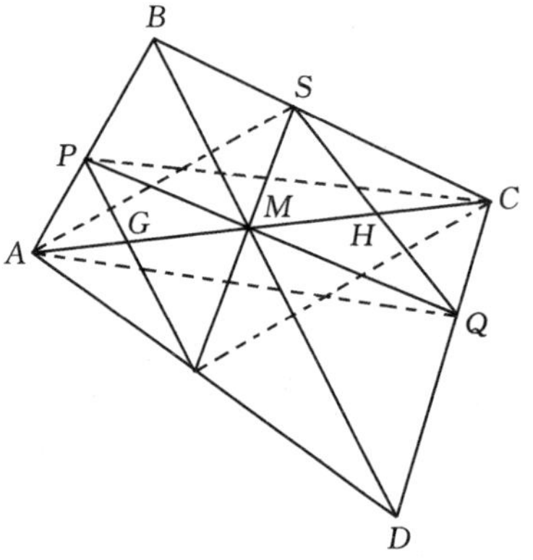

图 3

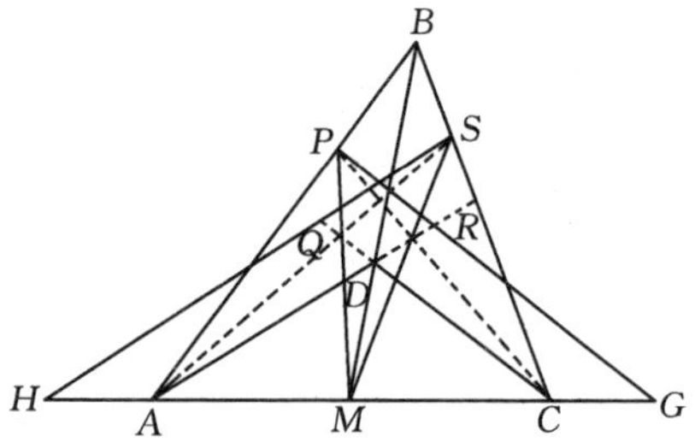

图 4

图 3 中 $ABCD$ 是凸四边形。如果是凹四边形、星状四边形呢？

看看图 4，凹四边形 $ABCD$ 的两条对角线交于 M。过 M 作两直线分别交直线 AB、CD 于 P，Q，交直线 AD、BC 于 R、S。直线 PR、QS 分别与直线 AC 交于 C、H。那么，是不是仍然有等式

$$\frac{MG}{AG}\cdot\frac{CH}{MH}=\frac{MC}{MA}$$

成立呢？

有趣的是，可以依样画葫芦，一字不改地写出证明：

$$\frac{MG}{AG}\cdot\frac{CH}{MH}=\frac{\triangle MPR}{\triangle APR}\cdot\frac{\triangle CQS}{\triangle MQS}$$

$$=\frac{\triangle MPR}{\triangle MQS}\cdot\frac{\triangle CQS}{\triangle CBD}\cdot\frac{\triangle CBD}{\triangle CBD}\cdot\frac{\triangle ABD}{\triangle APR}$$

$$=\frac{MP\cdot MR}{MQ\cdot MS}\cdot\frac{CQ\cdot CS}{CD\cdot CB}\cdot\frac{MC}{MA}\cdot\frac{AB\cdot AD}{AP\cdot AR}$$

$$=\frac{\triangle APC}{\triangle AQC}\cdot\frac{\triangle ARC}{\triangle ASC}\cdot\frac{\triangle AQC}{\triangle ADC}\cdot\frac{\triangle ASC}{\triangle ABC}\cdot\frac{MC}{MA}\cdot\frac{\triangle ABC}{\triangle APC}\cdot\frac{\triangle ADC}{\triangle ARC}$$

$$=\frac{MC}{MA}。$$

再看图 5，星状四边形 $ABCD$ 的两对角线交于 M，过 M 作两直线分别与直线 AB、CD 交于 P、Q，与直线 AD、BC 交于 R、S。直线 PR、QS 分别交 AC 直线于 G、H。我们希望有

$$\frac{MG}{AG}\cdot\frac{CH}{MH}=\frac{MC}{MA}$$

是不是对呢？

请读者一步一步地检查，前述证明是否仍适合于这种情形。结果应当是肯定的。

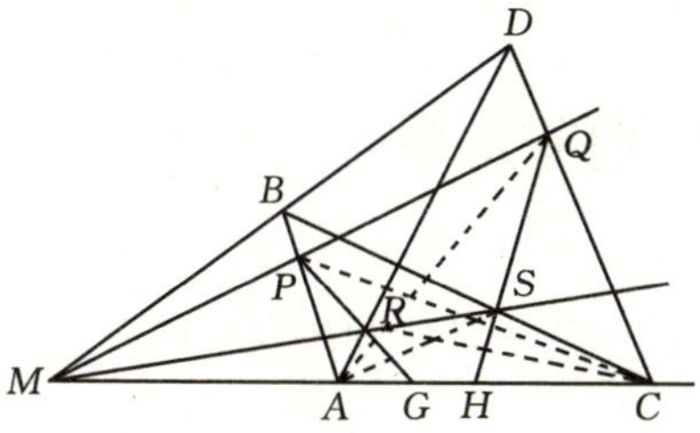

图 5

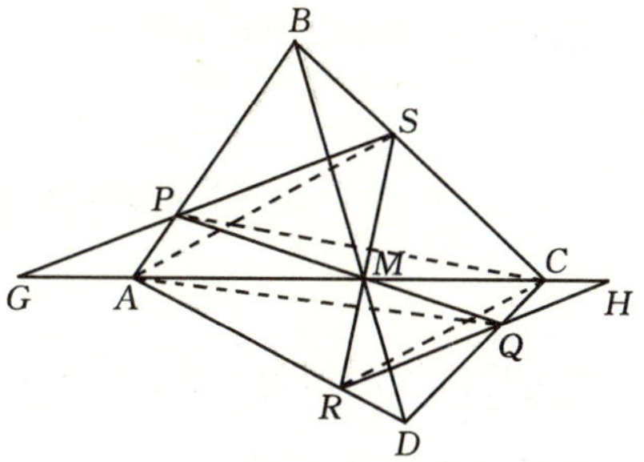

图 6

还有变化吗？如果在图 3 中，用直线 PS 与 RQ 代替 PR，QS，得到图 6，是否仍有等式

$$\frac{MG}{AG}\cdot\frac{GH}{MH}=\frac{MC}{AC}$$

成立？

果然不错。但证法却不能再如法炮制了。不过手法仍有点雷同：

$$\frac{MG}{AG}\cdot\frac{CH}{MH}=\frac{\triangle MPS}{\triangle APS}\cdot\frac{\triangle CRQ}{\triangle MRQ}$$

$$=\frac{\triangle MPS}{\triangle MRQ}\cdot\frac{\triangle CRQ}{\triangle APS}=\frac{MP}{MQ}\cdot\frac{MS}{MQ}\cdot\frac{\triangle CRQ}{\triangle APS}$$

$$=\frac{\triangle PAC}{\triangle QAC}\cdot\frac{\triangle CPQ}{\triangle APS}\cdot\frac{MS}{MR}$$

$$=\frac{\triangle PAC}{\triangle APS}\cdot\frac{\triangle CRQ}{\triangle QAC}\cdot\frac{MS}{MR}$$

$$=\frac{BC}{BS}\cdot\frac{RD}{AD}\cdot\frac{MS}{MR}=\frac{\triangle BMC}{\triangle BMS}\cdot\frac{\triangle DMR}{\triangle DMA}\cdot\frac{MS}{MR}$$

$$=\frac{\triangle BMC}{\triangle DMA}\cdot\frac{\triangle DMR}{\triangle BMS}\cdot\frac{MS}{MR}$$

$$=\frac{BM\cdot MC}{DM\cdot MA}\cdot\frac{DM\cdot MR}{BM\cdot MS}\cdot\frac{MS}{MR}=\frac{MC}{MA}。$$

有了这个证明过程作蓝本，把图 6 改成凹四边形或星状四边形，我们可以一字不改地证明同样的结论。读者不妨一试。

我们看到，四边形蝴蝶定理比圆内蝴蝶定理内容更丰富，变化更多。因为圆一定是凸的，但四边形还有凹的和星状的。

（二）两种蝴蝶定理的关系

四边形蝴蝶定理的证明，启发我们用类似的手法去证明圆蝴蝶定理。

命题 4（蝴蝶定理）　圆内三弦 AB、PQ、RS 交于一点 M，且 $MA=MB$。直线 PR、SQ 分别与 AB 交于 G、H。求证：$MG=MH$。

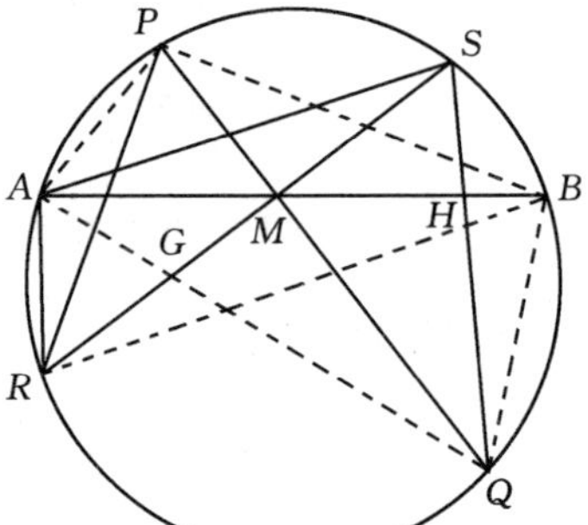

图 7

下面的证法比传统的面积证法自然而且简捷：记 $MA=MB=a$，$MG=x$，$MH=y$，则：

$$\frac{x}{a-x}\cdot\frac{a-y}{y}=\frac{MG}{AG}\cdot\frac{BH}{MH}$$

$$=\frac{\triangle MPR}{\triangle APR}\cdot\frac{\triangle BQS}{\triangle MQS}$$

$$=\frac{\triangle MPR}{\triangle MQS}\cdot\frac{\triangle BQS}{\triangle BQA}\cdot\frac{\triangle BQA}{\triangle BRA}\cdot\frac{\triangle BRA}{\triangle PRA}$$

$$=\frac{MP}{MQ}\cdot\frac{MR}{MS}\cdot\frac{BS\cdot QS}{AB\cdot AQ}\cdot\frac{BQ\cdot AQ}{BR\cdot AR}\cdot\frac{AB\cdot BR}{AP\cdot PR}$$

$$=\frac{MP}{MQ}\cdot\frac{MR}{MS}\cdot\frac{BS\cdot BQ\cdot QS}{AR\cdot AP\cdot PR}。$$

注意到 $\frac{BS}{AR}=\frac{MS}{MA}$，$\frac{BQ}{AP}=\frac{MB}{MP}$，$\frac{QS}{PR}=\frac{MQ}{MR}$①，代入前式得

$$\frac{x}{a-x}\cdot\frac{a-y}{y}$$

$$=\frac{MG}{AG}\cdot\frac{BH}{MH}$$

$$=\frac{MP}{MQ}\cdot\frac{MR}{MS}\cdot\frac{MS}{MA}\cdot\frac{MB}{MP}\cdot\frac{MQ}{MR}=\frac{MB}{MA}=1$$，下略。

用这种手法，可给出大同小异的多种证法。例如：

$$\frac{x}{a-x}\cdot\frac{a-y}{y}=\frac{MG}{AG}\cdot\frac{BH}{MH}=\frac{\triangle MPR}{\triangle APR}\cdot\frac{\triangle BQS}{\triangle MQS}$$

$$=\frac{\triangle MPR}{\triangle MQS}\cdot\frac{\triangle BQS}{\triangle BQP}\cdot\frac{\triangle BQP}{\triangle AQP}\cdot\frac{\triangle AQP}{\triangle APR}$$

$$=\frac{MP\cdot MR}{MQ\cdot MS}\cdot\frac{BS\cdot SQ}{PB\cdot PQ}\cdot\frac{MB}{MA}\cdot\frac{AQ\cdot PQ}{AR\cdot RP}$$

$$=\frac{MP\cdot MR}{MQ\cdot MS}\cdot\frac{BS}{AR}\cdot\frac{AQ}{PB}\cdot\frac{SQ}{RP}\cdot\frac{MB}{MA}$$

$$=\frac{MP\cdot MR}{MQ\cdot MS}\cdot\frac{MS}{MA}\cdot\frac{MA}{MP}\cdot\frac{MQ}{MR}\cdot\frac{MB}{MA}=\frac{MB}{MA}=1$$

注意到条件 $MA=MB$ 仅仅在最后一步才用上，我们便得到蝴蝶定理的推广：

命题 5 圆内三弦，AB、PQ、SR 交于 M。弦 PR 交 AB 于 G，QS 交 AB 于 H。则有：

$$\frac{MG}{AG}\cdot\frac{BH}{MH}=\frac{MB}{MA}$$

如果 PR、QS 延长后分别交直线 AB 于 G、H，类似于图 6，则有

命题 6（蝴蝶定理的变异） 圆内三弦 AB、PQ、SR 交于一点 M。PR、QS

---

① 可利用相似三角形证明。也可用面积关系，例如：由

$$1=\frac{\triangle MBR}{\triangle BSR}\cdot\frac{\triangle BSR}{\triangle BAR}\cdot\frac{\triangle BAR}{\triangle MBR}=\frac{MR}{SR}\cdot\frac{SR\cdot BS}{AB\cdot AR}\cdot\frac{AB}{BM}$$

$=\frac{BS\cdot MR}{AR\cdot BM}$，得 $\frac{BS}{AR}=\frac{BM}{MR}$，下同。

延长后分别交直线 AB 于 G、H，则有

$$\frac{MG}{AG}\cdot\frac{BH}{MH}=\frac{MB}{MA}。$$

证明 如图 8：

$$\frac{MG}{AG}\cdot\frac{BH}{MH}=\frac{\triangle MPR}{\triangle APR}\cdot\frac{\triangle BQS}{\triangle MQS}$$

$$=\frac{\triangle MPR}{\triangle MQS}\cdot\frac{\triangle BQS}{\triangle BQA}\cdot\frac{\triangle BQA}{\triangle BRA}\cdot\frac{\triangle BRA}{\triangle APR}$$

$$=\frac{MP\cdot MR}{MQ\cdot MS}\cdot\frac{BS\cdot QS}{AB\cdot AQ}\cdot\frac{AQ\cdot BQ}{BR\cdot AR}\cdot\frac{AB\cdot BR}{AP\cdot PR}$$

$$=\frac{MP}{MQ}\cdot\frac{MR}{MS}\cdot\frac{BS}{AR}\cdot\frac{BQ}{AP}\cdot\frac{QS}{PR}$$

$$=\frac{MP}{MQ}\cdot\frac{MR}{MS}\cdot\frac{MS}{MA}\cdot\frac{MB}{MP}\cdot\frac{MQ}{MR}=\frac{MB}{MA}。$$

对比一下命题 4 的原来证法，一字不差！

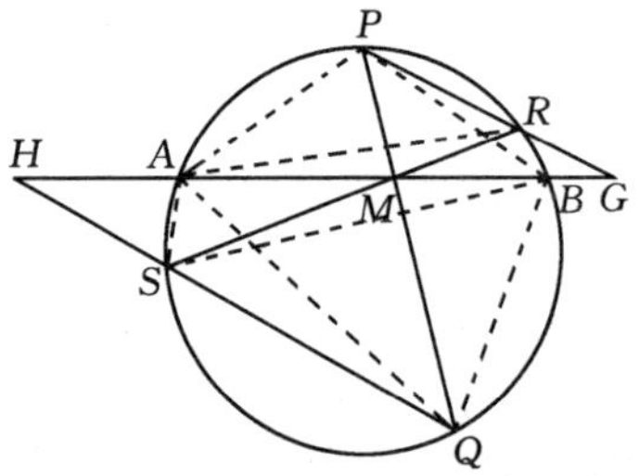

图 8

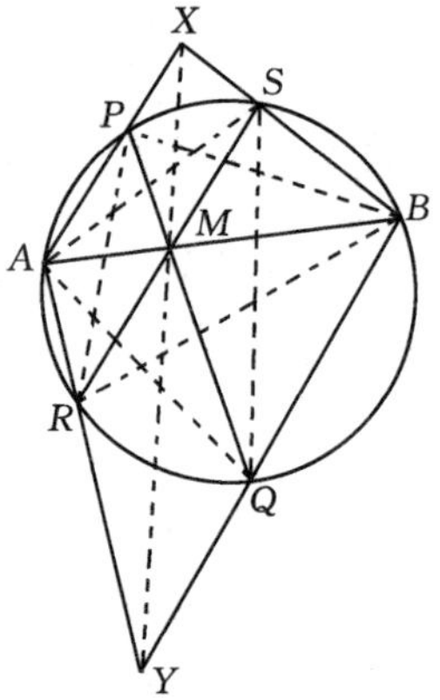

图 9

我们已看到了两种蝴蝶定理证明方法上有相似之处。进一步问：它们本质上是不是一回事呢？

如图 9，圆内三弦 AB、PQ、RS 交于一点 M。直线 AP 与 BS 交于 X，直线 AR 与 BQ 交于 Y。如果直线 XY 经过 M，则圆上的蝴蝶也就成了四边形 $AXBY$ 上的蝴蝶。圆的蝴蝶定理不就成了四边形蝴蝶定理的特款了吗？

这猜测果然没错。我们有

命题 7 设圆内接凸六边形 $APSBQR$ 的三条对角线 AB，PQ，RS 交于一点 M。又设直线 AP，BS 交于 X，直线 AR，BQ 交于 Y。则 X，M，Y 在一条直线上。(图 9)

证明 只要证明有

$$\frac{\triangle AXY}{\triangle BXY}=\frac{MA}{MB}$$

就可以了（注意：我们现在还不知道 XY 是否经过 M）。事实上，由图 9 可得：

$$\frac{\triangle AXY}{\triangle BXY}=\frac{\triangle AXY}{\triangle APR}\cdot\frac{\triangle APR}{\triangle ABR}\cdot\frac{\triangle ABR}{\triangle ABQ}\cdot\frac{\triangle ABQ}{\triangle SBQ}\cdot\frac{\triangle SBQ}{\triangle BXY}$$

$$=\frac{AX\cdot AY}{AP\cdot AR}\cdot\frac{AP\cdot PR}{AB\cdot BR}\cdot\frac{AR\cdot BR}{AQ\cdot BQ}\cdot\frac{AB\cdot AQ}{BS\cdot QS}\cdot\frac{BS\cdot BQ}{BX\cdot BY}$$

$$=\frac{AX}{BX}\cdot\frac{AY}{BY}\cdot\frac{PR}{QS}=\frac{AS}{BP}\cdot\frac{AQ}{BR}\cdot\frac{PR}{QS}$$

$$=\frac{AS}{BR}\cdot\frac{AQ}{BP}\cdot\frac{PR}{QS}=\frac{MA}{MR}\cdot\frac{MQ}{MB}\cdot\frac{MR}{MQ}=\frac{MA}{MB}。$$

至此，我们在两种蝴蝶定理之间架起了一座桥梁。这是关于蝴蝶定理的新故事中最有趣的情节。

（三）蝴蝶定理与巴斯卡定理

在［3］中，马明先生让蝴蝶翩翩起舞——使两弦 PQ、RS 的交点离开弦 AB，道出了蝴蝶定理的变异。结合命题 7，启发我们想到：如果在图 9 中，去掉了 AB、PQ、RS 三弦交于一点这个条件，是不是仍有 X、Y、M 三点共线呢？这里 M 只是 PQ 与 RS 的交点。

也就是说，我们想要

命题 8 设圆内两弦 PQ、RS 交于一点 M，分别在弧 $\overset{\frown}{PR}$、$\overset{\frown}{SQ}$ 上取点 A、B。直线 AP、BS 交于 X，直线 AR、BQ 交于 Y。则 X、Y、M 三点在同一直线上。

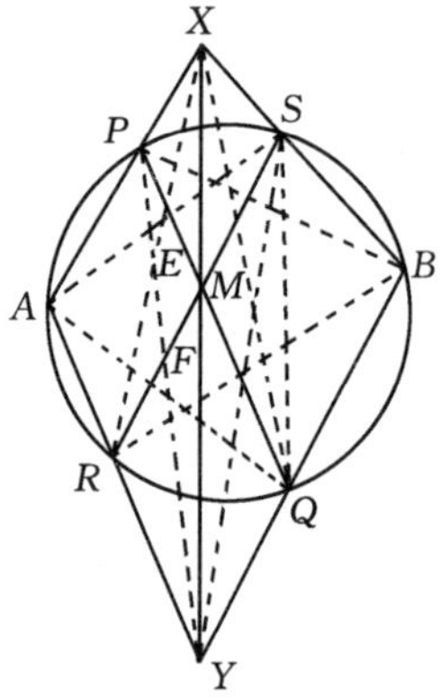

图 10

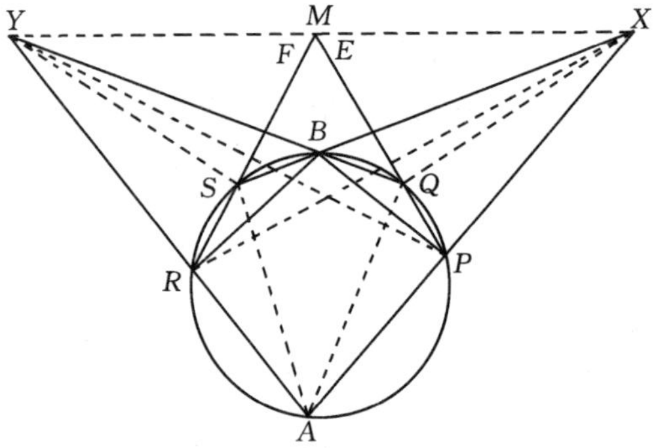

图 11

证明 设 XY 与 PQ 交于 E，与 RS 交于 F，要证明的是 E 与 F 重合。为此，只要证明

$$\frac{EX}{EY}=\frac{FX}{FY}$$

即可。如图 10，有

$$\frac{EX}{EY}\cdot\frac{FY}{FX}=\frac{\triangle XPQ}{\triangle YPQ}\cdot\frac{\triangle YRS}{\triangle XRS}$$

$$=\frac{\triangle XPQ}{\triangle PAQ}\cdot\frac{\triangle PAQ}{\triangle PBQ}\cdot\frac{\triangle PBQ}{\triangle YPQ}\cdot\frac{\triangle YRS}{\triangle ARS}\cdot\frac{\triangle ARS}{\triangle BRS}\cdot\frac{\triangle BRS}{\triangle XRS}$$

$$=\frac{PX}{PA}\cdot\frac{PA\cdot AQ}{PB\cdot BQ}\cdot\frac{BQ}{QY}\cdot\frac{RY}{AR}\cdot\frac{AR\cdot AS}{BR\cdot BS}\cdot\frac{BS}{XS}$$

$$=\frac{PX}{XS}\cdot\frac{RY}{QY}\cdot\frac{AQ}{PB}\cdot\frac{AS}{BR}$$

$$=\frac{PB}{AS}\cdot\frac{BR}{AQ}\cdot\frac{AQ}{PB}\cdot\frac{AS}{BR}=1,$$

命题获证。

在图 10 中，我们故意画得让 M、E、F 三点略微分开一点，便于叙述证明。如准确地画，这三点当然重合。

现在从更一般的观点看命题 8。我们不妨把 $ARSBQP$ 看成圆内接六边形。这个六边形不是凸的，而是星形的。它有一双对边 RS、QP 交于 M。另两双对

边 AR 与 BQ 延长后交于 Y，AP 与 BS 延长后交于 X。这不恰好是巴斯卡定理的变种吗?

巴斯卡定理是 17 世纪著名的神童数学家巴斯卡（Pascal）提出来的。通常叙述为：“若一六边形内接于一圆，则每两条对边所在直线相交所得的三点必共线。”上面命题 8 的证法，几乎一字不改地可以用于证明巴斯卡定理关于圆内接凸六边形的情形。如图 11，$ARSBQP$ 是圆内接凸六边形，要证明 X、Y、M 共线，即证明 E 与 F 重合，也就是证明 $\frac{EX}{EY}=\frac{FX}{FY}$。读者可以逐步检查前述证明是否适用于图 11。在图中，为便于叙述证明，我们有意略加误差，使 M、F、E 三点分开。

命题 9 设凸四边形 $AXBY$ 两对角线交于 M。在 MX 上任取一点 N。过 N 作两直线分别与 AX、BY 交于 P、Q，与 AY、BX 交于 R、S。连 PR、QS 分别与 AB 交于 G、H，且 RS，PQ 与 AB 交于 E、F。则

$$\frac{GE}{AG}\cdot\frac{BH}{HF}=\frac{BE}{AF}。$$

证明 由图 12 可见：

$$\frac{GE}{AG}\cdot\frac{BH}{HF}=\frac{\triangle EPR}{\triangle APR}\cdot\frac{\triangle BQS}{\triangle FQS}$$

$$=\frac{\triangle EPR}{\triangle NPR}\cdot\frac{\triangle NPR}{\triangle NQS}\cdot\frac{\triangle NQS}{\triangle FQS}\cdot\frac{\triangle BQS}{\triangle BXY}\cdot\frac{\triangle BXY}{\triangle AXY}\cdot\frac{\triangle AXY}{\triangle APR}$$

$$=\frac{RE}{RN}\cdot\frac{PN\cdot RN}{SN\cdot QN}\cdot\frac{QN}{QF}\cdot\frac{BQ\cdot BS}{BY\cdot BX}\cdot\frac{MB}{MA}\cdot\frac{AX\cdot AY}{AP\cdot AR}$$

$$=\frac{RE\cdot PN}{QF\cdot SN}\cdot\frac{\triangle ABQ}{\triangle ABY}\cdot\frac{\triangle ABS}{\triangle ABX}\cdot\frac{MB}{MA}\cdot\frac{\triangle ABX}{\triangle ABP}\cdot\frac{\triangle ABY}{\triangle ABR}$$

$$=\frac{RE}{QF}\cdot\frac{PN}{SN}\cdot\frac{\triangle ABQ}{\triangle ABP}\cdot\frac{\triangle ABS}{\triangle ABR}\cdot\frac{MB}{MA}$$

$$=\frac{RE}{QF}\cdot\frac{PN}{SN}\cdot\frac{QF}{PF}\cdot\frac{SE}{RE}\cdot\frac{MB}{MA}=\frac{PN}{PF}\cdot\frac{SE}{SN}\cdot\frac{MB}{MA}$$

$$=\frac{\triangle ANX}{\triangle AFX}\cdot\frac{\triangle BES}{\triangle BNX}\cdot\frac{MB}{MA}=\frac{MA}{MB}\cdot\frac{BE}{AF}\cdot\frac{MB}{MA}$$

$=\frac{BE}{AF}$。

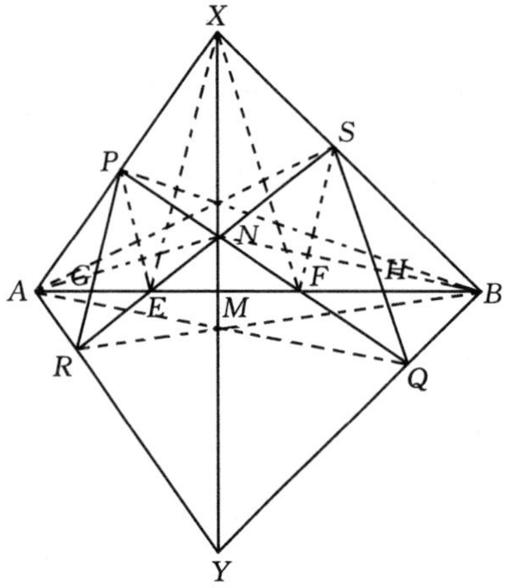

图 12

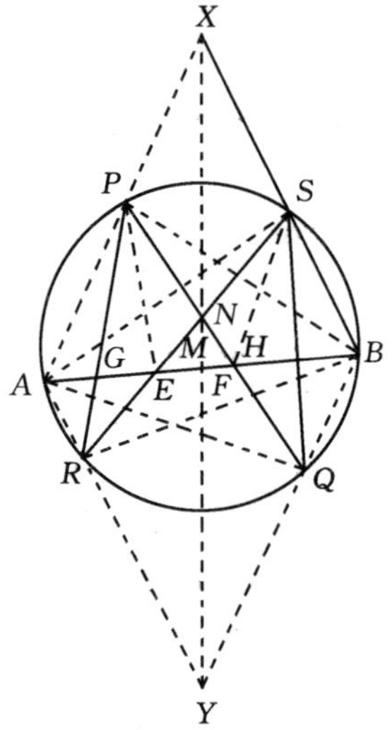

图 13

在特殊情形下，当 $AE=BF$ 时，有 $\frac{BE}{AF}=1$，这推出 $GE=HF$。这是四边形蝴蝶定理的变异。回到圆上，把命题 8 与命题 9 结合起来，得到：

命题 10（蝴蝶定理的变异） 设圆内两弦 PQ 与 RS 交于 N。PQ、RS 分别与弦 AB 交于 F、E。弦 PR、SQ 分别与 AB 交于 G、H，如图 13，则有

$$\frac{GE}{AG}\cdot\frac{BH}{HF}=\frac{BE}{AF}。$$

特别地，当 $BE=AF$ 时，有 $GE=HF$。

证明 设直线 AP、BS 交于 X，直线 AR、BQ 交于 Y，由命题 8，X、Y、N 三点共直线。再用命题 9，即得所要之结论。

命题 8、9、10 有大量的各式各样的变化与推广。在命题 8 中，可改变 A、R、Q、B、S、P 各点在圆上的顺序；命题 9 中可讨论比值 $\frac{MA}{MB}$，还可考察 AQ、BR 的交点是否在直线 XY 上，还可以考虑 $AXBY$ 为凹四边形、星状四边形的情形；命题 10 中，可让 N 落在圆周上或圆外，还可考虑 $AP/\!/BS$ 的情形。

如要直接证明命题 10 也可以，如图 13，可得：

$$\frac{GE}{AG}\cdot\frac{BH}{HF}=\frac{\triangle EPR}{\triangle APR}\cdot\frac{\triangle BQS}{\triangle FQS}$$

$$=\frac{\triangle EPR}{\triangle NPR}\cdot\frac{\triangle NPR}{\triangle NQS}\cdot\frac{\triangle NQS}{\triangle FQS}\cdot\frac{\triangle BQS}{\triangle BQA}\cdot\frac{\triangle BQA}{\triangle BRA}\cdot\frac{\triangle BRA}{\triangle APR}$$

$$=\frac{ER}{NR}\cdot\frac{NP\cdot NR}{NS\cdot NQ}\cdot\frac{NQ}{FQ}\cdot\frac{BS\cdot QS}{AB\cdot AQ}\cdot\frac{AQ\cdot BQ}{AR\cdot BR}\cdot\frac{BR\cdot AB}{AP\cdot RP}$$

$$=\frac{ER\cdot NP}{NS\cdot FQ}\cdot\frac{QS}{PR}\cdot\frac{BQ}{AP}\cdot\frac{BS}{AR}$$

$$=\frac{ER\cdot NP}{NS\cdot FQ}\cdot\frac{NS}{NR}\cdot\frac{FQ}{AF}\cdot\frac{BE}{ER}=\frac{BE}{AF}。$$

这给出了圆上蝴蝶定理变异的一个直接的证明。这个证明可以变化出类似的好几种证法。

回顾全篇，我们反复运用了面积比与线段比的互化。正是由于从这个一般性的方法着手，才使我们揭示出两种蝴蝶定理的关系，揭示出蝴蝶定理的变异。这些关系和方法，对笔者而言，是新的；相信对绝大多数读者来说，也不是熟悉的知识。

由于古典几何文献浩如烟海，笔者知识所限，无法谈及这方面过去是否有人研究。愿知者不吝赐教。

数学要灵活
——也谈被乘数与乘数的位置

我是个数学工作者。有一次听两位同行谈，现在小学里强调被乘数与乘数的位置，如果学生把老师认为 3×4 的地方写成了 4×3，就要作为错误。开始我不信，以为是少数教师搞的。最近看了几期《小学数学教师》，对这个问题进行了讨论、争辩，才知道这是目前普遍的教学规范。

我主张一开始就应当告诉学生：3×4 和 4×3 的意义是相同的，凡是写成 3×4 的地方，都可以写成 4×3。这样不仅可以简化学生的思考，而且有助于建立正确的乘法概念。更重要的是，这样可以活跃学生的思维，使学生一开始就认识到数学方法的灵活性。

凡是总能获得正确答案的方法，都是正确的方法。

通常认为，“3 个 4 用 4×3 表示，这才是乘法的概念”。其实，在现代数学中，并不一定从加法出发来引入乘法。“几个几”的说法，不是数学语言，而是直观描述。从集合概念出发，可以这样建立乘法概念：

“如果两集合 A、B 没有公共元素，则

$$\|A\|\times\|B\|=\|A\times B\|。$$

换句话说：$\|A\|\times\|B\|$ 的意思是由 A，B 中分别取元素组成的有序元素组的个数。这里，$\|A\|$ 表示集 A 的势，当 A 有限时，即 A 中元素的个数。而 $A\times B$ 表示 A 与 B 的笛卡儿积。”

这样，从一开始，就没有乘数与被乘数之分。不区分乘数与被乘数，有益而无害。

小学生学乘法，当然不能用现代的数学语言来讲。但应当适当照顾现代数学的概念。比如说，这样引入乘法概念有什么不好呢？

“3×4 表示三个四，又表示四个三。因为三个四和四个三是一样多的。”

至于 3×4=4×3，只要看看图：

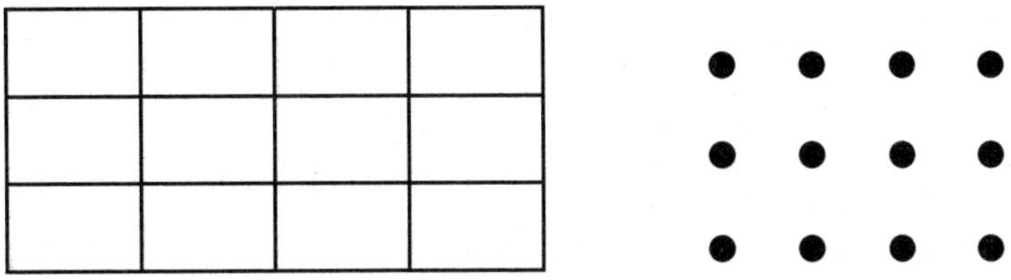

那是很容易理解的。

这样，三个四既可以写成 3×4，也可以写成 4×3。从一开始，就给孩子以“乘法可交换”的印象。这才是抓住了乘法概念的本质。

有的老师担心，取消了乘数、被乘数的位置限制，会影响学生做乘法应用题，这是没有事实根据的。既然我们认为 3×4 既可以表示 3 个 4，也可以表示 4 个 3，在遇到应用题时，学生就可以自由地写成 3×4 或 4×3，这会使学生觉得路子更宽了。

其实，对于一个具体的应用题，究竟是 3 个 4 还是 4 个 3，并没有什么绝对的标准。“3 个孩子分苹果，每人分了 4 个，一共分去了多少苹果？”老师心里往往以为应当按 3 个四列算式，学生列成 3×4 就认为错了。但如果这样想：分苹果时，第一次发给每人 1 个，分去了 3 个，这样分发了 4 次，岂不是 4 个 3 吗？

同样的道理，除法也没有必要严格区分为包含除法与均分除法。12 个球平均放到 3 个盒子里，往往被当做均分除法。其实，说是包含除法也无不可。因为在把球往盒子里放时，第一次每个盒子里放 1 个，第二次每个盒子里再放 1 个，……每次拿出 3 个。12 里有几个 3，每个盒子里便有几个。这就转化为包含除法了。

数学式子是抽象的，它可以有多种具体解释。思考应用题的角度是多样的，它可以有多种数学表现形式。学数学，要提倡一个“活”字。现在中小学课程，一是不活，一是负担太重。这两者是有联系的。本来事情很简单，3×4 和 4×3 是一样的，人为地规定个死次序，除了加重学生负担之外，没有别的作用。

具体怎么办？我认为应当进行实践。应当允许部分教师，部分学校采用不区别乘数与被乘数的方案。在各种考试中，列出 3×4 的式子与 4×3 的式子都算正确。试上几年，看看学生在小学毕业时的数学知识有没有显著的差异。如没有差异，就应当改革。

目前的学生，往往特别注意书写的格式，而不想为什么要这样做。这与老师的要求有关。比如说：画线段图本来是为了帮助学生想问题，列式子。可是，有些学生觉得列式子不难，不画图也列得出来，为什么强调画图呢？为什么答数对了，图没画对就算错一半呢？这实际上是增加了学生负担——他们不但要会算，会列式子，还要记住一些画图的具体格式。这就本末倒置了。

至于考试，还是逐步采用“客观法”为好。即按最终答案判分，而不看如何列式子。例如，有这样一道题：

把 18 个苹果放在 3 个盘子里，每个盘子放几个？一个小学生在考试时不用除法做而用乘法，他写道：

“3×6=18（个）

答：每个盘子里放 6 个。”

结果，这个题算全错！这就有了可商榷之处：式子 18÷3=6 和 3×6=18 本质上有什么不同呢？计算 18÷3 里，归根结底还是要想到 3×6=18，为什么不允许学生走另一条解题的路呢？这些争议，如果不写式子，只填答数，便不会发生。

自己没教过小学。可上过小学。我上小学的时候，作业没有现在多，各种各样的形式上的要求也不那么严格，3×4 和 4×3 被当成一样，除法也不区别为均分与包含，这就使我有更多的时间看课外书，做更多有趣的活动。最后，我自问乘法概念也没有不清楚之处。

所以，我极力主张小学数学教学要改变目前某些呆板的形式上的规定和要求。化繁为简，化呆为活。让我们的孩子们从小体会到一点发散性思维的好处。

再谈数学要灵活

拙文《数学要灵活——也谈被乘数与乘数的位置》在本刊 1987 年第 2 期发表后，收到过一些老师的来信，有赞同，也有异议。本刊 1987 年第 6 期又发表了六篇文章，对有关的问题提出了很好的见解。这个问题引起大家热烈的讨论，我很高兴。的确是“抛砖引玉”了。

在前文中，有些说得不深、不透、不细的地方，几位老师在文章中作了更好的阐发，提出了宝贵的新见解，使自己大受教益。有些文章和来信中提出的不同看法，也是有道理的。我觉得自己有义务作进一步的说明，和有不同看法的同行商榷。也算是对一些来信中提出问题的回答吧。

异议似乎集中在前文中的这种看法上：“凡是总能获得正确的答案的方法，都是正确的方法”。这种看法，至今我以为是对的。这里说的是“总能获得正确答案”。既然“总能”正确，就决非巧合。至于“抄”，答案可抄，方法也可以抄，就不在讨论之列了。

刘伟先生举了一个例：“某校同学乘车去春游。汽车原计划每小时行 36 千米，3 小时可到达目的地。实际每小时行了 27 千米，几小时可到达?”他认为有的学生列式 36÷（27÷3）＝4（小时），答案是对的，方法却是错的。是巧合。

方法真的是错了吗？我想不但不错，而且比能常列成 36×3÷27 更巧妙，更便捷。因为这位同学只用“表内乘法”就把问题解决了！

列成 36÷（27÷3）有什么道理呢？

简单地说：时间一定时，路程与速度成正比。为了计算的方便，除数与被除数同用一数除，是合理的。

形象思维：想象中把 3 千米叫做“1 大里”，1 小时行 36 千米，3 小时就应当走 36“大里”。而每小时行 27 千米，则相当于每小时行（27÷3）“大里”。路程是 36“大里”，速度是（27÷3）“大里”/小时，列出式子 36÷（27÷3），有什么不对呢？

李华顺先生提出，如“一辆汽车每小时行 40 千米，3 小时能行多少千米？”这样的问题，应列成 40×3 才正确。我想，列成 3×40 也同样正确。因为解题者可以这样想：如果每小时行 1 千米，3 小时行 3 千米。现在速度增加到 40 倍了，所行的路程也要是 3 千米的 40 倍。3 的 40 倍，岂不是 3×40 吗？

其实，这里已经是退一步说，承认 3×40 与 40×3 意义不同了。如果进一步，确认 3×40 与 40×3 意义相同，都能表示“3 个 40”和“40 个 3”，这问题就不存在了。

至于“$\frac{2}{5}\times 3$ 和 $3\times\frac{2}{5}$ 在意义上有什么不同？”这类问题本来就不该问，因为 $\frac{2}{5}\times 3$ 和 $3\times\frac{2}{5}$ 在客观上没有什么不同。而“4 个 $\frac{2}{9}$”和“4 的 $\frac{2}{9}$”，列出式子应当一样，$4\times\frac{2}{9}$ 对，$\frac{2}{9}\times 4$ 也对。这样规定，对培养学生的数学思维，有利而无害。

数学是要讲道理的。数学里的约定，要能自圆其说。既然承认 2+3 有两种意义（先有 2 个，又添 3 个；或先有 3 个又添 2 个），承认 3－2 有两种意义（3 比 2 多多少？3 个去掉 2 个剩多少），承认 6÷2 有两种意义（6 分成 2 份每份是几？6 里面有几个 2），为什么不能承认 2×3 有两种意义（它表示 2 个 3，又表示 3 个 2）呢？乘法客观上是可交换的，人为地规定不许交换，当然无法自圆其说了。张健先生文中认为诸如此类的格式要求是“作茧自缚”，确是一针见血！

当然，这并不是教师愿意“作茧自缚”，考试起了指挥棒的作用！要改，最好的办法是从考试改起。采取客观考试法，是比较彻底的办法之一。不同的学校，不同的老师，不同的学生，解同一道题可能用不同的方式，不同的书写形式，谁是谁非是难说清的。但最终的正确答案只有一个，是客观的！

那么，是不是让学生“胡乱写个答案”呢？当然不是。老师教课，板书解题，要有一定格式，才能讲清楚。学生做作业，也应当要求列出算式，按要求来做，这是训练。但考试时不应当要求格式。就像弹钢琴，训练时对指法、姿势，老师有严格的要求。到演奏时，只要听他弹出的声音就够了。

以上看法，是否有偏颇之处，欢迎批评指正。愿这次讨论更深入更广泛地进行下去。更希望能讨论出个结果来——如果不能一下子都改，也应当有部分地区或学校、班级试一试，允许破除清规戒律，看看学生学得如何？

附：一些老师的看法

张景中老师的《数学要灵活——也谈被乘数与乘数的位置》（以下简称《灵活》）一文在《小学数学教师》上发表后，收到了不少读者的来稿，有赞同，也有异议。现发表其中部分来稿，供同行参阅。

避免浪费

雨　辰

《小学数学教师》1987年第2期“教师论坛”编者的倡议我很赞赏。在我们今天的教材和教学中，确有一些内容和教法实际上并非必要甚至毫无需要，而我们教师却“正在花大力气加以强化”的。讨论这个问题很有必要，也很及时。张景中先生的观点我也完全赞同。他谈了被乘数与乘数的位置和包含除法与等分除法的区分这两个例子，有力地说明一些呆板的形式上的规定和要求必须加以改革。

“从一开始，就给孩子以‘乘数可交换’的印象”，这一点《灵活》一文已说得很明白。现行课本到第5册或第7册也介绍了乘法交换律，迟了些固然是一个缺点，但更成问题的是：出现交换律以前，无论教材或教师，对于应予扬弃的被乘数与乘数的位置观念都过分重视，一再强化；讲了交换律以后，教学中又仍然抱住这个次序毫不放松；这就形成长期地徒然增加学生的负担，实在是一种浪费现象。

《灵活》一文从现代数学立论，说明乘法不一定要从加法引出。

实际上就是在小学数学中，“用4×3只能表示3个4”这样的观念，有时也无立足之地，应予抛弃的。计算长3单位、宽4单位的长方形的面积，还勉强可以把3×4和4×3从如何计算上作出不同的解释，可是对高3单位、底4单位的三角形的面积，就难以也不必作出$\frac{1}{2}\times3\times4$的排列顺序的解释了。可见现在有些教师对高年级学生也还是在可能分清被乘数和乘数时要求位置不能“颠倒”，是根本没有意义的。

从“培养建设现代化人才所需要”来考虑，现在的教材中、教学中浪费现象恐怕是相当多的。只是由于三十多年来一贯如此，建立了思维定势，也就积重难返，视而不见了。这里，我再提出两个问题：一是在解题方法上舍易求难，着重要求“用一般的整数解题思路解题”，而将“用方程解”列在末位；二是在解题形式上要求过分，如强调综合列式。用简易方程很易解决的问题，不提倡用方程解，而要求用算术方法解，还要列出综合式，精力花费在这些方面，实在是得不偿失的。

例如同期的一篇中，对“每套用布2.2米可做660套，改为每套用布2米后可多做多少套?”这一题，提出3种解法，就是没有方程解法。至于综合列式的要求，这一篇和该期中其他各篇看来都是无不遵守的。我想，这题最好的解法是从这批布是定量出发，列出方程

$$2.2\times660=2(x+660),$$

从而得解。假使为了思考时方便，设x为实际做成的套数，列出更简单的等式

$$2.2\times660=2x,$$

然后在得出 $x=726$ 后，再从 $726-660=66$ 完成解答。这样分步列式，也没有什么不好，应该同样得到承认。

又如同期另一篇中，对题“原计划每天生产机器 60 台，20 天完成一批任务。实际每天比原计划多生产 15 台，这样可提前几天完成任务?”提出两种解法，其中一种是 $15\times20\div(60+15)$，认为是“较简便和新颖的解”。事实上想到这样列式也不太容易，对一般学生来说是并不“简便”的。可是用简易方程解，就不难列出

$$60\times20=(60+15)(20-x),$$

这就真正简便了。

我这是从避免浪费的角度提出问题。我认为这比教得灵活的要求还该尽先考虑。

谈一些不同看法

刘　伟

看了《灵活》一文，有些看法提出来与作者商榷。

作者对被乘数与乘数的位置提出了一些看法，我认为有些是有一定道理的。但被乘数与乘数的位置交换后，它们的意义是否相同？我认为不能绝对地说是相同的，要根据不同的情况和不同年级的学生进行讲解，如果把被乘数与乘数混为一谈，这对于初学乘法的学生来讲，就不能理解。至于目前有的教师对学生的书写形式要求太严格，应该改变，这是数学教学改革的需要，有助于学生化繁为简，化呆为活，培养学习数学的兴趣，开拓思路。

《灵活》一文中认为：“凡是总能获得正确的答案的方法，都是正确的方法。”对此颇值得商榷。一个学生解题答案的“正确”，不一定能说明他的方法是正确的。我们不能排除可能是计算中的一种偶然巧合，甚至有的是“抄”来的。如

“某校同学乘车去春游。汽车原计划每小时行 36 千米，3 小时可到达目的地。实际每小时行了 27 千米，几小时可到达。”有的学生列式：36÷（27÷3）=4（小时）。

从得数看 4 小时是正确的，但实际上却是一种巧合，方法是错误的。

总之，我赞同作者所提出的数学要灵活的主张。至于对其中某些论点的不同看法，提出来供大家讨论指正。

何必作茧自缚

张　健

看了《灵活》一文，联想到了考试。目前小学的考试评分（包括升学考试）是很机械的，不用说 3×4 写成 4×3 不行，就是解题中不写“解”字，或少带一个单位，甚至算式的位置不对也照扣分不误。这种考试的“严要求”像蚕茧一样束缚了学生智力的发展，给教学带来了一连串后果。

首先应该承认考试是一根指挥棒，因此教师都得小心翼翼地对待。教研活动中，教师首先研究的不是怎样教，怎样进行改革，而是用大量的时间和精力去讨论怎样书写才不至于被扣分。有些拿不稳的知识还写信到编辑部询问。《小学数学教师》开展的线段图的讨论，恐怕就是其中的一份吧。

由于教师的思想被束缚得很紧，因此，教师也用这种思想来束缚学生了。作业中，对格式要求得相当严，要求分数解的，绝对不能用小数做。至于什么地方写“解”字，乘数和被乘数的位置……更是反复强调，马虎不得。当然在这样的练习中学生也能学到一定的技能，但不是智力，学生只能把教师讲述的知识进行强化而已。例如要求学生用比例解这样一道题：“无线电厂上半年计划生产录音机 1800 台，实际生产的台数是原计划的 $1\frac{1}{5}$ 倍，上半年实际生产多少台?”学生若用“$1800\times1\frac{1}{5}=2160$（台）”解答，就被判错。于是学生只能转而将原计划设为“1”，用“1800∶1＝x∶1 $\frac{1}{5}$”解题。这种舍近求远的作法又能给学生多少启迪呢？久而久之，学生的“能力”就被断送了。

因此，我希望众多的老师，特别是出升学试题的老师，来参加“线段图”的讨论。清规戒律不要那么多，要求格式也不必那么复杂，一句话，不要作茧自缚，我们确实需要一张能正确检测学生知识和能力的试卷，也确需要一根正确指挥教学的指挥棒。要做到这一点，需要我们许多教师、特别是教学科研人员的共同努力。那么，冲破自缚的茧层，打破呆板的教学，开创一个教学的新局面，还是大有希望的。

因题而宜活而不乱

李华顺

读了《灵活》一文受益不浅。在小学数学教学中，确实存在教师逼着学生死记硬背的现象。因此，把知识教活，已经成为教改的一项重要任务。

关于被乘数与乘数的书写位置问题，也存有张景中先生所批评的那种教得过死的现象。

但是，笔者认为，被乘数与乘数的书写位置不能一概不讲。如：

每个工人栽 3 棵树，4 个工人栽几棵树？我们可以列为 3×4（意思是有 4 个 3），也可以列为 4×3（就说每人先栽一棵，一次可栽 4 棵，3 棵即栽了 3 次，所以是 4×3）。但是如：一辆汽车每小时行 40 千米，3 小时能行多少千米？我觉得应列成 40×3 才算正确。如果这时也不讲被乘数与乘数的位置，列成 3×40，那么此式又将怎样解释呢？因此，像“速度×时间＝路程，单价×数量＝总价，工作效率×工作时间＝工作量”等数量关系中的被乘数与乘数的位置还是不能颠倒的。又如：“$\frac{2}{5}$×3 和 3×$\frac{2}{5}$在意义上有什么不同？”一问，如果不讲究被乘数与乘数的位置，岂不是把分数乘以整数与整数乘以分数的意义混为一谈了吗？再如，“4 个$\frac{2}{9}$是多少”？将怎样列式，还应列成$\frac{2}{9}\times 4$，如果列成 $4\times\frac{2}{9}$，那么“4 的$\frac{2}{9}$是多少？”又将怎样列式呢？

诚然，学习数学的目的是为了解决实际问题。但解决问题需要有能力，而能力就是在教学中一步一步地培养起来的。如果一开始就只看答案，不看算式，那么能力的培养又从何人手呢？

小学生学习的过程毕竟不同于成人解决问题的过程。学习的过程需要一步一步地思考，明理，列式计算。而成人已是在明理的基础上具备了解题能力，知识达到了融会贯通，所以只看答案可以。而小学生的作业及考试如果只看答案就无法掌握其解题的思维过程，又怎知其“成败”的原因呢？

以己管见，被乘数与乘数的书写位置要讲，但不能讲得过死，可以因题而宜，区别开来，做到活而不乱。

乘法交换律和单位问题

赵爱民

从一位小学老师处知道，对如下一道题及其解法：

汽车每小时行 45 千米，8 小时能走多少路程？

$$8\times 45=360。$$

答：能走 360 千米。

有的老师认为：“上述乘数与被乘数写反了。因为前面那项（被乘数）的单位是什么，得数的单位也是什么。上述写法中 8 的单位是小时，这样列式得数的单位也是小时。正确的列式应该是 $45\times 8=360$。”

类似情况我遇到过多次，数学参考书也这样说。为此，有必要在这里谈谈乘法的交换律和单位问题。

“$a\times b=b\times a$”。这是大家所熟知的乘法交换律。这式告诉我们，凡用 $a\times b$

计算的式子，写为 $b\times a$ 是一样的。不仅数字的计算如此，带单位的量计算也是如此。

至于上题，单位应怎样办呢？在物理学中，物理量带单位的计算，常采用如下三种方法：

方法一 等式两边的每一项，都写上单位，单位也是可以相“约”的。右边的单位是左边的单位计算出来的。这里的速度是每小时行 45 千米，它的单位是 $\frac{\text{千米}}{\text{小时}}$。即

$$45\,\frac{\text{千米}}{\text{小时}}\times 8\text{ 小时}=360\text{ 千米} \quad ①$$

一个带单位的等式，只要左右两边的数值相等，单位也相等，这个等式就是正确的。而与书写的次序无关，即乘数与被乘数可以交换。因此，①式也可写为：

$$8\text{ 小时}\times 45\,\frac{\text{千米}}{\text{小时}}=360\text{ 千米} \quad ②$$

方法二 有时，为了写得简单些，将①式写为：

$$45\text{ 千米}\times 8=360\text{ 千米} \quad ③$$

即把约去的分子、分母两个小时都不写，因为写了反正会被约去，故事先舍掉了。

根据同样的道理，也可将②式写成下式：

$$8\times 45\text{ 千米}=360\text{ 千米} \quad ④$$

在③和④两个式子里，两边的数值和单位都相等，故符合等式的原则。

方法三 有时，为了写得更简单些，将①、②两式左边的单位全部舍去，而写成：

$$45\times 8=360\text{（千米）} \quad ⑤$$

$$8\times 45=360\text{（千米）} \quad ⑥$$

在这两个式子里，右边的单位是根据实际情况添上去的，习惯上加一个括号。

有时，连右边的单位也不写，而只在答案里写上单位，而变成了纯数字式子，也是可以的。

由于①、②式是正确的，故根据它简写出来的⑤、⑥式也是正确的。

以上三种方法，对小学生来说，可以不用复杂的方法一，而用较简单的方法二或方法三。

至于说："两个数相乘时，写在前面的那个数（被乘数）带单位，而写在后面的那个数（乘数）不带单位。"在物理学和数学里都没有这样的规定。只有左边的单位通过计算，而得出右边的单位，这才是等式写法的唯一规定。

总之：不仅纯数字的乘法，适合乘法的交换律，带单位量的计算，也同样适合乘法的交换律。

乘除法不能混淆

洪元斌

《灵活》一文，用集合、图示、乘法交换律和实例等阐述了"3×4 表示三个四，又表示四个三。因为三个四和四个三是一样多的。"有充分的说服力，是一篇值得阅读的好文章，我举双手赞成。

但文中说，"把 18 个苹果放在 3 个盘子里，每个盘子放几个？"可以按"3×6＝18（个），答：每个盘子里放 6 个"计算；提出，"18÷3＝6 和 3×6＝18 本质上有什么不同呢？"并主张考虑采用"客观法"，即按最终答案判分，而不看如何列式子；认为这样，对上例也就不会发生争议了。

对此我有不同看法。上例很明显是等分除法，不能以乘法（指整数计算）去代替。对这道题解法的争议，主要是认为学生对乘除法的意义理解不透和表内乘除法都是直接运用口诀而造成混淆。

如果数目较大，用乘法解答更站不住脚了。例如"摘苹果 1128 千克，放在

24 个筐里，平均每筐放几千克?”相信同学不会有 24×47＝1128（千克）的解答。因为用乘法口诀不能直接找出得数 47，而只能通过除法计算而得（指整数计算）。

在小学数学中解答应用题，一般先找出已知条件和要求的问题，然后根据它们相依的关系，用已知条件列式求得结果。由此看出，上例也只有用除法计算才算是正确的。

以上理解可能有错，望批评指正。

是灵活不是巧合

阳昌国

《小学数学教师》1987 年第 6 期“教师论坛”栏《谈一些不同看法》一文中，对“某校同学乘车去春游。汽车原计划每小时行 36 千米，3 小时可到达目的地。实际每小时行 27 千米，几小时可到达。”学生列式 36÷（27÷3）＝4（小时），作者认为“是一种巧合，方法是错误的。”我认为学生这种解法不是巧合，是灵活，方法是正确的，是学生创造性思维的结晶。

学生列式为 36÷（27÷3）＝4（小时），可以这样来解释：因为距离除以速度等于时间，把距离和速度同时缩小相同的倍数，所得的时间不变，依据是商不变的性质。对具体的这道题而言，学生是把整个距离缩小 3 倍，即把原计划每小时行的路程看成距离，同时也把实际的速度（每小时行 27 千米）缩小 3 倍后看成是速度来计算实际所用的时间的。学生这种把距离和速度同时缩小相同的倍数来求时间的思维方法与一般计算时间的思维方法大不相同，含有相当成分的创造性，说明学生对已学知识掌握得牢固，学得灵活，思维敏捷。

从一题目的解法谈起

陈元生

我曾经让毕业班的学生做过一道题目："一辆汽车每小时行 40 千米，5 小时行多少千米?"（用多种方法计算，并说出列式理由）下面选择四种解法谈谈我的一点想法：

算式	理由
$40\times5=200$（千米）	速度×时间＝路程。
$40\div\frac{1}{5}=200$（千米）	因为每小时行驶路程的$\frac{1}{5}$正好是 40 千米，所以，5 小时行驶的路程＝$40\div\frac{1}{5}$。
$5\div\frac{1}{40}=200$（千米）	因为每小时行 40 千米，就是每行 1 千米要用$\frac{1}{40}$小时，所以，要求 5 小时行多少千米，就是求 5 小时里包含几个$\frac{1}{40}$小时。
$5\times40=200$（千米）	因此为每小时行 40 千米，也就是每小时行 1 千米的 40 倍，所以，5 小时行驶 5 个 1 千米的 40 倍，即 5 千米的 40 倍。

上述四种解法有如下关系：

$$\begin{array}{ccc} 40\times5 & \rightleftharpoons & 5\times40 \\ \Updownarrow & & \Updownarrow \\ 40\div\frac{1}{50} & \rightleftharpoons & 5\div\frac{1}{40} \end{array}$$

这就是说，数学具有对立统一规律，其方法可以在一定的条件下向着各自的相反方向转化。一定的条件就是数学知识之间的内在联系，正是这种联系体现了数学方法的灵活性。

事实上，“凡总能获得正确的答案的方法”，只要用对立统一的观点去分析，总是合理的。无须强求学生一定要按照某种特定的模式列式。

数学要提倡一个“活”字，这就需要用科学的方法即辨证的思想方法去分析应用题，并根据题目的特点灵活选择解题方法。教学中，教师如能重视引导学生全面地、而不是割裂地理解和掌握数学知识，那么，对提高学生能力、发展智力无疑是有好处的。

偶然·必然·灵活

晓　鄂

不少同行对《灵活》一文中“凡是总能获得正确答案的方法，都是正确的方法”的论点，发表了自己的看法和想法。我认为，有些同行对“总能获得正确答案”中的“总能”两个字，似乎没有作进一步思考。

一种思考方法或解题方法，总是能得到正确的结果，就不能只是一次、一题的“偶然巧合”，而是指每次每题“总能”正确。对此，我们难道不应该承认这方法的正确性，并进而研究其道理吗？偶然性后面往往隐藏着必然性。

在数学发展史上，也不乏有说服力的例子。微分方法本身的全部发展就是如此。牛顿和莱布尼茨创立的微分演算，总能得到正确的结果。当时却是建立在错误的假定之上的。曾引起了一些正统派数学家的恼怒，并在数学界以外也得到了共鸣。马克思在《数学手稿》中论述这一段历史发展过程时，把这一阶段称之为“神秘的微分演算”。经过几代人的努力，现在还有谁会怀疑微分方法的正确性呢？

数学要灵活。凡是列式 3×4 计算的问题，用 4×3 总能得到正确的答案。这是不言而喻的。道理也很简单：乘法交换律。小学生由于受认识能力的限制，在开始学习乘法时，认识一下被乘数、乘数及其位置等，是需要的。目的是为了后继学习，其本身只是起一下“铺垫”作用。只要学生懂了，不影响后继学习就可以了，似乎不必再花力气过分地加以强化。

这种“我们正在花大力气加以强化——实际上却是并非必要的”情况，反映在小学数学教学中并非鲜见。比如分数单位。为了在异分母分数加减法或比较分数的大小中，讲清必须先通分的道理，要讲一下分数单位。以后，就再也不用分数单位了。但也有些同行，还是花不少力气去强化关于分数单位的认识，甚至讨论最大的分数单位是什么，等等。又如解答复合应用题，从三、四步计算的发展到第五步甚至六、七步计算的，并且都要求列综合算式。从长远观点看，这么做究竟有多大意义呢。事实上，绝大多数繁难的应用题，学习了代数方法就能迎刃而解了。

在小学数学教学中，有些过繁、过死的做法，其结果往往是加重了学生的负担，使学生对数学望而生畏，窒息他们对学习数学的兴趣，这是值得我们深思的！

这样作业应予鼓励

王克洪

有这样一道题：“在$\frac{1}{2}$、$\frac{1}{4}$、$\frac{1}{6}$、$\frac{1}{8}$、$\frac{1}{12}$中，划去哪些数，和为1”。一个学生是这样写的：

$\frac{1}{2}$、$\frac{1}{4}$、$\frac{1}{6}$、$\frac{1}{8}$、$\frac{1}{12}$中，应划去$\frac{1}{8}$。

后来他又将上列全句圈去，改为：将上列分数分别化成$\frac{12}{24}$、$\frac{6}{24}$、$\frac{4}{24}$、$\frac{3}{24}$、$\frac{2}{24}$。

因为分子 $12+6+4+2=24=$分母，所以划去$\frac{1}{8}$。

教师却在学生圈去的旁边批着：“你能一眼看出划去的就是$\frac{1}{8}$吗？真是神童。”

那么学生是怎样想的呢？他是这样思考的：看到$\frac{1}{2}$，$\frac{1}{4}$这两个数，它们的和同1还差$\frac{1}{4}$。$\frac{1}{6}$看成$\frac{2}{12}$，加上$\frac{1}{12}$，约简后正好是$\frac{1}{4}$。所以划去的肯定是$\frac{1}{8}$。那么他又为什么要圈去后重新做呢？他的答复是：“如果直接写出结果，会吃‘×’，我只能圈去重写。”多么聪敏的学生！

对这样一题：401－（8＋7）×25，一学生直接写出了等于26。

后又圈去，改为：

$$=401-15\times25$$

$$=401-375$$

$$=26$$

他一开始直接写出得数是不是抄来的呢？经询问，他说：“减数（8＋7）×25，是15个25；被减数401是16个25＋1，这样得数便是25＋1＝26。”多好的思路呀！

从以上两例可以看出，有部分学生的思维确实相当敏捷而灵活，具有创造性，照例应予鼓励。可是在我们的教学模式下，非得把他们拉回来，按部就班地写出来，不准越雷池一步，否则，所得到的是怀疑、讽刺、挖苦、不给分，等等。这难道还不值得我们深思吗？

灵活与严格要求

张燮昌

《灵活》一文提出：从一开始，就给孩子以“乘法可交换”的印象，取消乘数、被乘数的位置限制。我完全赞同，因为这样可化繁为简，化呆为活，有利于培养学生的创造性思维能力，也并不影响解答应用题的合理性。

我在教学时遇到这样一道题（六年制第七册62页例5）

“小华家养了35只母鸡，4个月一共生了3640个蛋，平均每只母鸡每个月生多少个蛋?”

对这道题按照规定，只能用两种解法：3640÷4÷35和13640÷35÷4，否则便判错。实际上这道题如果仿照“人工”、“车次”、“人次”等概念，还可列成3640÷（35×4）或3640÷（4×35)。前者可解释为：假定每只母鸡每个月生的蛋是一样多的，35只母鸡4个月所生的蛋就相当于4个35只母鸡（即35×4）一个月所生的蛋，平均每只母鸡每个月生3640÷（35×4）个蛋；后者可解释为：35只母鸡4个月所生的蛋相当于1只母鸡4×35个月所生的蛋，平均每只母鸡每个月生3640÷（4×35）个蛋。

由此想到，凡是由符合题意的算式，按照运算定律和运算性质改变成的新算式，都是合理的，都应承认是正确的。正如《灵活》一文所说：“凡是总能获得正确的答案的方法，都是正确的方法。”如果用某一种方法去解某一类题，不管数字怎样变化，总能获得正确的答案，也就证明这种方法是经得起实践检验的，当然是正确的方法。用运算定律和性质推导新算式的方法也在此列。

当然，在具体做法上必须慎重，必须经过试验，逐步改革。以己之见’可有两种不同的方式。一是在给出“乘法可交换”的印象后，不再区别乘数和被乘数而统称为“因数”，如加法不区分加数和被加数一样；二是在给出“乘法可交换”的印象后，仍然区分乘数和被乘数，只是告诉学生，位置颠倒后，符合乘法交换律，因此也是对的。对于两步以上的应用题，只要求学生说出一两种比较简便的算理。对于别的算式，只要能说出是根据运算定律和运算性质改成的，因此也是合理的就行了。同时要求学生尽量用思路比较简捷的方法。这样既可放开学生的思路，培养创造性思维能力，又有统一的要求，不至于造成混乱，不影响逻辑思维能力的培养，学生也容易接受。但在综合性的考试中，为了培养学生思维的灵活性，应尽量少出带限制性的题目。当学生在考试时格式书写不正确或漏写单位等，适当扣分也是应该的，可促使学生养成书写整洁，严格认真的学习习惯。否则学生形成了敷衍了事、粗枝大叶的不良习惯，对今后工作是极为不利的。问题是扣分必须适当，如有一份试卷，每个解方程题占 4 分，少写一个“解”字就扣 1 分，就未免太过分了。

最终结果与计算方法

常好彬

对于“灵活”的理解，我与张景中先生有所不同，特别是对文中提出的考试时应“按最终结果判分，而不看如何列式”不能敬苟。事实上，最终结果正确而方法不合理的例子还是很多的。

例甲、乙两组同时挖一条水渠，甲组分的米数是乙组的一半，甲组每天挖 20 米，乙组每天挖 36 米，甲组挖完时乙组还剩 40 米，两组原来各分多少米？

解法一：

乙组分：$36\times\left(\frac{1}{2}\div\frac{1}{20}\right)+40=400$（米）；

甲组分：$400\times\frac{1}{2}=200$（米）。

解法二：把乙组分的米数看做单位“1”，则甲组为$\frac{1}{2}$。

甲组分：$\frac{1}{2}\div\frac{1}{20}\times20=200$（米）；

乙组分：$200\times2=400$（米）。

上面的解法纯属巧合。我们不妨把数据改为甲组每天挖 30 米，乙组每天挖 40 米，甲组挖完时乙组还剩 160 米。若按例的解法一来解，即：

乙组分：$40\times\left(\frac{1}{2}\div\frac{1}{30}\right)+160=760$（米）；

甲组分：$760\times\frac{1}{2}=380$（米）。

这个结果显然是错误的。正确的结果应当是甲组分 240 米，乙组分 480 米。

上面例题的最终计算是正确的。如果按照张景中先生的说法应判满分，但有哪一个评卷者会这样做呢？我认为，上面题目的解法不仅不能判满分，而且应判零分。理由很简单，所列算式毫无道理。如果把这样的解法判满分，那后果会是怎样呢？我想只能导致在教学中教师不教算理，学生不学算理。

这不是作茧自缚

王前爽

《小学数学教师》1987 年第 6 期张健先生的《何必作茧自缚》一文值得斟酌。该文从《灵活》联想到考试及其评分，并列举了四例，即学生在考卷上“不写‘解’”、“少带一个单位”、“算式的位置不对”和“规定用比例解而用算术法解”，认为这些都不能扣分，扣分是“严要求”，是“清规戒律”，“像蚕茧一样束缚了学生智力的发展，给教学带来了一连串的后果。”这种说法欠妥。

如解方程时要写“解”字，这一点从小学四年级开始直至中学和大学都要强调，这是解方程的起码要求。

“少带一个单位”，这是小学生常有的事。有些学生是图省事，有些学生不知道写什么单位只好不写。前者属于学习态度问题，而后者则属于知识欠缺问题。比如有的学生在回答“甲地距乙地多远?”“这筐苹果有多重?”等问题时，要么干脆不写单位，要么用“远”、“重”作单位，闹出笑话，这是屡见不鲜的。对于应用题，单位不但要写，而且还要写正确。

“算式的位置不对”这与学生作文中自然段的位置不对是一致的。这种现象产生的原因在于没有完全理解题意，思路混乱。为此必须加以纠正，及时帮助学生理清思路，使学生在解题的过程中提高分析问题的能力。

小学教育是基础教育。为了打好这个基础，我们正在做一些“打地基”的工作。对于学生在学习中出现的问题，不论大小，都要及时纠正，把问题解决在萌芽状态。决不能只求过得去而忘了过得硬。更不能把错误的当做正确的加以肯定。否则将会真正给教学带来一连串的后果。

对学生严格要求，正确要求，是培养现代人才的需要，绝不是作茧自缚。

算理上说不通

周胜发

《小学数学教师》1987 年第 6 期“教师论坛”栏目中刊登了《乘法交换律和单位问题》一文。拜读后，有一些不同的看法，提出与趟爱民先生商榷。

文中对“汽车每小时行 45 千米，8 小时能走多少路程？”这一题的解法：“8×45=360，答能走 360 千米。”作者用乘法交换律和物理学的观点说明该题的解法是正确的。我认为这种解法算理不通。

在应用题教学中，要使学生明白为什么要这样列式，道理是什么，决不能有半点含糊。就上题而言，我认为，唯一的正确解法应是：45×8=360（千米）。其算理（意义）是：①表示 45 千米的 8 倍；②表示 8 个 45 千米。那么“8×45=360（千米）”的算理是什么？总不能对学生说：物理学中就是这样计算的。就算这是理由，那么又如何使学生接受呢？

我赞同李华顺先生的《因题而宜，活而不乱》（1987 年第 6 期）一文中的观点。乘法交换律不是任何地方都可运用的。如：“$\frac{2}{5}\times3$ 和 $3\times\frac{2}{5}$”相等，意义也相同吗？显然不同。这就足以说明在解答像上题这类应用题时，不能滥用乘法交换律。乘法交换律只能在计算某一道算式时才能运用，而在教学用语中，只有说“解答应用题”，没有说“计算应用题”。所以上题的解法不能运用乘法交换律，“8×45=360（千米）”的算理不通。试问，在应用题教学中，我们不讲算式的算理或意义，又如何进行教学呢？那是绝对行不通的！再说，“相等”和“意义”是完全不同的两个概念，不能混为一谈。怎能说“一个带单位的等式，只要左右两边的数值相等，单位也相等，这两个等式就是正确的”呢？至于有的教师说“两个数相乘时，被乘数的单位是什么，得数的单位也是什么。”这样讲是没有道理的，应讲清为什么，学生才能容易接受。讲算理是应用题教学中的重要一环，不能忽视。

既要灵活，又要不违背认识规律

田瑞珍

拜读张景中先生的《数学要灵活》和有关的讨论文章，很有一些想法，愿与大家讨论。

首先，我赞同《数学要灵活》这一主张。理由已有许多同行阐明，不再赘述。

其次，对于“凡是总能获得正确的答案的方法，都是正确的方法”这一论点，我认为是对的。其理由除了晓鄂、陈元生先生和张景中先生本人的解释外，从逻辑的角度来说明会更清楚。因为“凡是总能”我认为指的是“不论何种情况下都能”，或“所有情况下总能”的意思，具有普遍性。正如“一切（所有）直角”、“不论什么位置的直角”、“凡直角”都是同一个意思一样。只要承认这一点，由逻辑中的“完全归纳法”思想，不难推出上述论点是正确的。即“对于在任何（全部）情况下总能获得正确答案的方法，正确性是无须怀疑的”。

如果这样解释能够表达张景中先生的原意，那么只用一次（或几次）、一题（或几题）的“偶然巧合”使答案正确的方法，来否定上述论点，显然是不全面、不恰当的。比如刘伟先生的理解就带有片面性。再借用常好彬先生的两例来说，解法一并不具有遍性（如连例 2 都不能保证），当然这种方法不正确。

其三，虽然用常好彬先生的两个例子去否定上述论点（不是常先生之原意，仅为笔者借用）的做法不明智，但却能从反面进一步证实上述观点的正确性。即能使一题、一例最终结果正确的方法不一定合理正确，的确可能带有某种巧合，必须能够作出科学的（算理算法正确）解释，方能确信。从这一角度上说，“按最终结果判分，而不看如何列式”的观点站不住脚。我认为至少应该看所用方法（或主观上的，或客观上的）是否正确和答案是否正确才能判分。至于中间的运算过程是省略或不省略不必强求一律。其实，正是从省略的运算过程中可以窥见学生直觉思维的闪光。我与王克洪先生的观点一致，应予以鼓励和提倡。

其四，至于不少同行对“40×3=120（千米），3×40=120（千米）”的书写和算理解释以及“$\frac{2}{5}\times 3$、$3\times\frac{2}{5}$”在意义上同与不同的争议，我认为不应停留在“就事论事”，或“单方面认识”的基础上，而应把它们提高到对“科学的数学”与“学科的数学”之间的联系、区别这一高度上来认识，其矛盾很容易解决。从“科学的数学（客观的、完全的和精确的数学理论）”上说，张景中、赵爱民先生的解释并没有什么错误。因为最终可以作出统一性解释。例如，当倍数概念扩大以后，$\frac{2}{5}\times 3$与$3\times\frac{2}{5}$其意义又有什么两样？从科学的数学理论上讲，认为它们不同岂不笑话。但从“学科的数学（科学数学中被实践检验且应用广泛的基本理论和知识）”这一角度出发，李顺华、周胜发、王前爽等先生的某些观点很值得认真考虑。这是由于数学作为小学的一门基础学科出现，它仅讨论了“科学数学”中最基本最基本的理论和知识。作为学科数学，不仅要考虑到知识的科学性（客观性），还要考虑小学生的一般认识规律。更具体一点说，构成小学学科数学知识，既要不违背科学性、系统性；又要适合儿童的年龄特征、心理特征和接受能力；还要有利于发展智力和进行思想政治教育等。“分数与小数的编排和教学”是这方面最好的例证。这就是小学数学为什么要把“$\frac{2}{5}\times 3$和$3\times\frac{2}{5}$”，“40×3=120（千米）和3×40=120（千米）”加以区别对待的根据。要想把它们统一起来加以解释，尽管理论工作者和教师是轻而易举的事，恐怕小学生一般难以办得到。对于“3×40=120千米”，如果学生真能作出像张景中、赵爱民先生那样的解释，我认为应大力表扬鼓励。

但如果学生说不出道理，或教师作出解释（尽管很科学）后学生不理解和不能接受。还是不忙提倡为好。数学必须要活，但至于活到什么程度，值得（特别是教者）深思。

还是以“最后答案看解法”好

谢增福

读了张景中先生的“数学要灵活”颇受启发。大千世界本来就是五彩缤纷、变化万千的，反映其变化规律的应用题及其解法也就不应该是单一的、刻板的。例如，《小学数学教师》1983年第4期“关于‘工程问题’的一种新解法”中的一题：“一个水池装有进水管和出水管。单开进水管，6分钟可将空池注满；单开出水管，8分钟可将满池水放完。现在同时打开进、出水管，多少分钟可将空池注满?”可以设水池的容量为S。则单开进水管，每分钟的进水量为$\frac{S}{6}$；单开出水管，每分钟的出水量为$\frac{S}{8}$；两管同时打开，每分钟的进水量为$\frac{S}{6}-\frac{S}{8}$，注满空池所需时间为

$$S\div\left(\frac{S}{6}-\frac{S}{8}\right)=1\div\left(\frac{1}{6}-\frac{1}{8}\right)。$$

很明显，所求时间与水池容量S无关。换句话说，S可取使问题有意义的任何数值。这就给这类问题的解决带来了很大的灵活性。

1. 通常情况下，取S为单位“1”。目前课本正是采用这种解法。但这不是唯一的、也不是最简单的方法。

2. 设$S=6\times8$。则单开进水管，每分钟的进水量为$\frac{6\times8}{6}=8$；单开出水管，每分钟的出水量为$\frac{6\times8}{8}=6$；两管齐开，每分钟的进水量为$8-6$，注满全池（容量为6×8）所需时间为

$$\frac{6\times8}{8-6}=24\text{（分钟）}。$$

这正是上文中学生的解法。但原文是从 6×8 分钟里进水管可注满 8 池水，出水管可以放出 6 池水，实际注入 8－6 池水的角度进行分析的。作者认为，这里所讲的原理较原文的解释既合理又易懂。

3. 设 $S=[6, 8]=24$。则单开进水管，每分钟的进水量为 $\frac{24}{6}=4$，单开出水管，每分钟的出水量为 $\frac{24}{8}=3$；两管齐开，每分钟的进水量为 4－3，注满全池（容量为 24）所需时间为

24÷（4－3）＝24（分钟）。

这不比前一种解法更加简单吗？事实上，一般的工程、工作问题都可用这种方法解。

如上文中的另两个题："一项工程，甲队独做需 20 天，乙队独做需 30 天，两队合做要多少天？"及"一件工作，由一个人单独做，甲要 12 小时，乙要 10 小时，丙要 15 小时。如果三人合做，多少小时可以做完？"可分别列出算式"60÷（3+2）"及"60÷（5+6+4）"。

如果我们对工程问题的这种本质不认识，那么是不是对这种思路直观（将抽象的"工"用具体的数量来代替），列式简单，计算方便的解法也判错呢，所以我觉得还是采取以"最后答案看解法"的方案为好，它可避免因种种理解不当而错判的失误。

客观考试法之我见

周斌渭

关于考试，《灵活》作者主张"采取客观考试法"，即"按最终结果判分，而不看如何列式子"。由于每题最终只有正误两种明显答案，因而考生分数不至于受判分者主观因素影响。应该说这是客观考试法最显著的优点。不过，我认为这种考试法至少有以下几点值得探研。

1. “区分度”受影响。例如，对于应用题，如果“不写式子，只填答数”，则尽管学生思路正确，只要最后在计算上发生差错，就只能判零分。然而，众所周知，应用试题的侧重点在于考查学生运用知识解决问题的能力。按最终答案“一锤定音”，就很难得到对不同水平的考生的良好的鉴别率——区分度了。但教育测量学告诉我们，“区分度”乃是衡量考试价值的一个重要指标。

2. 不利于得到改进教学的反馈信息。由于“不写式子，只填答数”，学生出了差错，教师也很难查出其发生的原因，以进行“查漏补缺”的教学。不仅如此，还应看到，即使答案正确，也可能隐含多种情况，如《灵活》中把“18个苹果放在3个盘子里，每个盘子放几个?”一例。用$3\times6=18$和$18\div3=6$，都得到“每个盘子放6个”的答案。但对于采用前者列式的学生，我们可以认为他对除法的意义是模糊不清的。而这样的信息从只填答数的客观考试法里显然无从得到。

3. 客观考试法的“指挥棒”作用值得考虑。笔者完全赞成《灵活》作者提出的关于教学要改，最好的办法是从考试改起的观点。但也正是基于这种认为考试对教学具有“指挥棒”作用的想法，我担心推行客观考试法将导致小学教学出现忽视算理、格式要求以及数学语言的训练等倾向。而若真如此，则对于教育（尤其是作为打基础的小学教学）来说，其后果之严重是不言而喻的。

4. 主张客观考试法的一个重要理由是：“凡是总能获得正确答案的方法，都是正确的方法。”这种以结果来判断方法的观点有失科学性。例如，通往南京的道路若干条，取道最远的方案尽管最终总能到达南京，但通常情况下人们决不会承认这是一种正确的选择。再看如前提到的“分苹果”问题，如果按上述取“道”远近的观点来衡量，我们立即会感到不应该肯定$3\times6=18$这种解法的正确性。因为它相对于“$18\div3=6$”的解法来说，取“道”太“远”。关于这一点，我们如果把原题中的数据稍变复杂，会更显而易见。由此观之，能获正确答案的方法并不尽是正确的。实际上，正如不少同行在讨论中早已指出，用乘法算式来解“分苹果”问题在算理上是很难说通的。

综上所述，我认为考试一概采用客观考试法，一份试卷，每题都只填答数，不列式子，这种做法尽管看上去客观，但却有失科学性。考试要改，且势在必行，但步子一定要稳！

读“教师论坛”随想

凌国伟

挑起争鸣、辨明正误，相互切磋、促进改革，可能是编者开辟此专栏之用心。事实证明教坛同行正在争鸣中辨正误，在切磋中搞改革，朝着同一个目标——提高小学数学教学的质量，实践探索，再实践再探索。所以首先应感谢编者开辟此专栏，为争鸣者提供“市场”，感谢作者写出高质量的论文，为读者提供“粮食”。

读了《小学数学教师》中“教师论坛”有关数学要灵活的文章，我有两个随想。

1. 定律不等于意义。a 乘以 b 的意义是否等于 b 乘以 a 的意义？要研究这个问题我认为首先要看乘法的定义。目前对乘法的定义，简单地可表示为：$\underbrace{a+a+a+\cdots\cdots+a}_{b个}=c$，就可以记作 $a\times b=c$，读作 a 乘以 b 等于 c。小学数学教材是通过实例讲明这一定义的。既然乘法是这样定义的，显然 $a\times b$ 的意义与 $b\times a$ 的意义是有区别的。当然，定义是人为的，如果在这定义后，补充 $a\times b$ 也可理解为 $\underbrace{b+b+b+\cdots\cdots+b}_{a个}=c$（它同算式、口诀、读写等顺序一致，在“三算结合”教材中出现过），那就另当别论了。

$a\times b=b\times a$，这是小学数学教材中揭示的乘法的一个运算定律，请注意“运算”两字，定律不等于意义。在文章中谁也没有说，计算时形如 8×45 不能用 45×8 来算，目前争论仅在联系具体应用题时，形如 8×45 能否列成 45×8，这显然只要看乘法的定义就可知了。当然，这类题目如只要填写结果，就不必考究，也无法考究学生用何式求得。

根据上述定义，从理论上讲，从小学到中学、大学，都不能混淆 $a\times b$ 与 $b\times a$ 的意义上的区别，但考虑到现实情况，在讲过乘法交换律后，教师或教材对定义进行补充扩展，使 $a\times b$ 不但结果等于 $b\times a$，意义亦相同，显然，大多数同行是会赞同的。

2. 学生不等于教师。学生解题是巧合还是灵活，我认为应根据学生的实际情况来考察。离开了学生，而把注意力放在某一题这样列式说得通还是说不通上，用教师的思维代替学生的思维，是很难判断是巧合还是灵活的。须知，我们研究的是学生这样做是巧合还是灵活，而不是研究这题这样列式合不合理。教师不等于学生。试想，如果教师是按教材上的乘法定义进行教学的，学生也是这样学习的，如果这个学生不是超常儿童，不具有较强的创造性思维能力，一般很难说通将“乘车春游”这一题列成 36÷（27÷3）是一种灵活。如果他能像论坛文章中有些作者那样考虑从这个角度，那个角度说出这种列式如何如何有道理，那当然应该肯定这个学生的方法不是巧合而是灵活。反之，不言而喻只能说这个学生的列式是巧合，教师应该在考察后进行个别辅道，使其在真正理解题意的基础上找到正确的算式。

数学教学不仅是找到某一题的正确结果，而且要发展学生的思维，使其不但知其然，而且知其所以然，这也是数学教学的一个重要目的。

以上浅见，不知妥否。

这样的解法有理有据

赖在钟

《小学数学教师》1988 年第 3 期《最终结果与计算方法》一文，试图以下题解法来证明“结果正确，而方法不合理”，并说要给判“零”分。笔者不敢苟同。请看下面的分析。原例照抄：

例：甲乙两组同时挖一条水渠，甲组分得的米数是乙组的一半。甲组每天挖20米，乙组每天挖36米，甲组挖完时，乙组还剩40米，两组原来各分多少米？

解法一：$36\times\left(\frac{1}{2}\div\frac{1}{20}\right)+40=400$ 米……乙分的。（下略）

解法二：把乙组分的米数看做单位“1”，则甲组为$\frac{1}{2}$。

甲组分：$\frac{1}{2}\div\frac{1}{20}\times20=200$（米）。（下略）

分析：据题意知，甲组分得的任务是乙组分得的$\frac{1}{2}$，则乙分得的任务是“1”。当甲组挖完时，甲、乙两组已挖完的米数比是：$\frac{20}{36}=\frac{5}{9}$（因为时间一定，工作量与工作效率成正比例），即甲完成了5份，乙完成了9份（乙实得任务是$5\times2=10$份），还剩下1份，又正好剩下40米。

又因为甲每天完成20米，是剩下的40米的$\frac{1}{2}$，而剩下的40米（1份）又是乙所分米数（10份）的$\frac{1}{10}$，故甲每天挖的米数是乙所分米数的$\frac{1}{10}\times\frac{1}{2}=\frac{1}{20}$。由此可知，甲挖完所用的时间是$\left(\frac{1}{2}\div\frac{1}{20}\right)$（甲的工作量÷甲的工作效率）。又由于乙挖的时间与甲一样，所以乙分的米数就是：

$$36\times\left(\frac{1}{2}\div\frac{1}{20}\right)+40=400\text{（米）。}$$

其数量关系为：乙效率×乙挖的时间＋余下的米数

＝乙分的米数。

同理，解法二也无疑是正确的，只不过把甲效率和甲的时间交换了它们在乘法算式中的位置罢了。这是很容易解释得通的：假设甲每小时挖1米，则$\left(\frac{1}{2}\div\frac{1}{20}\right)$小时挖$\left(\frac{1}{2}\div\frac{1}{20}\right)$米，而实际甲每小时挖20米，是每小时1米的20倍，故甲$\left(\frac{1}{2}\div\frac{1}{20}\right)$小时挖的米数是$\left(\frac{1}{2}\div\frac{1}{20}\right)\times20=200$（米）。

《结果与方法》一文为进一步否定上面的解法，把上题中的数据改动了（其结构不变，请看原文），试图仿上解法一列式，从而得到错误的结果，借此说明上面解法纯属巧合。殊不知，数据改动后，作者的列式是：

乙分得：$40\times\left(\frac{1}{2}\div\frac{1}{30}\right)+160=760$ 米。

此式的思路与上面解法一的思路是不同的，它之所以错，是因为括号中的“$\frac{1}{30}$”并不是甲每天挖的米数占乙分得米数的分率。甲每天挖的米数是乙分得米数的$\frac{1}{16}$才对（为什么？根据前面分析的方法推知）。因此，若要仿解法一的方法则：

乙分得的：$40\times\left(\frac{1}{2}\div\frac{1}{16}\right)+160=480$（米）。（甲略）

请看，按解法一的方法，其结果不就正确了吗？综上分析，笔者认为解法一、二是有根有据，道理充分，应判满分。数学本身是灵活的，思维也应是灵活多变的。

应鼓励用多种思路解题

小　友

《小学数学教师》1987 年第六期《乘除法不能混淆》一文中，对于“把 18 个苹果放在 3 个盘里，每个盘子放几个？”可以按 $3\times6=18$（个）计算，认为这是混淆了乘除法的概念。

我认为上述解法，并不会导致乘除法概念的混淆。相反，还能加深对乘除关系的理解，促进顺向思维与逆向思维的互相沟通。实际上，这道题按顺向思维，可以用等分除法来解，即 $18\div3=6$（个）。如果按逆向思考，就可以假设每个盘子里放（　）个，那么 3 个盘里就应放（　）×3 个即得（　）×3＝18，故得 $6\times3=18$（个）。

所以上述解法是有道理的。

至于“摘苹果 1128 千克，放在 24 个筐里，平均每筐放几千克？相信同学不会有 24×47＝1128（千克）的解答”。这不正好说明数学中解答方法的灵活性吗？怎么能以这道题不便用乘法直接求出结果，来反对上道题也不能用乘法求结果呢？我认为，还是应鼓励学生用多种思路解题为好！

关于“循环论证”的一点不同看法

谈及“循环论证”的文章，在中等数学期刊上时有所见。其内容，大致都是举例说明有些题目的证明表面上看来是对的，其实是犯了循环论证的错误。例如：用余弦定理或者三角恒等式 $\sin^2 x+\cos^2 x=1$ 来证明勾股定理等。

这些文章对中学数学教学很有用处。因为所举的例子多是学生易犯的循环论证的错误。有些教师可能还没有发现这一点。看了这些文章，当然受益不浅。

但有一点是应当说明的：孤立地看一个几何命题的证法，是很难肯定它是犯了“循环论证”的错误的。因为证明中通常还没有出现循环。循环是怎么出现的呢？往往是在寻根究底的追问下出现的。例如：学生用余弦定理证明勾股定理，教师追问“余弦定理怎么证明呢?”如果学生又用勾股定理来证明余弦定理，教师就可以指出这是犯了循环论证的错误。反之，如果学生不用勾股定理而用别的方法给出了余弦定理的一种证法，那就不但没有犯循环论证的错误，而且应当表扬他的勇于思考的精神。

因此，说某个证法中“暗含了”循环论证，严格说来是不确切的。你说他的证明中用到了某某定理，而这个定理又是如何如何证明的，他可以反驳道：我可以用别的方法证明那个定理，这就扯不清了。

有一种说法，说是以“现行教材系统为准”，这种说法并没有解决问题。因为，“循环论证”是一个逻辑概念。数学证题中有没有出现循环论证，应当有一个稳定的客观标准——以目前大家公认的数学公理系统为准，而不应当随教材的变化而变化。否则，同一个题目的同一个做法，今年是“循环论证”，过几年又可能不是了。在中国是“循环论证”，在美国又可能不是了，这就乱了。

用这个观点来看，目前一些文章中举出的例子，都不能简单地说是“循环论证”，因为没有出现循环。追问下去，会不会出现循环，应当在两个（比如：教师与学生）人的问答之中来解决。

是不是“循环论证”的问题，通常是在考卷或习题本上发生的。

在数学研究中目前几乎不存在这个问题。一旦发生有关的争论，往往是涉及分数、升学等具体问题。如何避免这类问题？只有从出考题方面来改进。我以为，考题不必要求学生重复数学教科书上的定义与定理，而应当注重于知识的灵活运用。不应当靠那些依赖于某个教材系统的“相对知识”，而应当考只依赖于客观世界的具有稳定性的知识。国外有些升学考试采用“选择题”，这不但使机器阅卷有了可能，同时可以避免评分的分歧。

至于在教学过程中的考试和测验，有时考一考定理证明以促进学生复习，也许有好处。因为必要时可以进行口试作为补充，就不会发生争论不清的情形了。

以上看法妥否，切望批评指正。

第三篇　课外天地

从正多边形一个有趣的性质谈起

正三角形有一个有趣的性质。也许不少老师和同学不曾注意到它。这就是：

命题 1 设$\triangle ABC$是边长为a的正三角形。l是和$\triangle ABC$在同一平面上的直线。自A、B、C向l引垂线，垂足为A'、B'、C'，则

$$\overline{A'B'}^2+\overline{B'C'}^2+\overline{C'A'}^2=\frac{3}{2}a^2。$$

简单地说：正三角形的三边在共平面的任一直线上投影的平方和是常数，即边长平方和之半。

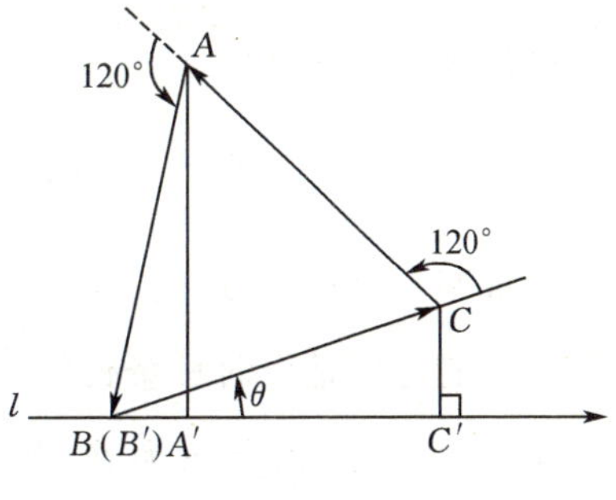

图 1

命题 1 的证明 不妨l过B点而不通过$\triangle ABC$的内部。且设l的正方向与BC绕行的反时针方向成角为θ（图 1）。于是有：

$$\overline{B'C'}^2+\overline{C'A'}^2+\overline{A'B'}^2$$

$$=(a\cos\theta)^2+[a\cos(\theta+120°)]^2+[a\cos(\theta+240°)]^2$$

$$=a^2\left\{\frac{1}{2}(1+\cos 2\theta)+\frac{1}{2}[1+\cos(2\theta+240°)]+\frac{1}{2}[1+\cos(2\theta+480°)]\right\}$$

$=\frac{a^2}{2}$ [$3+\cos 2\theta+\cos(2\theta+240°)+\cos(2\theta+120°)$]

$=\frac{a^2}{2}$ [$3+\cos 2\theta+\cos 2\theta\cdot\cos 120°+\cos 2\theta\cdot\cos 120°$]

$=\frac{3a^2}{2}$。

这就给出了命题 1 的证明。

自然会问，这个结果能不能推广到正 n 边形呢？

利用三角函数的求和公式：

$$\sum_{k=0}^{n}\cos(\alpha+k\beta)=\frac{\sin\left[\alpha+\left(n+\frac{1}{2}\right)\beta\right]-\sin\left(\alpha-\frac{\beta}{2}\right)}{2\sin\frac{\beta}{2}}$$

$(\beta\neq 2m\pi,\ m=0,\ \pm1,\ \pm2\cdots\cdots)$

很容易证明更一般的命题：

命题 2 设 A_1、A_2……A_n，是正 n 边形，边长为 a。l 是和 A_1A_2……A_n 共面的任一直线，则此正 n 边形的诸边在 l 上的投影的平方和为 $\frac{n}{2}a^2$。即：若 A_k 是的投影为 A'_k，则。

$$\overline{A'_1A'_2}^2+\overline{A'_2A'_3}^2+\cdots+\overline{A'_{n-1}A'_n}^2+\overline{A'_nA'_1}^2=\frac{na^2}{2}。\quad(4)$$

证明 取定 l 的一个方向，并设正多边形各边的方向是反时针绕行的，设 l 的正向到 $\overline{A_1A_2}$ 的正向的夹角为 θ，则显然有（图 2）：

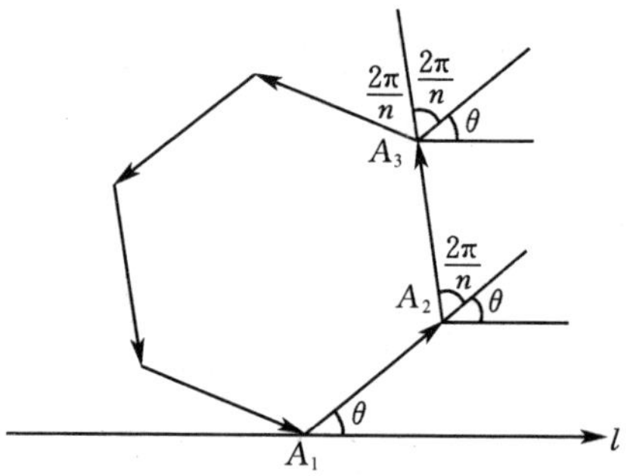

图 2

$$\overline{A'_1A'_2}^2+\overline{A'_2A'_3}^2+\cdots+\overline{A'_nA'_1}^2$$

$$=a^2\sum_{k=0}^{n-1}\cos^2\left(\theta+\frac{2k\pi}{n}\right)$$

$$=a^2\sum_{k=0}^{n-1}\left[1+\left(\cos 2\theta+\frac{4k\pi}{n}\right)\right]$$

$$=\frac{a^2}{2}\left[n+\sum_{k=0}^{n-1}\cos\left(2\theta+\frac{4k\pi}{n}\right)\right]$$

$$=\frac{na^2}{2}。$$

这最后一步是利用了上面所述的求和公式。

有了命题 1，命题 2 是容易猜到、而且容易证明的。但如果同时考虑到正多边形的对角线，就不那么显然了。然而，对于最简单的情形——正方形的情形，却有下列的命题：

命题 3 正方形 $ABCD$ 边长为 a，A、B、C、D 在共面直线 l 上投影是 A'、B'、C'、D'。则：

$$\overline{A'B'^2}+\overline{B'C'^2}+\overline{C'D'^2}+\overline{D'A'^2}+\overline{A'C'^2}+\overline{B'D'^2}=4a^2$$

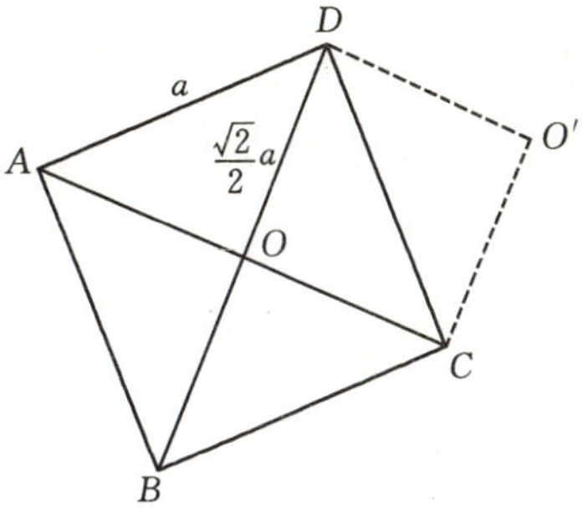

为了证明命题 3，我们不必再去作具体的计算。只要想一想：把两条对角线从交点 O 处断开，经过平移，又凑成一个边长为$\frac{\sqrt{2}}{2}a$ 的小正方形。大正方形对角线投影的平方和显然是小正方形四边投影平方和的两倍。由命题 2 可知，大正方形四边投影平方和为 $2a^2$，小正方形四边投影平方和为 $2\left(\frac{\sqrt{2}}{2}a\right)^2=a^2$，这就证实了命题 3 的结论。

有了这种把正多边形对角线也凑成正多边形的方法，便不难乘胜前进，得到下列的命题：

命题 4 设 $A_1A_2\cdots\cdots A_n$ 是 n 边形。l 是同一平面上的任一条直线。A_k 在 l 上的投影是 $A'_k(k=1，2，\cdots，n)$。从 A'_1，A'_2，…，A'_n 中任取两点。作一线段，则这 C_n^2 条线段的平方和是一个常数，它仅与边数 n，边长 a 有关。

简单地说，正多边形的所有边、对角线在一条直线 l 上的投影的平方和不随直线的改变而改变。

要证明命题4，只要设法证明：当边数$n>4$时，正多边形的对角线可以经过平移而凑成若干个正多边形，然后再利用命题2即可。具体的证明留给读者。

这个“投影平方和”的常数是多少呢？可以这样来确定：取互相垂直的两条直线l'，l''，设A_k在l'、l''上的投影分别为A'_h、A''_h，由勾股定理。可知$\overline{A_iA_j}^2=\overline{A'_iA'_j}^2+\overline{A''_iA''_j}^2$。对（$i$、$j$）求和。可知“投影平方和”这个常数恰为诸边及对角线的平方和之半。

现在，我们反过来问：是不是只有正多边形才有这种有趣的性质呢？

不是的。例如，设$\triangle ABC$是正三角形，O是它的中心，设A、B、C、O到某一共面直线l上的投影是A'、B'、C'、O'，则

$$\overline{A'B'}^2+\overline{B'C'}^2+\overline{C'A'}^2+\overline{A'O'}^2+\overline{B'O'}^2+\overline{C'O'}^2=6r^2$$

这里，$r=AO$，是$\triangle ABC$的外接圆之半径。为证明这一等式，只要注意到OA、OB、OC经平移之后可以凑成正三角形，再用命题1即可。

用直角坐标的方法。我们可以得出一个普遍得多的结果。

为了说起来简便，引入一个定义：

定义　设平面上有n个点A_1，A_2，$\cdots A_n$。任取此平面上的直线l，并记A_k在l上的投影为$A'_k(k=1, 2, \cdots, n)$。如果对不同的l，这C_n^2条投影线段$\overline{A'_iA'_j}$的平方和是一个仅与A_1，A_2，$\cdots$，A_n有关的常数，则称A_1，A_2，$\cdots$，A_n，构成一个“平面投影平方和对称点组”，简称“投影对称组”。

下面的命题告诉我们，如何判别平面上的n个点是否构成投影对称组。

命题5　若在某直角坐标系中，诸A_k是的重心为原点，坐标（p_k，q_k）（$k=1, 2, \cdots, n$）又满足两个等式

$$\begin{cases}\sum_{k=1}^{n} p_k^2=\sum_{k=1}^{n} q_k^2\\ \sum_{k=1}^{n} p_kq_k=0\end{cases} \tag{1}$$

则A_1，A_2，$\cdots$，A_n构成投影对称组。反之，若n个点A_1，A_2，$\cdots$，A_n构成投

影对称组，则在任一个以 A_1，A_2，…，A_n 的重心为原点的直角坐标系中，诸 A_k 的坐标（p_k，q_k）满足等式（1）。

证明 首先指出，所谓“以 A_1，A_2，…，A_k 是的重心为原点”，不过就是：

$$p_1+p_2+\cdots+p_n=q_1+q_2+\cdots+q_n=0 \tag{2}$$

而已！不妨设 l 的方程 $ax+by+C=0$ 中的系数满足

$$a^2+b^2=1,$$

过原点作 l 的法线 l_1，则 l_1 的方程是

$$bx-ay=0。$$

利用点到直线的距离公式，可求出 A_i 到 l_1 的带号距离

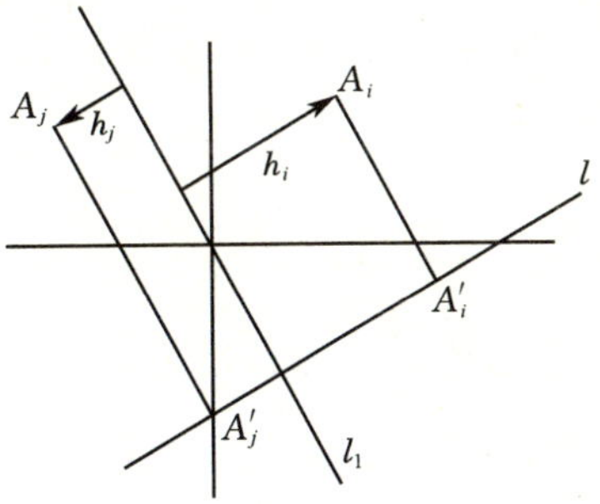

$$h_i=bp_i=aq_i,$$

因而

$$\overline{A_i'A_j'}^2=(h_i-h_j)^2=[b(p_i-p_j)]-a(q_i-q_j)^2$$
$$=b^2(q_i^2-2p_ip_j+p_j^2)+a^2(q_i^2-2q_iq_j+q_j^2)$$
$$-2ab(p_iq_i-p_iq_j-p_jq_i+p_jq_j) \tag{3}$$

设 $\sum\limits_{k=1}^{n}p_k^2=P$，$\sum\limits_{k=1}^{n}q_k^2=Q$，$\sum\limits_{k=1}^{n}p_kq_k=R$，在（3）中固定 i，令 $j=1$，2，…，n，求和得

$$\sum_{j=1}^{n}A_i'A_j'^2=b_i^2(np_i^2+p)+a^2(nq_i^2+Q)-2ab(np_iq_i+R), \tag{4}$$

这里我们应用了条件（2），即约定 A_1，A_2，…，A_n 的重心在原点。再令 $i=1$，2，…，n 求和得

$$\sum_{i=1}^{n}\sum_{j=1}^{n}\overline{A_i'A_j'}^2=2n(b^2P+a^2Q-2abR), \tag{5}$$

这为我们提供了一个计算投影平方和的公式。但要注意的是，（5）的右端是投影平方和的两倍。而投影平方和则为：

$$\sum_{1\leqslant i<j\leqslant n}\overline{A_i'A_j'}^2=n(b^2P+a^2Q-2abR) \tag{6}$$

由（6）可见，当（1）成立时，即 $P=Q$ 且 $R=0$ 时，由 $a^2+b^2=1$ 立得

$$\sum_{1\leqslant i<j\leqslant n} A_i'A_j'^2=nP=nQ。$$

这个数值与 l 无关，造就证明了若（1）成立，则 A_1，A_2，…，A_n 构成投影对称组。

反过来。若 A_1，A_2，…，A_n 构成投影对称组，则（6）的右端对一切（a、b)($a^2+b^2=1$）取值相同，取（d，b）=（1，0）和（0，1）分别代入得：

$$nP=nQ,$$

于是

$$\begin{aligned}\sum_{1\leqslant i<j\leqslant n} A_i'A_j'^2&=n\left[P\left(a^2+b^2\right)-2abR\right]\\&=n\left(P-2abR\right)=nP,\end{aligned}$$

可见 $R=0$。这证明了当 A_1，A_2，…，A_n 构成投影对称组时，如果其重心为原点，则（8）成立。命题 5 证毕。

在定理证明过程中得到的（6）式是很有用的。当把 l 与 l_1 互换时，（6）给出了 A_1，…，A_n 在 l_1 上的诸$\overline{A_iA_j}$投影平方和

$$\sum_{1\leqslant i<j\leqslant n} \overline{A_i''A_j''}^2=n\left(a^2P+b^2Q+2abR\right)。\tag{7}$$

把（6）和（7）相加，利用勾股定理可得：

$$\sum_{1\leqslant i<j\leqslant n} \overline{A_iA_j^2}=n\left(P+Q\right)。\tag{8}$$

利用（8）式，可以迅速求出多边形的边及对角线的平方和。但必须取诸顶点的重心为原点，例如：对正多边形，取中心为原点。

从命题 5 可以看出：投影对称点组决不限于正多边形顶点组。但读者不难证明 $n=3$ 时，只有正三角形的三顶点才具有投影对称性！

可以证明：平面上任给 $n-1$（$n\geqslant3$）个点，总可以再配上一个点，使它们构成投影对称点组。其中特别有趣的是 $n=4$ 的情形，这时，这四个点一定是空间某个正四面体的顶点在平面上的投影。反过来，正多面体的顶点在平面上的投影一定是投影对称点组。

怎样用坐标法诱发综合法

（一）

一个陌生的几何证明题摆在面前，常使人感到无从下手。也许，有一个相当简单的证法，但在没有发现之前，我们不得不向各种不同的方向伸出思维的触角，试探、摸索、寻找正确的方向。

当我们用解析几何中的坐标方法，把这个题目化成一个代数问题之后，情况就不同了。问题往往划归为很明确、很具体的一系列代数演算；演算的过程也许是冗长、繁复的，但目标却很明确。只要耐心地算下去，通常是可以算出一个结果的。

然而，用解析几何方法（以下简称为坐标法）证明了一个几何命题之后，我们往往仍不满足，总想再找一个不用坐标的“纯”几何证法（以下简称为综合法）。这不仅因为综合法的证明方式常常是巧妙、简捷、趣味隽永、给人以艺术上的美感，而且也出于教学工作上的需要。一个初中学生问的题目，教师本人虽然会用解析几何的坐标方法来解，但却又只能用综合法的语言向学生讲解。这样，善于从坐标法解题方法引道出综合法的证明，就有很大好处了。

另一方面，用坐标法和综合法两种手段处理同一个题目，而且把两种手段之间的联系搞清楚，这不仅使我们对题目本身有了更好的理解，而且有助于我们更深刻地认识解析几何与纯粹几何之间的内在联系。既能提高我们在处理代数问题时的直观想象力，又能提高我们处理几何问题时的分析、运算能力。

其实，在坐标法和综合法之间，并没有一条不可逾越的鸿沟。

一方面，坐标法的许多基本公式，都有着直观的几何意义；另一方面，综合法证题时，也并不排斥代数式的变换。这样，把坐标轴看成特定的辅助线，把点的坐标记号 x、y 换成对应的线段，坐标法解题过程中的语言，几乎可以逐字逐句地“翻译”成综合法的语言。这种“翻译”的方法，是由坐标法转化为综合法的基本方法。

但这样直接的翻译常常是很笨拙、啰唆的。因而，在掌握了“翻译”的基本方法之后，可以把它提高、简化为“诱发”的方法：即运用坐标法的思想制订解题的大体计划和方向，然后并不真的用坐标法来执行这个计划，而是用综合法来实现这个计划所要达到的目的。这样，坐标法所起的作用，是引道我们走向正确的思考道路。

坐标法具体地从哪些方面引道综合法呢？

1. 通过用坐标法解题或分析题目，可以弄清楚未知的几何量以何种形式和已知量联系着。例如，用坐标法证明两个线段相等，其方法往往是把这两个线段的长度表达式求出来，再比较两个表达式是否相等。于是，只要寻求这些表达式相应的几何直观背景，即可得到综合法的证明。

2. 坐标法可以向我们提供信息，告诉我们用哪些工具能达到目的。例如，在坐标法解题过程中，如果用到了距离公式，对应地，我们会想到综合法中也许要用勾股定理；坐标法用到了定比分点公式，对应地，综合法中会用到比例相似形，等等。

3. 用坐标法得到的结果或解题的过程，有时能启发我们应当添加些什么辅助线，去找寻哪些更好的证明。例如，证明某三点共线，当不了解所共的直线的性质时，就很难入手。用坐标法具体求出直线的方程之后，就容易发现所讨论的三点为什么会在这条线上。其他，如三线共点、四点共圆之类的题目，如果先找出此点的坐标或圆的方程，往往可以从中得到启发。

概括地说：从坐标法推导的顺序和最终目的，可以帮我们确定证题的方向；从坐标法推导所用的公式，可以帮我们选择证题中的方法和工具；从坐标法所得的具体结果，可启发我们思路，找到入手的途径。

但是，坐标法并不是万能的。特别是限于直角坐标时，其局限性更大。有些题用直角坐标法来做，很繁琐。有些题用坐标法做出之后，不一定能转化成综合法；即使勉强化过去，也是矫揉造作，繁琐冗长，不如不化。所以，用坐标法诱发综合法，仅仅是启发解题的一种有力手段，而不是包罗万象的普遍方法。

由于作图题的坐标分析法常见于各种参考书，本文只讨论证明题。

（二）

正如翻译工作者要掌握许多基本的句型和词汇一样，为了把坐标方法的解题过程转化为综合法的解法，我们必须熟悉解析几何中一些基本公式的几何意义（这里，所谓几何意义，或指解析几何中的代数式、等式所代表的几何量和几何事实，或指推出这些等式可以使用的综合几何方法）。下面给出一个简表，把解析几何中的公式和综合法的语言加以对照，前者是代数表示，后者是几何意义。

基本公式	几何意义
两点距离公式	勾股定理
定比分点公式	相似感触对应边成比例
三角形面积公式	由于边及夹角之正弦求三角形面积之公式
三点共线条件： 1） $\begin{vmatrix} 1 & x_1 & y_1 \\ 1 & x_2 & y_2 \\ 1 & x_3 & y_3 \end{vmatrix}=0$	三点所成之三角形面积为 0

续表

基本公式	几何意义
2) $\frac{y_2-y_1}{x_2-x_1}=\frac{y_2-y_1}{x_3-x_1}$	相似三角形对应边成比例
直线方程： 1）点斜式 2）两点式 3）截距式	（倾角的）正切$=\frac{对边}{邻边}$ 相似三角形对应边成比例 面积的分块合成
两直线夹角公式	正切和差角公式
直线的平行与垂直： 1）平行条件 $k_1=k_2$ 2）垂直条件 $k_1k_2=-1$	同位角相等 相似三角形对应边成比例
求两直线交点坐标	利用比例相似形求线段长
点到直线距离公式	利用三角形面积求高
圆方程	圆的定义及勾股定理
四点（其中任三点不共线）共圆之条件	托勒密定理

（1）如图 1，在解析几何中：

$$S_{\triangle ABC}=\left|\frac{1}{2}\begin{vmatrix}1 & x_1 & y_1\\ 1 & x_2 & y_2\\ 1 & x_3 & y_3\end{vmatrix}\right|$$

$$=\frac{1}{2}|(x_2-x_1)(y_3-y_1)-(y_2-y_1)(x_3-x_1)|。$$

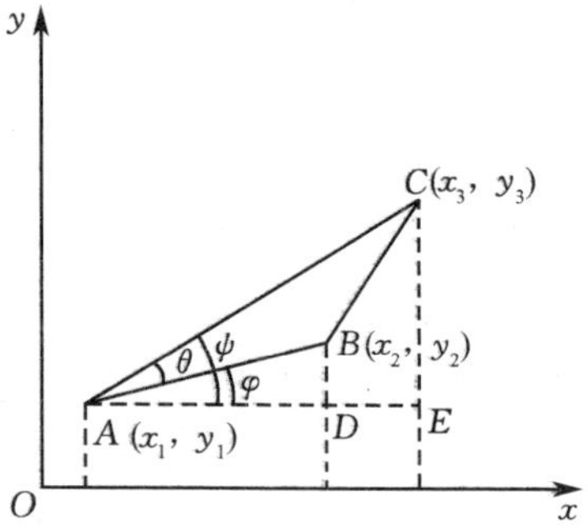

图 1

另一方面，按通常面积公式：

$$S_{\triangle ABC}=\frac{1}{2}AB\cdot AC\sin\theta=\frac{1}{2}AB\cdot AC\sin m\ (\psi-\varphi)$$

$$=\frac{1}{2}AB\cdot AC\ (\sin\psi\cdot\cos\varphi-\cos\psi\cdot\sin\varphi)$$

$$=\frac{1}{2}\mid AD\cdot CE-BD\cdot AE\mid。$$

这两个式子是一回事。

（2）如图 2，$S_{\triangle OAB}=S_{\triangle OAP}+S_{\triangle OPB}$，即：

$$\frac{1}{2}AO\cdot BO=\frac{1}{2}AO\cdot PQ+\frac{1}{2}BO\cdot PR,$$

也就是 $ay+bx=ab$，即截距式$\frac{x}{a}+\frac{y}{b}=1$。

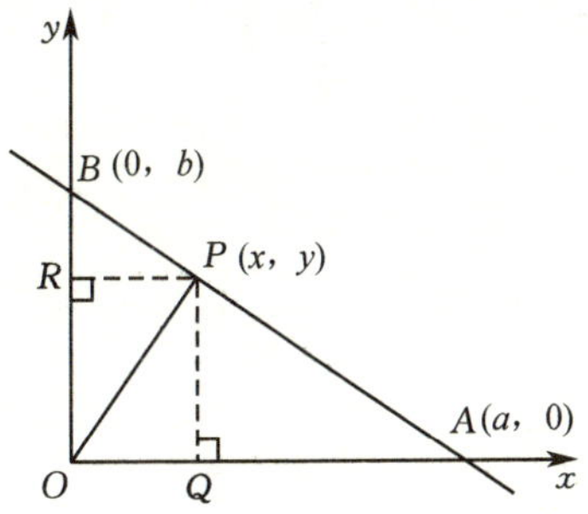

图 2

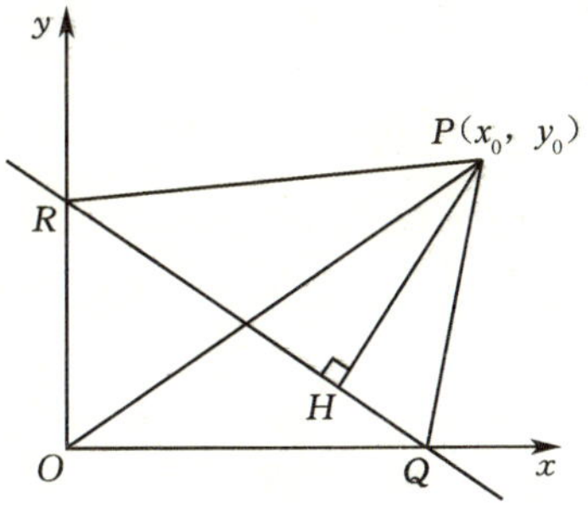

图 3

（3）如图 3，设直线 QR 之方程为 $Ax+By+C=0$，则：

$$2S_{\triangle PQR}=\mid 2S_{\triangle POQ}+2S_{\triangle PRO}-2S_{\triangle ROQ}\mid$$

$$=\mid y_0\cdot OQ+x_0\cdot RO-RO\cdot QO\mid$$

$$=\left|-\frac{C}{A}y_0-x_0\frac{C}{B}-\frac{C}{A}\cdot\frac{C}{B}\right|=\left|-\frac{C}{AB}\ (Ax_0+By_0+C)\right|,$$

$$\therefore\quad PH=\frac{2S_{\triangle PQR}}{QR}=\left|\frac{C}{AB}\cdot\frac{(Ax_0+By_0+C)}{\sqrt{RO^2+OQ^2}}\right|=\frac{\mid Ax_0+By_0+C\mid}{\sqrt{A_2+B_2}}。$$

（4）如图 4，四点 $A(x_1, y_1)$、$B(x_2, y_2)$、$C(x_3, y_3)$、$D(x_4, y_4)$ 共圆的充要条件是：（如图 4）

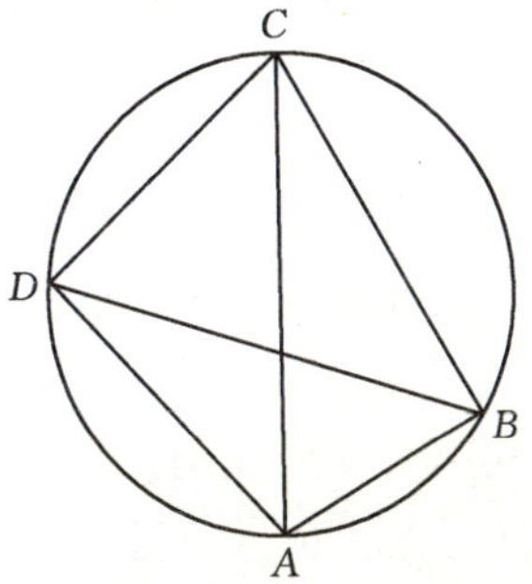

图 4

$$\frac{1}{2}\begin{vmatrix} x_1^2+y_1^2 & x_1 & y_1 & 1 \\ x_2^2+y_2^2 & x_2 & y_2 & 1 \\ x_3^2+y_3^2 & x_3 & y_3 & 1 \\ x_4^2+y_4^2 & x_4 & y_4 & 1 \end{vmatrix}==r_1^2s_1-r_2^2s_2+r_3^2s_3-r_4^2s_4=0。$$

这里 $r_i^2=x_i^2+y_i^2$，s_i 表四点中去掉（x_i，y_i）后其余三点所成三角形之面积。根据行列式性质，可知此行列式之值与原点位置无关。取 D 为原点，则上式化为：

$$DA^2 \cdot S_{\triangle BCD}-DB^2 \cdot S_{\triangle ACD}+DC^2 \cdot S_{\triangle ABD}=0。$$

把圆内接三角形面积公式 $\Delta=\dfrac{abc}{4r}$ 代入上式，化简即得

$$DA \cdot BC+DC \cdot AB=AC \cdot BD。$$

上表中多数公式的几何意义，可从一般的解析几何教科书的有关章节中找到，这里不再重复。但是，同一个公式可以有一种以上的几何意义，我们的表中，对某些公式又给出了一般书上不常提到的几何意义。

（三）

下面通过一些例题来说明问题：

例 1 AC、BC 是直角三角形 ABC 的两直角边，$\triangle ADC$，$\triangle BCE$ 是以 DC、CE 为底边的等腰直角三角形。BD 交 AC 于 F，AE 交 BC 于 G（图 5）。求证：$CF=CG$。

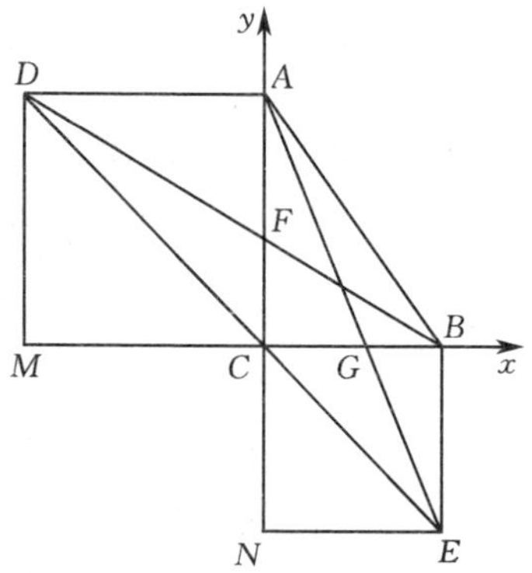

图 5

坐标法的证明 取 BC、AC 分别为 x、y 轴，且令 A、B 之坐标为：

$$A=（0，b），B=（a，0）。$$

这里 $b=AC>0$，$a=BC>0$。则：

$$D=（-b，b），E=（a，-a）。$$

利用两点式写出 AE、BD 的直线方程：

$$AE：\frac{a+b}{-a}=\frac{y-b}{x}；\ BD：\frac{-b}{a+b}=\frac{y}{x-a}。$$

设 $G=（G_x，0）$，$F=（0，F_y）$，分别代入 AE、BD 之方程，得：

$$\frac{a+b}{-a}=\frac{-b}{G_x}，\ \frac{-b}{a+b}=\frac{F_y}{-a}。$$

$\therefore\quad CG=|G_x|=\dfrac{ab}{a+b}$，$CF=|F_y|=\dfrac{ab}{a+b}$。

这就证得了 $CG=CF$。

分析 从以上证法中，可知要证的结果是：

$$CG=\frac{ab}{a+b}，\text{即：}\frac{CG}{a}=\frac{b}{a+b}；$$

$$CF=\frac{ab}{a+b}，\text{即：}\frac{CF}{a}=\frac{b}{a+b}。$$

而所用的公式仅仅是直线的两点式，相当于应用了相似三角形对应边成比例的事实。以此为线索，分析图 5，不难得到下述证法。

综合法的证明 设 D、E 至直线 BC，AC 之垂足分别为 M、N，显然有：

$$\triangle BFC\backsim\triangle BDM,\quad \therefore\ \frac{FC}{DM}=\frac{BC}{BM}；$$

$$\triangle AGC\backsim\triangle AEN,\quad \therefore\ \frac{CG}{AC}=\frac{NE}{AN}。$$

但 $DM=AC=b$，$BC=NE=a$，$BM=AN=a+b$，所以

$$FC=\frac{ab}{a+b}=CG。$$

例 2 圆内接四边形 $ABCD$ 中，其对角线 AC 与 BD 垂直交于 Q，其外接圆心为 P，取 BC、AD 之中点分别为 E、F，求证：$QE=PF$。

坐标法的证明 如图 6，取 BD、CA 为 x，y 轴，设 P 之坐标为（P_x，P_y），外接圆半径为 r，则圆方程为

$$(x-P_x)^2+(y-P_y)^2=r^2。$$

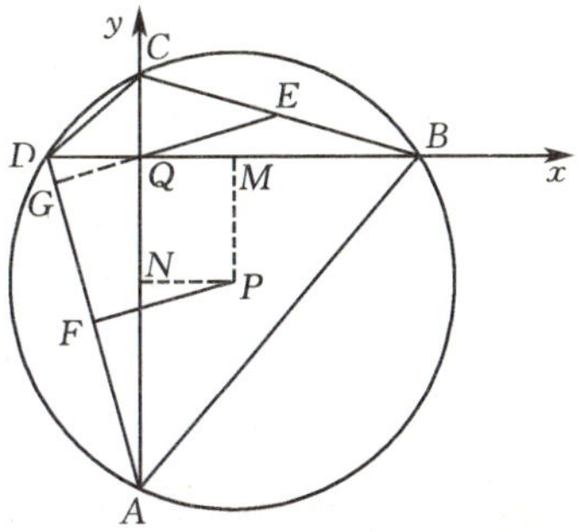

图 6

设 A、B、C、D 之坐标分别为 $(0,Ay)$，$(Bx,0)$，$(0,Cy)$，$(Dx,0)$，代入圆方程得：

$$A_y=P_y-\sqrt{r^2-P_x^2},$$

$$B_x=P_x-\sqrt{r^2-P_y^2},$$

$C_y = P_y - \sqrt{r^2 - P_x^2}$，

$D_x = P_x - \sqrt{r^2 - P_y^2}$。

求出 BC、AD 之中点坐标：

$$E = (E_x, E_y) = \left(\frac{B_x}{2}, \frac{C_y}{2}\right),$$

$$F = (F_x, F_y) = \left(\frac{D_x}{2}, \frac{A_y}{2}\right)。$$

用两点距离公式，计算：

$$QE = \frac{1}{2}\sqrt{B_x^2 + C_y^2},$$

$$PF = \sqrt{\left(\frac{D_x}{2} - P_x\right)^2 + \left(\frac{A_y}{2} - P_y\right)^2} = \frac{1}{2}\sqrt{B_x^2 + C_y^2}。$$

造就证得了 $QE = PF$。

分析 从证明过程可知，反复应用勾股定理，即可把 QE、PF 表成 PM、PN、r 的代数式。于是，由上面的证明，不难改写成综合法之证明。不仅如此，分析所求得之 P、Q、F、E 这四点之坐标，我们发现它们在形式上有一定对称性：

$Q = (0, 0)$，

$E = \left(\frac{P_x}{2} + \frac{1}{2}\sqrt{r^2 + P_y^2}, \frac{P_y}{2} + \frac{1}{2}\sqrt{r^2 - P_x^2}\right)$，

$P = (P_x, P_y)$，

$F = \left(\frac{P_x}{2} - \frac{1}{2}\sqrt{r^2 - P_y^2}, \frac{P_y}{2} - \frac{1}{2}\sqrt{r^2 - P_x^2}\right)$，

即有 $P_x + Q_x = E_x + F_x$，$P_y + Q_y = E_y + F_y$。这表明线段 PQ 和 EF 的中点是同一点，即 PQ 与 EF 互相平分，即 $PEQF$ 为平行四边形。由此启发我们，先证明 $PEQF$ 是平行四边形，也可得到欲证的结论。下面的证法，就是从证明 $PE /\!/ QF$ 入手的。

综合法的证明 延长 QE，交 AD 于 G。由圆周角定理，得$\angle QDG = \angle BCQ$。因为 E 是直角三角形斜边之中点，得 $QE = BE$，故$\angle CBQ = \angle EQB = \angle DQG$。

于是$\angle DGQ=\angle CQB=90°$。但由于$F$是$AD$中点，$P$为$ADCB$外接圆圆心，故$PF\perp AD$，既然$QE$、$PF$同垂直于$AD$，故$QE /\!/ PF$。

同理可证$QF /\!/ PE$。即$PEQF$为平行四边形。从而$PF=QE$。

例 3 如图 7，$ABCD$为正方形，$\angle 1=\angle DAE=\angle EBC=\angle 2=15°$，求证$\triangle EDC$为正三角形。

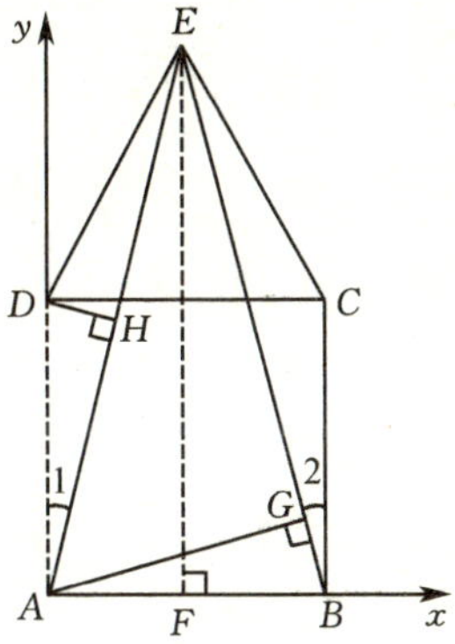

图 7

坐标法的证明 取AB、AD分别为x、y轴，并使C在第 1 象限。设$AB=a$，则由$\angle 1=\angle 2=15°$及$A=(0,0)$，$B=(a,0)$，易写出直线AE、BE之点斜式方程为

$$AE: y=x\tan 75°,$$

$$BE: y=(x-a)\tan 105°。$$

解得E之坐标为

$$E: \left(\frac{a}{2}, \frac{a}{2}\tan 75°\right)=\left(\frac{a}{2}, a\left(1+\frac{\sqrt{3}}{2}\right)\right)。$$

又由$D=(0, a)$、$C=(a, a)$，用两点距离公式求得$DE=CE=a$，即$\triangle EDC$为正三角形。

分析 由上可知，例 3 的证明之关键在于求得点E的坐标。由对称性，可知$E_x=\frac{a}{2}$，所以只要求出E_y就可以了。而求得了E_y，即可用勾股定理计算DE、CE，从而证实所要之结论。为了求得E_y，要用到$\tan 75°=1+\frac{\sqrt{3}}{2}$这一事实。如在综合法证明中要避免引用这一事实，还须追本求源，弄清$\tan 75°$的值从何而来？这个值可从正弦、余弦之半角公式得到，而且要用到$\sin 30°=\frac{1}{2}$这个事实，即“在直角三角形中，30°之对边为斜边之半”这个定理。观察图 7，$\angle AEB=30°$，以$\angle AEB$为内角作一个直角三角形进行考察，可启发我们找到下列证法。

综合法的证明 由$\angle 1=\angle 2=15°$，可知$\angle AEB=30°$。作$AG\perp BE$，设垂足为G，则$AC=\frac{1}{2}AE$。

另一方面，由$\angle EAG=60°$得$\angle BAG=15°$。作$DH\perp AE$，且令H为垂足，

则由 $AD=AB$，$\angle DAH=\angle BAG=15°$，可知 Rt$\triangle ABG\cong$Rt$\triangle ADH$，故 $AH=AG=\frac{1}{2}AE=HE$。从而 DA、DE 是等腰三角形$\triangle DAE$ 之两腰，即得 $DE=DA$，即 $DE=DC$。由对称性，$CE=DE$。造就证得了$\triangle EDC$ 是正三角形。

例 4 两圆圆 O_1 和圆 O_2 的圆心皆在另一圆之外。自点 O_1 向圆 O_2 作切线 O_1A、O_1B，分别交圆 O_1 于 E、F。自点 O_2 向圆 O_1 作切线 O_2C、O_2D，分别交圆 O_2 于 G、H。设 G、E 在连心线 O_1O_2 同侧。求证：$GE /\!/ HF$。（图 8）

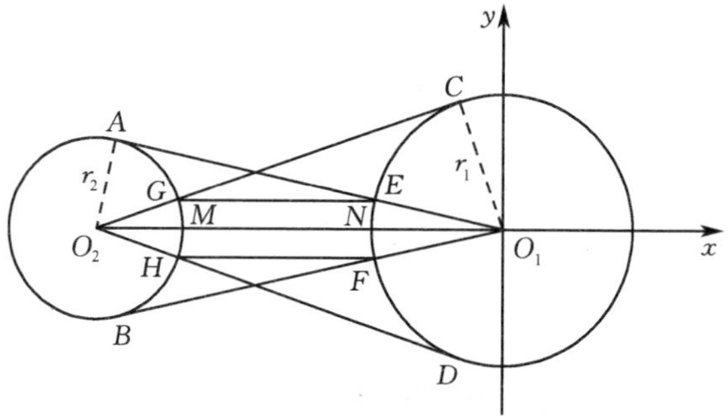

图 8

分析 我们来计划一下用坐标法证明的步骤，看这些步骤能否用综合法实现。

由对称性，取连心线 O_1O_2 为 x 轴，令 y 轴过点 O_1。若 O_1O_2 给定，两圆之半径 r_1、r_2 给定，我们可以写出这四条切线的方程，求得它们与$\odot O_1$、$\odot O_2$ 的交点 G、E、H、F 的坐标，从而检验是否有 $GE /\!/ HF$。

若要证的结论为真，由对称性，显然应当有 $GE /\!/ O_1O_2$，$HF /\!/ O_1O_2$。也就是说，只要验证 G、E（及 H、F）两点的纵坐标是否相等。

因而，目标应当很明确——求点 G、E 到 O_1O_2 之距离。为此，我们应当分别由点 C、E 向 O_1O_2 引垂线。另外，计算过程中要用到切线方程，即用到"圆心到切线之距离等于半径"，故我们连接 O_1C、O_2A 作为辅助线。

一旦画出这些辅助线，便会发现：点 C、E 到 O_1O_2 的距离，可以利用"相似三角形对应边成比例"来求得。这就可以循此完成综合法的证明。

综合法的证明 自点 G、E 分别向 O_1O_2 引垂线，垂足为 M、N。连 O_1C，

O_2A。Rt $\triangle GO_2M$ 和 Rt $\triangle O_1CO_2$ 有公共角 $\angle GO_2M$，故：Rt $\triangle GO_2M \backsim$ Rt$\triangle O_1O_2C$。

$$\therefore \quad \frac{GM}{O_2G}=\frac{O_1C}{O_1O_2}，即：GM=\frac{r_1r_2}{O_1O_2}；$$

同理，$\triangle EO_1N\backsim\triangle O_2O_1A$，所以

$$\frac{EN}{O_1E}=\frac{O_2A}{O_1O_2}，即：EN=\frac{r_1r_2}{O_1O_2}。$$

$\therefore GM=EN$；

$\therefore GE/\!/O_1O_2$。

同理可证 $HF/\!/O_1O_2$，所以 $GE/\!/HF$。

例 5 在Rt$\triangle ABC$中，$\angle C$为直角，M为AB之中点，N为$\triangle ABC$之内心。如果$\angle BNM$为直角，求证：$BC:AC=3:4$。(图 9)

坐标法的证明 取 CA、CB 分别为 x、y 轴，且令 $A=(a,0)$，$B=(0,b)$，$N=(r,r)$。这里：$a=AC>0$，$b=BC>0$，$r>0$ 为$\triangle ABC$之内切圆半径。

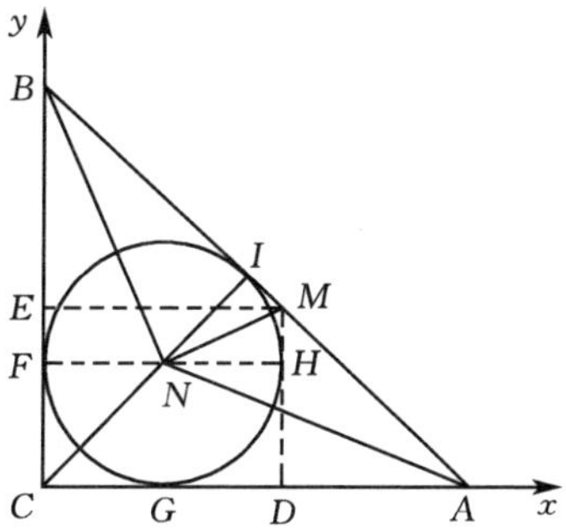

图 9

用截距式写出 AB 的直线方程：

$\frac{x}{a}+\frac{y}{b}=1$，即 $bx+ay=ab$。由题设，N 到 AB 之距离为 r，由点到直线距离公式得（注意 N 在 AB 之下，下式为正）：

$$r=\frac{ab-(a+b)r}{\sqrt{a^2+b^2}}。$$

可解出

$$r=\frac{ab}{(a+b)+\sqrt{a^2+b^2}}。\tag{1}$$

又由 M 为 AB 中点，求得 $M=\left(\frac{a}{2},\frac{b}{2}\right)$，由此求得 MN 之斜率 k_{MN} 及 BN 之斜率 k_{BN} 分别为：

$$k_{MN}=\frac{b-2r}{a-2r},\ k_{BN}=\frac{r-b}{r}。$$

由题设，$MN\perp BN$，故 $k_{MN}\cdot k_{BN}=-1$，即：

$$\frac{b-2r}{a-2r}=\frac{r}{b-r},$$

或

$$4r+\frac{b^2}{r}=(3b+a)。\tag{2}$$

把（1）代入（2），化简后得到：

$$\sqrt{a^2+b^2}+b-2a=0。$$

去根号，即得 $4ab=3a^2$，即 $a:b=4:3$。

分析 证明的关键是道出（1）、（2）两个等式。道出（1）式用到直线的截距式及点到直线的距离公式；按前述关于基本公式的几何意义的对照表，这相当于面积关系式。道出（2）式用到了两直线垂直条件，这相当于用了“相似三角形对应边成比例”的事实。只要把这两个等式道出，问题就迎刃而解。这样得到的综合法证明，是坐标法证明的“仿制品”。

综合法的证明 过 N 向$\triangle ABC$ 三边作垂线，设 AB、BC、CA 上之垂足分别为 I、F、G。由于 N 是内心，故 $NF=NG=NI=\gamma$。设 $AC=a$，$BC=b$，由面积关系：

$$S_{\triangle ABC}=S_{\triangle ANC}+S_{\triangle ABN}+S_{\triangle BCN},$$

即

$$ab=\frac{1}{2}ra+\frac{1}{2}rb+\frac{1}{2}r\sqrt{a^2+b^2},$$

可得：

$$r=\frac{ab}{a+b+\sqrt{a^2+b^2}}。\tag{3}$$

为了道出（2）式，作 $MD\perp AC$，令 D 为垂足。延长 FN 交 MD 于 H。

$\because\ \angle BNM=90^\circ$,

$\therefore\ \angle FNB+\angle MNH=90^\circ$。

$\therefore$ $\triangle BFN \backsim \triangle NHM$。

$\therefore$ $\dfrac{BF}{FN}=\dfrac{NH}{MH}$。

但 $BF=b-r$，$FN=r$，$NH=CD=CG=\dfrac{a}{2}-r$，$HM=MD-HD=\dfrac{b}{2}-r$，代入上式整理得：

$$4r+\frac{b^2}{r}=(3b+a)。\qquad (4)$$

把（3）代入（4），化简后得：

$$\sqrt{a^2+b^2}+b-2a=0。$$

去根号，得 $4ab=3a^2$，即 $a:b=4:3$。

对于例 5，注意到（3）式中没用到 $MN\perp BN$. 这个事实，故（4）式可代之以另一个用到了 $MN\perp BN$ 这一事实的等式。例如，在综合法中用一下“直角三角形 BMN 斜边上的高 $NI=\gamma$” 及 $BI=BF=b-\gamma$ 这些事实，可道出：

$$NI^2=MI\cdot BI,$$

即 $$r^2\ (b-r)\left[\frac{1}{2}\sqrt{a^2+b^2}-(b-r)\right]。$$

将此式与（3）式联立消去 r，也可得欲证结论。

例 6 在四边形 $ABCD$ 中，已知 $\angle B$ 为直角。对角线 $AC=BD$，过 AB、CD 之中点 E、G 作中垂线交于 N；过 BC、AD 之中点 F、H 作中垂线交于 M。求证：B、M、N 三点共线。(图 10)

坐标法的证明 取 BA、BC 所在直线分别为 x、y 轴，建立平面直角坐标系。设 $AB=a$，$BC=b$，A、B、C、D 之坐标分别为：

$A=(a,0)$，$B=(0,0)$，

$C=(0,b)$，$D=(x_0,y_0)$。

由题设 $AC=BD$，故：

$$a^2+b^2=x_0^2+y_0^2。\qquad (5)$$

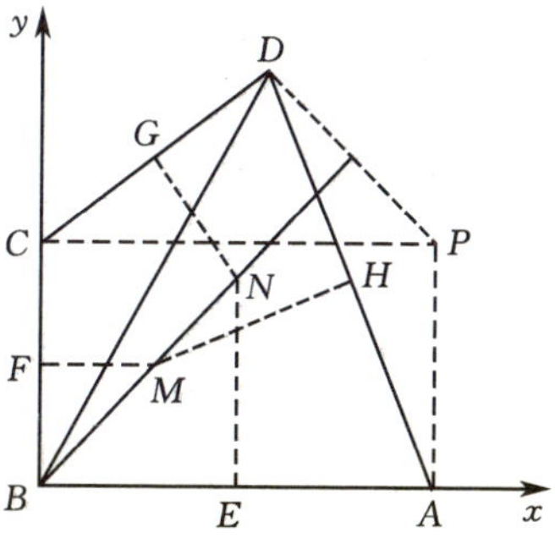

图 10

利用中垂线性质写出直线 GN 上的点（x，y）应满足的方程：

$$(x-x_0)^2+(y-y_0)^2=x^2+(y-b)^2。$$

整理之，并利用（5）式，得到 GN 之方程为：

$$GN：x_0x+(y_0-b)y=\frac{a^2}{2}。\tag{6}$$

同理，得 HM 之方程：

$$HM：(x_0-a)x+y_0y=\frac{b^2}{2}。\tag{7}$$

因 N 在 AB 之中垂线上，故可设 $N=\left(\frac{a}{2}，Ny\right)$，代入（6）式，求得：

$$N_y=\frac{a}{2}\cdot\frac{(a-x_0)}{(y_0-b)}。$$

因 M 在 BC 之中垂线上，故可设 $M=\left(M_x，\frac{b}{2}\right)$，代入（7）式，求得

$$M_x=\frac{b}{2}\cdot\frac{(b-y_0)}{(x_0-a)}。$$

于是，BN 之斜率为

$$k_{BN}=\frac{N_y-0}{\frac{a}{2}-0}=-\frac{(a-x_0)}{(b-y_0)}。$$

而

$$k_{BM}=\frac{\frac{b}{2}-0}{M_x-0}=-\frac{(a-x_0)}{(b-y_0)}=k_{BN}。$$

故知 B、M、N 共线。

最后一步用三点共线之条件检验之亦可，即

$$\begin{vmatrix}1 & 0 & 0\\ 1 & \frac{a}{2} & N_y\\ 1 & M_x & \frac{b}{2}\end{vmatrix}=\frac{ab}{4}-\frac{ab}{4}=0$$

得知 B、M、N 共线。

分析 对于上面的证明，当然也可以照搬成综合法的证明，像例 5 一样。但是，如果细细观察一下所求得的直线. BM 和 BN 的斜率：

$$k_{BM}=k_{BN}=-\frac{(a-x_0)}{(b-y_0)},$$

便发现 BM（或 BN）和通过 (a, b)、(x_0, y_0) 两点的线段垂直。(x_0, y_0) 就是点 D，在图上作出代表 (a, b) 的点 P，连 PA、PC、PD，我们看到 $PABC$ 是矩形。$PB=AC=BD$，即 P、D 在以 B 为中心的圆上。既然 $BM\perp PD$，BM 一定和 PD 的垂直平分线重合，BN 亦然。这样，就找到了一个简捷的证法！

综合法的证明 作 $PA\perp AB$，$PC\perp BC$，则直线. NE 垂直平分 PC，MF 垂直平分 PA。连接 PD。由于 N 是 CD、PC 之中垂线交点，故 N 为 $\triangle PDC$ 之外心，即 N 在 PD 中垂线上。同理，M 为 $\triangle PDA$ 之外心，即 M 在 PD 中垂线上，由题设，$PB=AC=DB$，故 B 也在 PD 之中垂线上。N、M、B 都在 PD 之中垂线上，即三点共线。

最后，我们运用上述方法来解两个数学竞赛题。

例 7 有一个边长为 1 的正方形，试在这个正方形的内接正三角形中，找出一个面积最大的，和一个面积最小的，并求出这个面积。

这个题是 1978 年全国中学生数学竞赛题，因此广为人知。这里，我们试用解析方法比较自然地诱导出那个综合的解法。

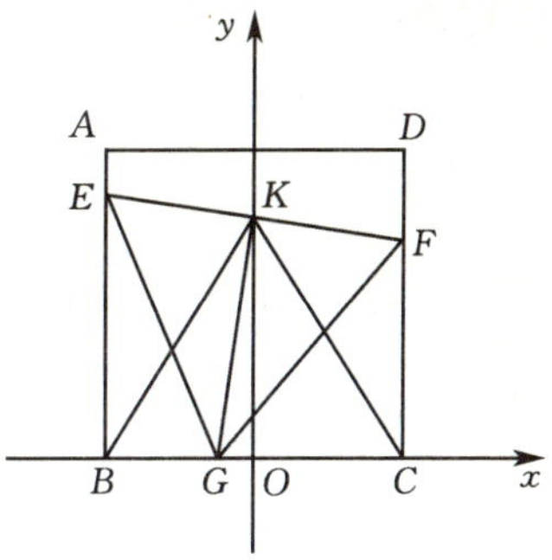

图 11

如图 11 取坐标系，设 AD 上没有三角形之顶点。则 A、B、C、D、E、F、G 之坐标应为：

$$A\left(-\frac{1}{2}, 1\right), B\left(-\frac{1}{2}, 0\right), C\left(\frac{1}{2}, 0\right), D\left(\frac{1}{2}, 1\right),$$

$$E\left(-\frac{1}{2}, y_1\right), F\left(\frac{1}{2}, y_2\right), G(x, 0)。$$

由于 $\triangle EFG$ 为正三角形，未知量 y_1、y_2、x 之间应满足下列关系（$EF^2=EG^2=FG^2$）：

$$\begin{cases}\left(x+\dfrac{1}{2}\right)^2+y_1^2=\left(x-\dfrac{1}{2}\right)^2+y_2^2, & (8)\\ (y_1-y_2)^2+1^2=\left(x+\dfrac{1}{2}\right)^2+y_1^2。 & (9)\end{cases}$$

我们关心的是△EFG 的面积，自然想去求三角形的高 GK 和边长 $EF=\sqrt{1+(y_1+y_2)^2}$。EF 中点 K 的坐标为$\left(0,\ \dfrac{1}{2}(y_1+y_2)\right)$，故我们的目标是在(8)、(9) 中把 (y_1-y_2)，(y_1+y_2) 解出来。整理 (8) 式，得：

$$(y_1+y_2)(y_1-y_2)=-2x; \tag{10}$$

而 (9) 式可化为

$$(y_1-y_2)^2+1=\left(x+\frac{1}{2}\right)^2+\left(\frac{(y_1+y_2)+(y_1-y_2)}{2}\right)^2。\tag{11}$$

在 (10) 中解出 $y_1-y_2=\dfrac{-2x}{y_1+y_2}$代入 (11) 式，得：

$$\frac{4x^2}{(y_1+y_2)^2}+1=\left(x+\frac{1}{2}\right)+\frac{1}{4}\left[(y_1+y_2)-\frac{2x}{y_1+y_2}\right]^2,$$

整理，得：

$$(y_1+y_2)^4+(4x^2-3)(y_1+y_2)2-12x^2=0,$$

即

$$[(y_1+y_2)^2+4x^2][(y_1+y_2)^2-3]=0。$$

显然前一因式恒为正，故得 $(y_1+y_2)^2=3$。由题意知 $(y_1+y_2)>0$，故 $y_1+y_2=\sqrt{3}$。

现在，我们求得 EF 中点 $K=\left(0,\ \dfrac{\sqrt{3}}{2}\right)$，这是我们事先不一定想到的。原来，不论△$EFG$ 的位置如何，EF 的中点居然是固定不变的！而且，从它的坐标数值$\left(0,\ \dfrac{\sqrt{3}}{2}\right)$可以看出，三点 K、B、C 构成正三角形。怎样用综合法证明△KBC 是正三角形呢？由于图中先已有了正三角形 EFG，故不难想到四点 K、G、C、F 共圆。这正是本题的综合解法中最妙、也最难想到的一步！

至于用解析法把题做完，已很容易了。因为我们已知道：

$$GK=\sqrt{x^2+\left(\frac{\sqrt{3}}{2}\right)^2}=\sqrt{x^2+\frac{3}{4}},$$

$$EF=\sqrt{1+(y_1-y_2)^2}$$

$$=\sqrt{1+\frac{4x^2}{(y_1+y_2)^2}}=\frac{2}{\sqrt{3}}\sqrt{x^2+\frac{3}{4}},$$

$$\therefore\quad S_{\triangle EFG}=\frac{\sqrt{3}}{3}\left(\frac{3}{4}+x^2\right)。$$

而 x 的变化范围可由 $|x|\leqslant\frac{1}{2}$，$0\leqslant y_1\leqslant 1$，$0\leqslant y_2\leqslant 1$ 定出。注意：$|x|$ 取不到$\frac{1}{2}$，这是因为，由于 $y_1+y_2=\sqrt{3}$，$y_1-y_2=-\frac{2x}{\sqrt{3}}$，所以

$$2y_1=\sqrt{3}-\frac{2x}{\sqrt{3}},\quad \frac{2x}{\sqrt{3}}=\sqrt{3}-2y_1\geqslant\sqrt{3}-2;$$

$$2y_2=\sqrt{3}+\frac{2x}{\sqrt{3}},\quad \frac{2x}{\sqrt{3}}=2y_2-\sqrt{3}\leqslant 2-\sqrt{3};$$

即 $|x|\leqslant(2-\sqrt{3})\frac{\sqrt{3}}{2}=\sqrt{3}-\frac{3}{2}$。于是，当 $|x|=\sqrt{3}-\frac{3}{2}$ 时，$S_{\triangle EFG}=\frac{\sqrt{3}}{3}\left[\frac{3}{4}+\left(\sqrt{3}-\frac{3}{2}\right)^2\right]=2\sqrt{3}-3$，这就是最大的三角形面积，这时 y_1 或 y_2 中有一个为 1（即 E、F 中有一点和 A、D 之一重合）。至于最小的面积，显然当 $x=0$ 时，即 G 在原点时取到，其值为$\frac{\sqrt{3}}{4}$。

我们看到：解析法过程虽繁，思路是自然的。从中诱导出的综合法，过程简捷，却掩去了本来的思路，显得格外巧妙！

再看一个例，这是 1979 年国际数学竞赛题之一。

例 8 平面上有两个圆圆 O_1、圆 O_2 交于点 P。点 M_1、M_2 同时从 P 出发，分别沿圆 O_1、圆 O_2 之圆周作同方向的匀速圆周运动。运动一周后又同时回到 P 处。求证：平面上有一定点 Q，使得在任何时刻都有 $QM_1=QM_2$。

此题难点在于不知 Q 在何处。而这个问题很容易用解析几何的方法回答。

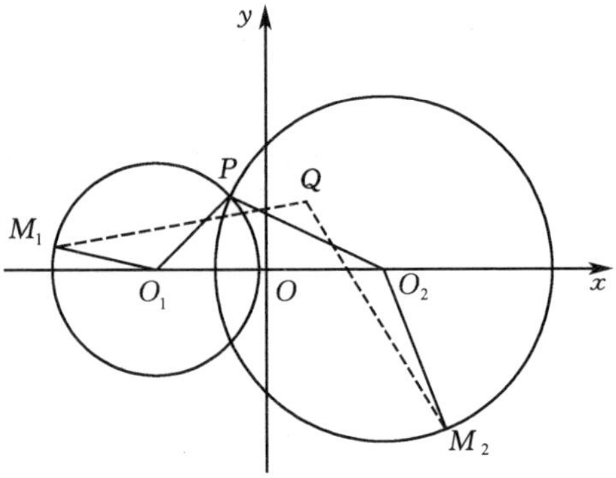

图 12

取 O_1O_2 所在直线为 x 轴，取 O_1O_2 中点为原点，建立平面直角坐标系（图12）。设 O_1、O_2、P 之坐标为：

$$O_1\ (-d,\ 0),\ O_2\ (d,\ 0),\ P\ (k,\ h)。$$

又设圆 O_1、圆 O_2 之半径分别为 r_1、r_2。于是，在时刻 t，动点 $M_1\ (t)$、$M_2\ (t)$ 之坐标：

$$M_1\ (t):\begin{cases}x_1\ (t)\ =-d+r_1\cos\ (\omega t+\varphi_1),\\ y_1\ (t)\ =r_1\sin\ (\omega t+\varphi_1);\end{cases}\tag{12}$$

$$M_2\ (t):\begin{cases}x_2\ (t)\ =d+r_2\cos\ (\omega t+\varphi_2),\\ y_2\ (t)\ =r_2\sin\ (\omega t+\varphi_2)。\end{cases}\tag{13}$$

设 $t=0$ 时，M_1、M_2 都在 P 点，由于 P 的坐标已知为 $(k,\ h)$，故由（12），（13）得：

$$\begin{cases}-d+r_1\cos\varphi_1=d+\gamma_2\cos\varphi_2=k,\\ r_1\ \sin\varphi_1=r_2\sin\varphi_2=h。\end{cases}$$

按题意，对一切 t，都有 $M_1Q=M_2Q$。为了找出 Q，我们只要对两个特殊的、易于计算的 t 值来列出方程。设 $Q=\ (x,\ y)$，应有

$$(x-x_1\ (t))^2+\ (y-y_1\ (t))^2=\ (x-x_2\ (t))^2+\ (y-y_2\ (t))^2。\tag{14}$$

取 $t=\frac{\pi}{\omega}$，得：

$$y_1\ (t)\ =r_1\ (-\sin\varphi_1)\ =-h,$$

$$y_2\ (t)\ =r_2\ (-\sin\varphi_2)\ =-h;$$

$$x_1(t)=-d+r_1(-\cos\varphi_1)=-(k+2d),$$

$$x_2(t)=d+r_2(-\cos\varphi_2)=-(k-2d)。$$

代入（14）后解出：

$$x=-k,$$

再在（13）中取 $t=\frac{\pi}{2\omega}$，得：

$$x_1(t)=-d+r_1(-\sin\varphi_1)=-d-h,$$

$$y_1(t)=r_1\cos\varphi_1=k+d;$$

$$x_2(t)=d+r_2(-\sin\varphi_2)=d-h,$$

$$y_2(t)=r_2\cos\varphi_2=k-d。$$

把它们代入（14），并用到已知的 $x=k$，解出：

$$y=h。$$

现在我们知道，如果所证之命题为真，必有 $Q=(-k, h)$，可见 Q 和 P 关于 y 轴对称，显然$\triangle QO_1Q_2\cong PO_2O_1$。按此定出 Q 后，证明在任意时刻都有 $M_1Q=M_2Q$ 已很容易了：由题意可知$\angle M_1O_1Q=\angle M_1O_1P+\angle PO_1Q$，$\angle M_2O_2Q=\angle M_2O_2P+\angle PO_2Q$，但由$\triangle QO_1O_2\cong\triangle PO_2O_1$ 知$\angle PO_1Q=\angle PO_2Q$，所以

$$\angle M_1O_1Q=\angle M_2O_2P+\angle PO_2Q+\angle M_2O_2Q。$$

又由 $O_1P=O_2Q$，$M_1O_1=O_1P$，得 $M_1O_1=O_2Q$。同理，$M_2O_2=O_1Q$，从而$\triangle M_2O_2Q\cong\triangle QO_1M_1$，问题便解决了。

这样，由于解析几何的帮助，把一个难于下手的题目变得较方便了。

在以上几个例题中，例 5 是直译——坐标法的语言译成综合法的语言；例 4 和例 1 是用坐标法指出努力的方向，而后用综合法的手段来实现；而例 2、例 3 和例 6 则是通过考察坐标法的证明过程和结果而受到启发，找到了综合法的人手途径。坐标法诱导综合法，大体上不外乎这三种类型。

限于篇幅，文中仅谈到了直角坐标系。从以上所举例子可见，当所给命题涉及一双互相正交的直线时，直角坐标是很便利的。一般情况，则应视不同情况，选择其他坐标系。如极坐标、仿射坐标、重心坐标等。但上述用坐标法引道综合法的基本原则仍是适用的。

压缩变换与自然对数

在现行高中课本第一册中，提到了以常数 $e=2.71828\cdots\cdots$ 为底的对数——然对数。在第四册，又不加证明地介绍了极限

$$\lim_{x\to\infty}\left(1+\frac{1}{x}\right)^{x}=e,$$

初步引进了函数 e^x、$\ln x$ 及其求道法则。这些介绍是很必要的，因为 e^x 和 $\ln x$ 是高等数学中极其重要的一对函数。

但是，中学生学到这里，对 e 及 e^x、$\ln x$，往往有神秘莫测之感。

如果利用曲线 $y=\dfrac{1}{x}$ 下的面积来定义自然对数 $\ln x$，则显得简单、具体，直观性强，涉及的基础知识较少。而且和解析几何内容关系密切，有承上启下，沟通前后教材的好处。这种定义 $\ln x$ 的方法，既可用以代替通常的先引入 e 的方法，也可作为课外活动内容，以配合正课。

定义 1 在笛卡儿坐标系中，曲线 $y=\dfrac{1}{x}$（$x>0$）之下，直线 $y=0$ 之上，直线 $x=b$ 和 $x=a$ 之间的面积，当 $b\geqslant a>0$ 时，记作 S_a^b，并约定 $S_b^a=-S_a^b$。（图 1）

显然有

推论 1 $S_a^a=0$。

推论 2 $S_a^b+S_b^c=S_a^c$。

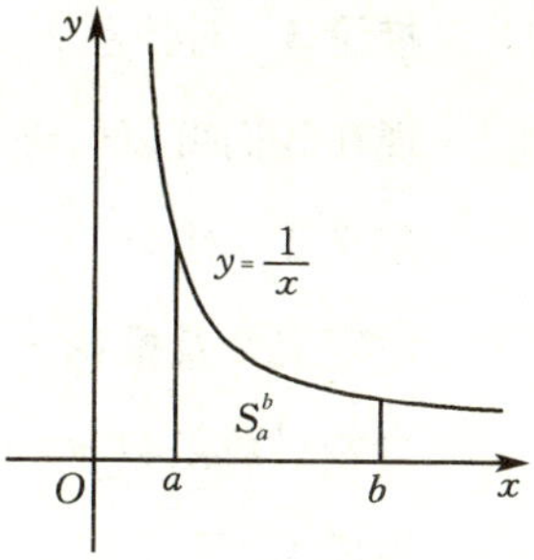

图 1

如果我们把 $y=\frac{1}{x}$ 的图像沿 y 轴方向作均匀压缩，即取 $\mu>0$ 作一一对应：

$$(x,\ y)\to(x,\ \mu y),$$

再沿 x 轴方向作又一个均匀压缩：

$$(x,\ y)\to\left(\frac{1}{\mu}x,\ y\right)$$

两次压缩之后，坐标为（x，y）的点 P 变为坐标为（x'，y'）的点 P'：

$$\begin{cases}x'=\dfrac{1}{\mu}x\\ y'=\mu y。\end{cases}\qquad(1)$$

而 $x'y'=xy$，故若 P 在曲线 $y=\frac{1}{x}$ 上，P' 也在曲线 $y=\frac{1}{x}$ 上。

关于这种平面上的压缩变换，《教学通讯》1981 年 11 期彭君的《压缩变换及其应用》，1982 年 12 期马君的《压缩变换与双曲旋转》以及 1983 年 5 期李君的《利用均匀压缩变换解决椭圆问题》诸文中，均有很好的说明。而我们所用的使双曲线 $y=\frac{1}{x}$ 上的点仍在此双曲线上的这种变换（1），正是马君文中所说的"双曲旋转"。马君文中已指出，在"双曲旋转"下，面积是不变的。这个性质对我们十分有用。

读者也不难看出变换(1)的保面积性。首先，任一个两边平行于 X、Y 轴的矩形 $P_1P_2P_3P_4$，其各顶点坐标为 $P_1(x_1,y_1)$，$P_2(x_2,y_1)$，$P_3(x_2,y_2)$，$P_4(x_1,y_2)$，因而其面积为$(y_2-y_1)(x_2-x_1)$。按(＊)，显然有：$(y_2'-y_1')(x_2'-x_1')=(y_2-y_1)(x_2-x_1)$。于是，这样的矩形在变换(1)之下，面积是不变的。

利用无限细分，求和，取极限的面积计算原理可知，曲线 $y=\frac{1}{x}$ 下的每一块面积 S_a^b 在变换（1）下不变，显然，这时（a，0）变为$\left(\frac{a}{\mu},\ 0\right)$，（$b$，0）变为$\left(\frac{b}{\mu},\ 0\right)$，而曲线 $y=\frac{1}{x}$ 不变，故得

推论 3 对任意 $\lambda>0$，有 $S_{\lambda a}^{\lambda b}=S_a^b$。

现在我们可以引进

定义 2 对 $0<x<+\infty$，令 $\ln x=S_1^x$，并称函数 $y=\ln x$ 为自然对数函数。

由定义 2 及推论 3，以及定义 1，马上得到函数 $y=\ln x$ 的一系列性质：

自然对数函数 $y=\ln x$ 的性质

性质 1（乘变加）

$$\ln(x_1x_2)=\ln x_1+\ln x_2。$$

性质 2（递增性）当 $x_1<x_2$ 时有

$$\ln x_1<\ln x_2。$$

性质 3

$$\ln x\begin{cases}=0 & (x=1)\\>0 & (x>1)\\<0 & (x<1)\end{cases}$$

性质 4（连续性）

$$\lim_{x\to x_0}\ln x=\ln x_0。$$

性质 5（对数函数不等式）

$$\frac{1}{1+x}<\ln(1+x)<x。$$

$\left(\text{或}\frac{1}{1+x}<\ln\left(1+\frac{1}{x}\right)<\frac{1}{x}\right)$。

性质 6（求道法则）

$$(\ln x)'=\frac{1}{x}。$$

性质 7（值域）当 x 取遍 $(0,+\infty)$ 时，$\ln x$ 取遍 $(-\infty,+\infty)$。

下面我们指出，如何证明这些性质。

性质 1 之证明：由定义及推论 3：

$$\begin{aligned}\ln(x_1x_2)&=S_1^{x_1x_2}=S_1^{x_1}+S_{x_1}^{x_1x_2}\\&=S_1^{x_1}+S_1^{x_2}=\ln x_1+\ln x_2\end{aligned}$$

这里关键的一步是 $S_{x_1}^{x_1 x_2}=S_1^{x_2}$，这由推论 3 是显然的。由性质 1 顺便知道 $\ln\frac{x_2}{x_1}=\ln x_2-\ln x_1$，$\ln x^n=n\ln x$ 等。

性质 2，3，4 均由定义 1，2 得出：

$\ln x_2-\ln x_1=S_{x_1}^{x_2}>0$（当 $x_2>x_1$），又显然有 $|S_{x_1}^{x_2}|\leqslant|x_2-x_1|\cdot\frac{1}{x_1}=\left(\frac{x_2}{x_1}-1\right)$，故当 x_1 趋于 x_2 时 $S_{x_1}^{x_2}\to 0$，即证明了连续性。

性质 5，当 $x>0$ 时——看图 2，就成为显然的了：

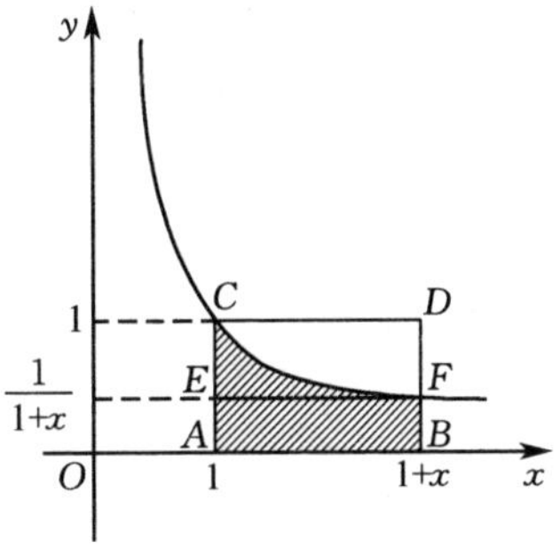

图 2

图中阴影部分面积是 $\ln(1+x)$，它小于矩形 $ABDC$ 面积 $1\cdot x=x$，大于矩形 $ABFE$ 的面积 $x\cdot\frac{1}{1+x}=\frac{x}{1+x}$。用梯形 $ABFC$ 代替 $ABDC$，这个不等式还可以大大改进。$-1<x<0$ 时，可由 $\ln(1+x)=-\ln\left(1-\frac{x}{1-x}\right)$ 道出。

性质 6 可由性质 1 及 5 道出。按道数定义。

$$(\ln x)'=\lim_{h\to 0}\frac{\ln(x+h)-\ln x}{h}$$

$$=\lim_{h\to 0}\frac{1}{h}\ln\frac{x+h}{x}$$

$$=\lim_{h\to 0}\frac{1}{h}\ln\left(1+\frac{h}{x}\right)$$

当 $h>0$ 时，由性质 5 有

$$\frac{1}{x+h}<\frac{1}{h}\ln\left(1+\frac{h}{x}\right)<\frac{1}{x},$$

当 $h<0$ 时，由性质 5 有

$$\frac{1}{x}<\frac{1}{h}\ln\left(1+\frac{h}{x}\right)<\frac{1}{x+h}。$$

令 $h\to 0$ 取极限即得。

性质 7 可由连续性及 $\ln a^n=n\ln a$ 推出。当 $a>1$ 时，

$$\lim_{h\to+\infty}\ln a^n=+\infty,\quad \lim_{h\to+\infty}\ln a^{-n}=\infty,$$

可见 $\ln x$ 取遍（$-\infty$，$+\infty$）的值。

由递增性及连续性，$\ln x$ 有唯一的反函数 $E(x)$，且 $E(x)$ 连续递增。由于 $\ln x$ 定义于 $(0,+\infty)$ 而值域为 $(-\infty,+\infty)$，于是 $E(x)$ 定义于 $(-\infty,+\infty)$ 而取值于 $(0,+\infty)$。由反函数求道法则可知 $(E(x))'=E(x)$。记

$$E(1)=e$$

我们指出：$E(x)$ 恰巧就是指数函数 e^x。

首先，根据 $\ln x$ 的性质 1：设 $y_1=\ln x_1$，$y_2=\ln x_2$，于是由反函数定义得：

$$\begin{aligned}E(y_1+y_2)&=E(\ln x_1+\ln x_2)\\&=E(\ln(x_1x_2))\\&=x_1\cdot x_2\\&=E(y_1)E(y_2),\end{aligned}$$

因为 y_1，y_2 是任意的，可得当 n 为自然数时：

$$\begin{aligned}&E(nx)=E(x+(n-1)x)\\&=E(x)\cdot E((n-1)x)=E(x))^n\end{aligned}$$

取 $x=1$，可得 $E(n)=(E(1))^n$；

取 $x=\dfrac{1}{n}$，得 $E\left(\dfrac{1}{u}\right)=E(1)^{\frac{1}{n}}$，

取 $x=\dfrac{1}{m}$ 又得

$$\begin{aligned}E\left(\frac{n}{m}\right)&=\left(E\left(\frac{1}{m}\right)\right)^n\\&=[E(1)^{\frac{1}{m}}]^n\\&=E(1)^{\frac{n}{m}}\\&=e^{\frac{n}{m}},\end{aligned}$$

可见对一切正分数 x，有 $E(x)=e^x$，又因 $\ln 1=0$ 得 $E(0)=1$，故

$$E(x)E(-x)=E(x-x)$$
$$=E(0)=1。$$

即得 $E(x)=E(-x)^{-1}$，故当 x 为负分数时也有

$$E(x)=(E(-x))^{-1}=(e^{-x})^{-1}=e^{x},$$

总之，对一切有理数，$E(x)=e^{x}$，根据 $E(x)$ 和 e^{x} 的连续性取极限，可得 $E(x)=e^{x}$ 对一切实数 x 成立。这说明，$E(x)$ 就是以 $E(1)=e$ 为底的通常的指数函数。而 $\ln x$ 就是以 e 为底的指数函数的反函数——自然对数函数。

最后，我们来看看，e 是什么？由不等式

$$\frac{x}{1+x}<\ln(1+x)<x。$$

令 $x=\frac{1}{A}$，得

$$\frac{1}{1+A}<\ln\left(1+\frac{1}{A}\right)<\frac{1}{A}$$

且有

$$\frac{A}{1+A}<\ln\left(1+\frac{1}{A}\right)^{A}<1,$$

同取 $E(x)$ 之值得

$$E\left(\frac{A}{1+A}\right)<\left(1+\frac{1}{A}\right)^{A}<E(1)=e。$$

令 $A\to\infty$ 即得（用两面夹的求极限法）

$$\lim_{A\to\infty}\left(1+\frac{1}{A}\right)^{A}=E(1)=e。$$

这就是目前课本中略去了证明的那个重要极限等式。

回顾整个推导过程，除了面积的大小比较之外，并没有用到更多的东西。这似乎比先引入 e、e^{x}，再引入 $\ln x$ 要直观浅显得多。

从这里，又一次显示了“面积”关系在数学教学中的重要作用。

从反对数表的几何性质谈起

大概许多同学和老师，都会觉得各种函数表的学习和使用是最为枯燥乏味的了。其实，如果你深入地了解一下这些表的结构，特别是研究一下它的几何性质，倒也趣味盎然。你会惊奇地发现：在看来十分普通的表格里，隐藏着一些耐人寻味的规律。利用这些规律，可以制成种种方便、准确的算图。

反对数表的几何性质

我们常用的四位反对数表，是分开印在两三页上的。如果把全表贴在一张纸上，排成一个“整体反对数表”，许多有趣的性质便呈现出来了。

如附表所示，我们把从 0.000 到 0.999 这一千个对数尾数的反对数（四位有效数字），自左而右，自上而下地排成了一个 50×20 的长方阵。每个数占据的地盘都一样，是一个小小的长方形。长方形的左下角处的顶点，叫做这个数的代表点，例如：第 0 行的第三点代表 1005，而第 2 行的第 6 点代表 1109；每行的最末尾，也添上一个点，它和下一行的第一个点代表同一个数。例如整个表的右上角那个点和第 0 行的第一个点，同时代表 1000，而第 49 行末一个点（第 21 个点）和表的左下角附加那个小矩形的左下顶点，也同时代表1000；第12行末一点和13行头一个点，同时代表1820，等等。

这样，图上总共有 $50\times21+2=1052$ 个点子。其中有4个点代表同一个数1000（四角），有98个点代表49个数，其余950个点各代表一个数，总共1000个数。这些点统称**格点**。

对每个格点 A，可以给出它的坐标（x_A、y_A）。x_A 代表 A 所在的行号码。y_A 代表列号码。通常 x_A 从0取到49，而 y_A 从0取到20。此外，在第－1行只有一个点（－1，20），代表1000；在第50行也只有一个点（50，0），也代表1000。

A 点所代表的数记作 $P(A)$。我们来分析一下，$\lg P(A)$ 和 A 的坐标有什么关系。由于点子每右移一格，它所代表的数的对数增加0.001，每向下移一格，所代表数的对数增加0.020。因此可见，若 $A=(x_A, y_A)$，则有：

$$\lg P(A)\equiv 0.020x_A+0.001y_A \pmod 1,$$

我们用“$\stackrel{*}{=\!=}$”表示两边的数的有效数字相同，则

$$P(A)\stackrel{*}{=\!=}10^{0.020x_A+0.001y_A}。$$

这两个公式便是我们进一步讨论的基础。

从这两个公式可以看出：第 k 行的右端点和第 $k+1$ 行的左端点代表一个数。这是因为，对于

$$A=(k,20),\ B=(k+1,0)$$

必有：

$$\begin{aligned}\lg P(A)&\equiv 0.020k+0.001\times20\\&=0.020\times(k+1)+0.001\times0\\&\equiv\lg P(B) \pmod 1。\end{aligned}$$

下面讨论这些格点的几何性质：

(1) 若 $ABCD$ 成平行四边形，则必有：

$$P(A):P(B)\stackrel{*}{=}P(D):P(C),$$

整体反对数表

1	00	01	02	03	04	05	06	07	08	09	10	11	12	13	14	15	16	17	18	19	1000
00	1000	1002	1005	1007	1009	1012	1014	1016	1019	1021	1023	1026	1028	1030	1033	1035	1038	1040	1042	1045	
01	1047	1050	1052	1054	1057	1059	1062	1064	1067	1069	1072	1074	1076	1079	1081	1084	1086	1089	1091	1094	
02	1096	1099	1102	1104	1107	1109	1112	1114	1117	1119	1122	1125	1127	1130	1132	1135	1138	1140	1143	1146	
03	1148	1151	1153	1156	1159	1161	1164	1167	1169	1172	1175	1178	1180	1183	1186	1189	1191	1194	1197	1199	
04	1202	1205	1208	1211	1213	1216	1219	1222	1225	1227	1230	1233	1236	1239	1242	1245	1247	1250	1253	1256	
05	1259	1262	1265	1268	1271	1274	1276	1279	1282	1285	1288	1291	1294	1297	1300	1303	1306	1309	1312	1315	
06	1318	1321	1324	1327	1330	1334	1337	1340	1343	1346	1349	1352	1355	1358	1361	1365	1368	1371	1374	1377	
07	1380	1384	1387	1390	1393	1396	1400	1403	1406	1409	1413	1416	1419	1422	1426	1429	1432	1435	1439	1442	
08	1445	1449	1452	1455	1459	1462	1466	1469	1472	1476	1479	1483	1486	1489	1493	1496	1500	1503	1507	1510	
09	1514	1517	1521	1524	1528	1531	1535	1538	1542	1545	1549	1552	1556	1560	1563	1567	1570	1574	1578	1581	
10	1585	1589	1592	1596	1600	1603	1607	1611	1614	1618	1622	1626	1629	1633	1637	1641	1644	1648	1652	1656	
11	1660	1663	1667	1671	1675	1679	1683	1687	1690	1694	1698	1702	1706	1710	1714	1718	1722	1726	1730	1734	
12	1738	1742	1746	1750	1754	1758	1762	1766	1770	1774	1778	1782	1786	1791	1795	1799	1803	1807	1811	1816	
13	1820	1824	1828	1832	1837	1841	1845	1849	1854	1858	1862	1866	1871	1875	1879	1884	1888	1892	1897	1901	
14	1905	1910	1914	1919	1923	1928	1932	1936	1941	1945	1950	1954	1959	1963	1968	1972	1977	1982	1986	1991	
15	1995	2000	2004	2009	2014	2018	2023	2028	2032	2037	2042	2046	2051	2056	2061	2065	2070	2075	2080	2084	
16	2089	2094	2099	2104	2109	2113	2118	2123	2128	2133	2138	2143	2148	2153	2158	2163	2168	2173	2178	2183	
17	2188	2193	2198	2203	2208	2213	2218	2223	2228	2234	2239	2244	2249	2254	2259	2265	2270	2275	2280	2286	
18	2291	2296	2301	2307	2312	2317	2323	2328	2333	2339	2344	2350	2355	2360	2366	2371	2377	2382	2388	2393	
19	2399	2404	2410	2415	2421	2427	2432	2438	2443	2449	2455	2460	2466	2472	2477	2483	2489	2495	2500	2506	
20	2512	2518	2523	2529	2535	2541	2547	2553	2559	2564	2570	2576	2582	2588	2594	2600	2606	2612	2618	2624	
21	2630	2636	2642	2649	2655	2661	2667	2673	2679	2685	2692	2698	2704	2710	2716	2723	2729	2735	2742	2748	
22	2754	2761	2767	2773	2780	2786	2793	2799	2805	2812	2818	2825	2831	2838	2844	2851	2858	2864	2871	2877	
23	2884	2891	2897	2904	2911	2917	2924	2931	2938	2944	2951	2958	2965	2972	2979	2985	2992	2999	3006	3013	
24	3020	3027	3034	3041	3048	3055	3062	3069	3076	3083	3090	3097	3105	3112	3119	3126	3133	3141	3148	3155	
25	3162	3170	3177	3184	3192	3199	3206	3214	3221	3228	3236	3243	3251	3258	3266	3273	3281	3289	3296	3304	
26	3311	3319	3327	3334	3342	3350	3357	3365	3373	3381	3388	3396	3404	3412	3420	3428	3436	3443	3451	3459	
27	3467	3475	3483	3491	3499	3508	3516	3524	3532	3540	3548	3556	3565	3573	3581	3589	3597	3606	3614	3622	
28	3631	3639	3648	3656	3664	3673	3681	3690	3698	3707	3715	3724	3733	3741	3750	3758	3767	3776	3784	3793	
29	3802	3811	3819	3828	3837	3846	3855	3864	3873	3882	3890	3899	3908	3917	3926	3936	3945	3954	3963	3972	
30	3981	3990	3999	4009	4018	4027	4036	4046	4055	4064	4074	4083	4093	4102	4111	4121	4130	4140	4150	4159	
31	4169	4178	4188	4198	4207	4217	4227	4236	4246	4256	4266	4276	4285	4295	4305	4315	4325	4335	4345	4355	
32	4365	4375	4385	4395	4406	4416	4426	4436	4446	4457	4467	4477	4487	4498	4508	4519	4529	4539	4550	4560	
33	4571	4581	4592	4603	4613	4624	4634	4645	4656	4667	4677	4688	4699	4710	4721	4732	4742	4753	4764	4775	
34	4786	4797	4808	4819	4831	4842	4853	4864	4875	4887	4898	4909	4920	4932	4943	4955	4966	4977	4989	5000	
35	5012	5023	5035	5047	5058	5070	5082	5093	5105	5117	5129	5140	5152	5164	5176	5188	5200	5212	5224	5236	
36	5248	5260	5272	5284	5297	5309	5321	5333	5346	5358	5370	5383	5395	5408	5420	5433	5445	5458	5470	5483	
37	5495	5508	5521	5534	5546	5559	5572	5585	5598	5610	5623	5636	5649	5662	5675	5689	5702	5715	5728	5741	
38	5754	5768	5781	5794	5808	5821	5834	5848	5861	5875	5888	5902	5916	5929	5943	5957	5970	5984	5998	6012	
39	6026	6039	6053	6067	6081	6095	6109	6124	6138	6152	6166	6180	6194	6209	6223	6237	6252	6266	6281	6295	
40	6310	6324	6339	6353	6368	6383	6397	6412	6427	6442	6457	6471	6486	6501	6516	6531	6546	6561	6577	6592	
41	6607	6622	6637	6653	6668	6683	6699	6714	6730	6745	6761	6776	6792	6808	6823	6839	6855	6871	6887	6902	
42	6918	6934	6950	6966	6982	6998	7015	7031	7047	7063	7079	7096	7112	7129	7145	7161	7178	7194	7211	7228	
43	7244	7261	7278	7295	7311	7328	7345	7362	7379	7396	7413	7430	7447	7464	7482	7499	7516	7534	7551	7568	
44	7586	7603	7621	7638	7656	7674	7691	7709	7727	7745	7762	7780	7798	7816	7834	7852	7870	7889	7907	7925	
45	7943	7962	7980	7998	8017	8035	8054	8072	8091	8110	8128	8147	8166	8185	8204	8222	8241	8260	8279	8299	
46	8318	8337	8356	8375	8395	8414	8433	8453	8472	8492	8511	8531	8551	8570	8590	8610	8630	8650	8670	8690	
47	8710	8730	8750	8770	8790	8810	8831	8851	8872	8892	8913	8933	8954	8974	8995	9016	9036	9057	9078	9099	
48	9120	9141	9162	9183	9204	9226	9247	9268	9290	9311	9333	9354	9376	9397	9419	9441	9462	9484	9506	9528	
49	9550	9572	9594	9616	9638	9661	9683	9705	9727	9750	9772	9795	9817	9840	9863	9886	9908	9931	9954	9977	1000
50	1000																				

或者说，$P(A)P(C)\overset{*}{=\!=}P(B)P(D)$，反之亦然。

证明 根据解析几何的知识，或直接在图上用全等三角形来证明，都可知道，当 $ABCD$ 成平行四边形时，它们的坐标（x_A，y_A），（x_B，y_B），（x_C，y_C），（x_D，y_D）之间应满足关系：

$$x_A-x_B=x_D-x_C, \tag{1}$$

$$y_A-y_B=y_D-y_C, \tag{2}$$

用 0.020 乘（1）式，0.001 乘（2）式，再相加，可得

$$\begin{aligned}&(0.020x_A+0.001y_A)-(0.020x_B+0.001y_B)\\=&(0.020x_D+0.001y_D)-(0.020x_C+0.001y_C),\end{aligned}$$

亦即

$$\lg P(A)-\lg P(B)\equiv\lg P(D)-\lg P(C)\pmod 1。$$

$$\therefore\qquad P(A):P(B)\overset{*}{=\!=}P(D):P(C)。$$

（ii）若 A、B、C 三点共线，且月在 AC 线段上，$\overline{AC}=\lambda\overline{AB}$，则：

$$P(B)^{\lambda}\overset{*}{=}P(C)\cdot P(A)^{\lambda-1}。$$

证明 由$\overline{AC}=\lambda\overline{AB}$，可知：

$$x_A-x_C=\lambda(x_A-x_B), \tag{3}$$

$$y_A-y_C=\lambda(y_A-y_B)。 \tag{4}$$

用 0.020 乘（3）、0.001 乘（4），再相加，得：

$$\lg P(A)-\lg P(C)\equiv\lambda(\lg P(A)-\lg P(B))\pmod 1。$$

$$\therefore\qquad P(A):P(C)\overset{*}{=\!=}P(A)^{\lambda}:P(B)^{\lambda}。$$

$$\therefore\qquad P(B)^{\lambda}\overset{*}{=\!=}P(C)\cdot P(A)^{\lambda-1}。$$

作为推论，我们得到：若 B 是 A、C 的中点（即 $\lambda=2$），则 $P(B)$ 与 $P(C)$、$P(A)$ 的比例中项仅相差一个 10^n 因子。

下面的性质，也许是最为有趣的了：

（iii）记 $M=(-1,20)$，$N=(0,0)$。作直线 MN。又设 A、B、C 是三个格点。过 B 作 MN 之平行线，交 AC 于 D（图 1）。若 $AC=\lambda AD$，则必有：

$$P(B)^{\lambda}\overset{*}{=\!=}P(C)\cdot P(A)^{\lambda-1}。$$

证明 如果我们对所有的点都赋予坐标，且仍以（0，0）为原点，并保持格点之坐标不变，则直线 MN 之方程为

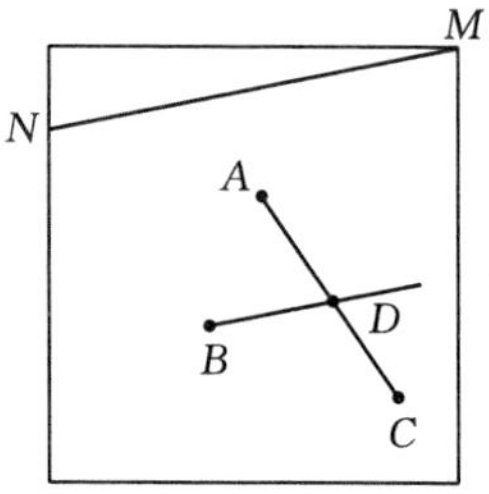

图1

$$20x+y=0。$$

而 $BD/\!/MN$，故 BD 方程为：

$$20x+y=20x_D+y_D。 \tag{5}$$

由 $AC=\lambda AD$，可知：

$$x_A-x_C=\lambda\ (x_A-x_D), \tag{6}$$

$$y_A-y_C=\lambda\ (y_A-y_D), \tag{7}$$

用 0.020 乘（6），0.001 乘（7），再相加，得：

$$(0.020x_A+0.001y_A)-(0.020x_C+0.001y_C)$$
$$=\lambda[(0.020x_A+0.001y_A)-(0.020x_D+0.001y_D)]。 \tag{8}$$

由于 B 在 BD 上，把 B 的坐标（x_B，y_B）代入（5）：

$$20x_B+y_B=20x_D+y_D,$$

即

$$0.020x_B+0.001y_B=0.020x_D+0.001y_D。 \tag{9}$$

把（9）代入（8）的右端，得

$$\lg P(A)-\lg P(C)\equiv\lambda(\lg P(A)-\lg P(R))(\mathrm{mod}\ 1)。$$

$$\therefore \qquad P(B)\lambda \overset{*}{=\!=} P(C)\cdot P(A)\lambda^{-1}。$$

把反对数表当成乘除计算图

根据上面所证明的整体反对数表的几何性质，特别是性质 i，可以把这表当成乘、除算图来使用。但是，不能直接在表上画平行四边形来做计算，因为画上几次，表上就一塌糊涂了！

我们建议用以下方法来实现表上的计算过程。找一张和表一样大小的透明塑料片。例如，可以用幻灯纸，洗净了的 X 光胶片，甚至厚一点的聚氯乙烯薄膜也

可以。在塑料片上用针或圆珠笔画上和整体对数表边框一样大小的矩形，矩形的四角，相当于四个“1000”所在的位置，画上四个小长方形。把这四个小长方形，叫做“输出位”。上边的两个输出位，用红色标出，下面的，用蓝色标出。在这个塑料片上写一个“正”字，以免弄反了方向。以下，把这个塑料片叫做“透明片”。

以下我们来分别介绍除法、乘法和比例计算法。

除法

把明片放在表上，使四角的输出位对准四个“1000”，即在输出位读到的恰是“1000”。这个步骤以下简称“对正”。在除数 D（A）所在的位置，用钢笔画一个小长方形把除数正好套住，这个步骤，以下叫做“在 D（A）处画记号”。如果要简便，这个记号也可以不画小长方形，而仅仅画出这个小长方形的左边的一条边，即在格点 A 处向上画一条竖直的线段，其长度为行宽。然后平移透明片，使所划的记号对准被除数。这时，四个输出位中必然恰有一个落在表内，在输出位处，便可读到商的四位有效数字。

这四步，简括起来便是：对正，在除数处画记号，记号对着被除数，在输入位读答案。

道理何在呢？设我们最后在右上角的那个输出位读到了答案 $P(C)$。记右上角点为 M，除数位置在 A，被除数位置为 B，则由于平移，使 $MABC$ 成为平行四边形。由性质(i)，可知

$$P(M):P(A)\overset{*}{=\!=}P(C):P(B)。$$

但 $P(M)=1000$，故

$$P(C)\overset{*}{=\!=}\frac{P(B)}{P(A)}。$$

由于我们得到的读数仅仅是所求商的有效数字，故最后还要定位。定位规则是：

（1）若商在蓝色输出位读出，则：

商的位数＝被除数位数－除数位数。

（2）若商在红色输出位读出，则：

商的位数＝被除数位数－除数位数＋1。

这个规则的证明，请读者作为练习，自行完成。至于一个数的位数，是指其首位有效数字与小数点之“有向距离”。例如：43.4，61，37.125 都是 2 位数，8，1.5 是 1 位数，0.33，0.105 是 0 位数，0.0094，0.00881，是负 2 位（－2 位），等等。

乘法

第一步仍是对正；然后在乘数处画记号。第三步是把透明片旋转 180°即使“正”字向下，第四步是把记号对准被乘数，最后在输出位读到积的有效数字。

道理是这样的：若以 M 记输出位原位（即角上的点），A 记乘数位置，B 记被乘数位置，C 记读答数处，则由于平移和 180°旋转，$AMBC$ 恰为平行四边形，因而 $P(A)\cdot P(B)\overset{*}{=\!=}P(M)P(C)$，但 $P(M)=1000$，故 $P(C)\overset{*}{=\!=}P(A)\cdot P(B)$。

定位法如下：

（1）若答案在蓝色输出位读出，则：

积的位数＝相乘两数位数之和，

（2）若答案在红色输出位读出，则：

积的位数＝相乘两数位数之和－1。

解比例式

$$\frac{a}{x}=\frac{b}{c}。$$

第一步，适当选择一个输出位，把它套住 A 所在的矩形格，使 b 落在透明片的大方框之内（不然，则换一个输出位）。第二步在 b 处画记号；第三步平移透明片使记号对准 c，最后在输出位读出 x 的有效数字。

原理从略，读者不难用平行四边形法则道出。定位法则如下（注意：我们在计算过程中，两次使用了输出位）：

（1）若两次所用的输出位同色，则 x 位数＝a 位数＋c 位数－b 位数。

（2）若两次不同色，在蓝色输入位读答数：

x 位数=a 位数+c 位数−b 位数−1。

(3) 若两次不同色，在红色输出位读答数：

x 位数=a 位数+c 位数−b 位数+1。

开平方

利用性质 (ii) 中关于比例中项的推论，容易想到：把 a 的代表点 A 与 1000 的代表点 B 连接，则 AB 的中点，应当是$\sqrt{a}$的有效数字的代表点。

但是，这里有两个问题：

第一，1000 有四个代表点，和哪一个相连呢？回答是：

若 a 的位数为奇数，行号为偶数时和左上角连，行号为奇数时和右上角连；若 a 的位数为偶数，行号为偶数时和左下角连，行号为奇数时和右下角连。

简括之：位数定上下，奇上偶下；行号定左右，奇右偶左。其中道理，留给读者思索。

第二，AB 的小点 C 如果不正好落在格点时怎么办？

按照上述连线法，可以保证 C 点落在格点所在的水平行线上，即落在格点或两个同行的格点之间（这时，用一根直尺，或利用透明片上的边线很容易找到 AB 之中点 C。方法是应用平面几何里的“等距平行线把线段等分”的原理）。这时，可利用比例内插法读出答数的前四位有效数字。

例如，求$\sqrt{2}$的算法如下：2 是奇数位，而 2000 在 15 行，按奇上奇右，把 2000 的代表点 A 与右上角 1000 的代表点 R 连接，其中点在第 7 行 1413 与 1416 的代表点之间，取平均值为 14145。定位后得 1.4145，误差小于 0.0003。

如果在表上找不到被开方数 a 的代表格点，也可用比例内插法定 A 的位置。如求 $\sqrt{30}$时，在表上没有 3000，在 23 行找到 2999 和 3006，两者差 7，而 3000 −2999=1，就在 2999 和 3006 两点间，靠近前者约$\frac{1}{7}$处定下 3000 的点 A，按偶下奇右的原则，把 A 与右下角点连线，其中点在 5470 和 5483 之间，故 $\sqrt{30}$约为 5.477。

举一反三，精益求精

除了反对数表，还有平方表，开方表，倒数表，三角函数表……把它们排成整体表，又该有什么几何性质和规律呢？用它们又可以进行些什么计算呢？

肯定地说，这里面确是大有文章。利用平方表，可以作勾股计算——知道直角三角形两边求第三边；利用倒数表，可以计算并联电阻、串联电容以及透镜焦距；利用正弦对数表，可以计算斜三角形的边、角；利用二重反对数表（lg（lg$x$）的反函数），可以计算多次方根，如$\sqrt[100]{2}$，等等。

这样把总体表当成算图使用，其精度往往比一般算图为高。有效数字为三到四位。制图方法简便——只要在方格纸上抄一下便行了。

当然，还可以精益求精。例如：如何缩小表的尺寸，如何使表上出现的数字是连续数字而避免使用比例内插法，都有进一步的方法。这种“总体表图算法”将使大家对数表刮目相看，从似乎是枯燥死板的一堆堆数码里，找到了无穷的乐趣。

迭代
——数学赛题的待开发矿点之一

几十年来，数学竞赛活动在世界上日益兴旺发达起来。这给青少年数学爱好者和数学工作者都带来了新的任务。

一方面：怎样解题？

一方面：怎样出题？

解题不易，出题亦难。而且这难度年复一年地在增长。

道理很简单：每过一年，数学竞赛的资料就会多那么一大叠。

应试的选手就要学习更多的东西。而命题的人们为了避开陈题，为了尽可能地使竞赛更加公平，就要挖空心思创作新颖的题目。

在平面几何、数论、图论、组合数学、不等式等领域，有着大量的难度各异、技巧独特、对专门知识要求不高的习题。因此，这些方面的试题已屡见不鲜。

数学在不断发展，新的领域不断出现。在数学研究的前沿，哪些领域适于开发数学竞赛题目的新矿藏呢？这当然是热心从事或关心数学竞赛活动的同仁们感兴趣的事。

笔者不揣冒昧，推荐一个有待开发的竞赛命题的矿床——函数的迭代。

有了一个定义于集合 M,而且取值于集合 M 的函数 $f(x)$,就可以迭代。记 $f^0(x)=x$,$f^1(x)=f(x)$,$f^2(x)=f(f(x))$,$f^{n+1}(x)=f(f^n(x))$。如果 $f(x)$有反函数,可以用 $f^{-1}(x)$记它。$fn(x)$的反函数可以记成 $f^{-n}(x)$。n 叫做 $f^n(x)$关于 $f(x)$的迭代指数。

关于迭代的研究，涉及广泛应用的计算机解题程序，涉及微分动力系统这种艰深的数学领域。但其中也不乏这样的有趣问题——它们可以用较初等的方法解出。

试图找出 $f^n(x)$的明显的表达式,是比较古老的问题了。其中不少问题是可以用初等方法做的。

若 $f(x)=x+a$,则 $f^n(x)=x+na$;

若 $f(x)=-cx$,贝 $f^n(x)=c^nx$;

若 $f(x)=x^2$,贝 $f^n(x)=x^{2^n}$;

若 $f(x)=\frac{x}{x+1}$,则 $f^n(x)=\frac{x}{nx+1}$,等等。

但是，事情不会都这么简单。大多数的函数，迭代之后不能写成这么整齐简单的形式。利用相似变换法，可以扩大上面的战果，写出更多的函数的迭代表达式。

事情是这样的：如果有一个可逆的 φ，取

$$F(x)=\varphi^{-1}\circ f\circ\varphi^{(x)}$$

(这里“∘”表示复合。例如：$f\circ g(x)=f[g(x)]$)，则

$$F(F(x))=\varphi^{-1}\circ f\circ\varphi\circ\varphi^{-1}\circ f\circ\varphi(x)=\varphi^{-1}\circ f^2\circ\varphi(x)。$$

更一般地

$$F^n(x)=\varphi^{-1}\circ f^n\circ\varphi(x)。$$

这一来,便把 $F(x)$的 n 次迭代计算问题化为 $f(x)$的 n 次迭代问题了。

由于 $\varphi(x)$的取法千变万化,这就能构造出一系列的函数迭代问题与数列计算

问题。

例 1 设 $F(x)=x+2\sqrt{x}+1$,计算 $F^n(x)$。

解 $F(x)=(\sqrt{x}+1^2$,取 $\varphi(x)=\sqrt{x}$,$f(x)=x+1$,

则 $F(x)=\varphi^{-1}\circ f\circ\varphi(x)$,故

$$F^n(x)=\varphi^{-1}\circ f^n\circ\varphi(x)=(\sqrt{x}+n)^2。$$

例 2 设 $F(x)=\dfrac{x}{\sqrt{x^2}+c}$,计算 $F^n(x)$。

解 取 $\varphi(x)=x^2$,则

$$\varphi^{-1}(x)=\sqrt{x},f(x)=\frac{x}{x+c}。$$

$$f^n(x)=\frac{x}{(1+c+\cdots+c^{n-1})x^2+c^n},$$

而 $F(x)=\varphi^{-1}\circ f\circ\varphi(x)$,于是

$$F^n(x)=\varphi^{-1}\circ fn\circ\varphi(x)=\frac{x}{\sqrt{(1+c+\cdots+c^{n-1})x^2+c_n}}$$

例 3 设 $F(x)=x^2+2x$,计算 $F^n(x)$。

解 $F(x)=(x+1)^2-1$,取

$$\varphi(x)=x+1,\varphi^{-1}(x)=x-1,f(x)=x^2,$$

则 $F(x)=\varphi^{-1}\circ f\circ\varphi(x)$,因而

$$F^n(x)=\varphi^{-1}\circ f^n\circ\varphi(x)=(x+1)^{2^n}-1。$$

例 4 设 $F(x)=\dfrac{x^2}{2x-1}$,计算 $F^n(x)$。

解 $F(x)=\dfrac{x^2}{x^2-(x-1)^2}=\dfrac{1}{1-\left(1-\dfrac{1}{x}\right)^2}$,

取 $\varphi(x)=1-\dfrac{1}{x}$,$\varphi^{-1}(x)=\dfrac{1}{1-x}$,$f(x)=x^2$,则

$$F(x)=\varphi^{-1}\circ f\circ\varphi(x),$$

于是:

$$F^n(x)=\varphi^{-1}\circ f^n\circ\varphi(x)=\frac{1}{1-\left(1-\frac{1}{x}\right)^{2n}}=\frac{x^{2^n}}{x^{2n}-(x-1)^{2^n}}。$$

例 5 $F(x)=\dfrac{x+6}{x+2}$,计算 $F^n(x)$。

解 试设 $f(x)=ax$,$\varphi(x)=\dfrac{\alpha x+\beta}{x+\gamma}$。如果

$$F(x)=\varphi^{-1}\circ f\circ\varphi(x),$$

则 $\varphi\circ F(x)=a\varphi(x)$,即

$$\frac{\alpha\left(\frac{x+6}{x+2}\right)+\beta}{\frac{x+6}{x+2}+\gamma}=\frac{a(\alpha x+\beta)}{x+\gamma}$$

整理之后得

$$\frac{\left(\frac{\alpha+\beta}{1+\gamma}\right)x+\left(\frac{6\alpha+2\beta}{1+\gamma}\right)}{x+\left(\frac{2\gamma+6}{1+\gamma}\right)}=\frac{a\alpha x+a\beta}{x+\gamma}。$$

于是应当有

$$\begin{cases}\dfrac{2\gamma+6}{1+\gamma}=\gamma & (1)\\[2ex] \dfrac{\alpha+\beta}{1+\gamma}=a\alpha & (2)\\[2ex] \dfrac{6\alpha+2\beta}{1+\gamma}=a\beta & (3)\end{cases}$$

由(1)解出 $\gamma=-2$ 或 3。任取其一,例如,取 $\gamma=-2$,代入(2)、(3)得

$$\begin{cases}(1+a)\alpha+\beta=0 & (4)\\ 6\alpha+(2+a)\beta=0 & (5)\end{cases}$$

由(4)与(5)解出 $1+a=-\dfrac{\beta}{\alpha}=\dfrac{6}{2+a}$ (6)

由之解出 $a=1$ 或 -4。若取 $a=1$,则 $\beta=-2\alpha$。$\varphi(x)=\dfrac{\alpha(x-2)}{x-2}=\alpha$,不可逆。故取 $a=-4$,这时得到 $\beta=3\alpha$。取 $\alpha=1$,则

$$\varphi(x)=\frac{x+3}{x+2},\varphi^{-1}(x)=\frac{2x+3}{x-1},f(x)=-4x,$$

验算即知：

$$F(x)=\frac{2\left(\frac{4x+12}{2-x}\right)+3}{\left(\frac{4x+12}{2-x}\right)-1}=\varphi^{-}1\circ f\circ\varphi(x)。$$

于是

$$F^n(x)=\varphi^{-}1\circ fn\circ\varphi(x)=\frac{2\left(\frac{(-4)^n(x+3)}{x-2}\right)+3}{(-4)^n\left(\frac{x+3}{x-2}\right)-1}$$

$$=\frac{[2(-4)^n+3]x+6[(-4)^n-1]}{[(-4)^n-1]x+[3(-4)^n+2]}。$$

以上解题过程中，直接设 $\varphi(x)=\frac{\alpha x+\beta}{x+\gamma}$有点突兀。从高一些的观点，可以说得清楚一些：

若 $F(x_0)=x_0$，称 x_0 是 F 的不动点。如果 $F(x)=\varphi^{-1}\circ f\circ\varphi(x)$，则 $\varphi(F(x))=f(\varphi(x))$，因而 $\varphi(x_0)=\varphi(F(x_0))=f(\varphi(x_0))$，可见 $\varphi(x_0)$是 f 的不动点。比较简单的几个函数 $ax,x+a,x_2$ 等，不动点是 0 或∞。因此，在 φ 的作用之下，最好把 F 的不动点变为 0 或∞。可以算出，$F(x_0)=x_0$ 的根，即方程$=x_0$ 的根为 $x_0=2$ 或 -3。于是构作简单的 $\varphi(x)$，使$\varphi(-3)=0,\varphi(2)=\infty$。易想到 $\varphi(x)=\frac{x+3}{x-2}$。这就能算出 $\varphi\circ F\circ\varphi-1(x)=-4x$，取 $f(x)=-4x$ 就可以了。

用不动点的观点还可以解释例 4 中 $\varphi(x)$的由来。这时 $F(x_0)=x_0$ 成为

$$\frac{{x_0}^2}{2x_0-1}=x_0。$$

解得 $x_0=0$ 或 1，取 $\varphi(x)$使满足 $\varphi(0)=\infty,\varphi(1)=0$，最简单的取法是$\varphi(x)=\frac{x-1}{x}$，或 $\varphi(x)=\frac{x}{x-1}$。例 4 解法中取的是 $\varphi(x)=\frac{x-1}{x}$；读者不妨试用一下 $\varphi(x)=\frac{x}{x-1}$。这时 $\varphi^{-1}(x)=\varphi(x)$，$f(x)$仍为 x^2。

当然，以上例题的形式，作为竞赛题未免呆板了些。但这只是素材，可在形式上进行加工使之灵活变化。例如，例 4 可改造成：

例 6　有一个数列$\{a_n\}$：

$$\begin{cases} a_0=2 \\ a_{n+1}=\dfrac{a_n{}^2}{2a_n-1} \end{cases} \quad (n=0,1,2\cdots\cdots)$$

求数列的通项和 a_n 的极限。

解　利用例 4 的方法，可求出

$$a_n=F^n(2)=\frac{1}{1-\left(1-\frac{1}{a_0}\right)^{2^n}}=\frac{1}{1-\left(\frac{1}{2}\right)^{2^n}}=\frac{2^{2^n}}{2^{2^n}-1}$$

易知$\lim\limits_{n\to\infty}a_n=1$。

用另一种方式，可以把求迭代表达式的问题逆转为更有趣的形式。

例 7　试寻找一个函数 $g(x)$，使得

$$g(g(g(g(g(x)))))=x^2+2x。$$

解　利用例 3 的方法，设 $F(x)=x^2+2x$，取 $\varphi(x)=x+1$，$\varphi^{-1}(x)=x-1$，$f(x)=x^2$，则 $F(x)=\varphi^{-1}\circ f\circ\varphi(x)$。取 $h(x)=x^{\sqrt[5]{2}}$，则$h\circ h\circ h\circ h\circ h(x)=x^2=f$，于是取

$$g(x)=\varphi^{-1}\circ h\circ\varphi(x)。$$

则

$$\begin{aligned} g\circ g\circ g\circ g\circ g(x)&=\varphi-1\circ h\circ h\circ h\circ h\circ h\circ\varphi(x) \\ &=\varphi-1\circ f\circ\varphi=F(x)。\end{aligned}$$

例 8　设 $F(x)=\dfrac{x+6}{x+2}$，$G(x)=\dfrac{ax+b}{x+c}$，若

$$G(F(x))=F(G(x)),$$

那么 a、b、c 应满足什么条件？

解　用例 5 的方法找到 $\varphi(x)=\dfrac{x+3}{x-2}$，则得

$$F(x)=\varphi^{-1}\circ f\circ\varphi(x),$$

这里 $f(x)=-4x$。于是

$$G\circ\varphi^{-1}\circ f\circ\varphi(x)=\varphi^{-1}\circ f\circ\varphi\circ G(x)。$$

两端都用 φ^{-1}代入，再都代入 φ，得

$$\varphi\circ G\circ\varphi^{-1}。f(x)=f\circ\varphi\circ G\circ\varphi^{-1}(x)。$$

设

$$g(x)=\varphi\circ G\circ\varphi^{-1}(x),$$

则

$$g\circ f(x)=f\circ g(x)。$$

当然，$g(x)$也是线性分式。设 $g(x)=\dfrac{ux+v}{sx+t}$，

则由 $f(x)=-4x$ 可得

$$\frac{-4ux+v}{-4sx+t}=\frac{-4ux-4v}{sx+t}。$$

比较系数得

$$\begin{cases}4us=16us & (7)\\ tv=-4tv & (8)\\ -4ut+sv=-4ut+16sv & (9)\end{cases}$$

由(7)得 $us=0$。

当 $s=0$，则 $t\neq0$，由(8)得 $v=0$，则 $g(x)ux$，这里 u 是任意常数。

当 $u=0$，若 $v=0$，则 $g(x)0$。若 $v\neq0$，则 $s=t=0$，无意义。

总之，$g(x)=ux$，由 $g=\varphi。G。\varphi^{-1}$，可得

$$G(x)=\varphi^{-1}\circ g\circ\varphi(x)=\frac{2u\left(\dfrac{x+3}{x-2}\right)+3}{u\left(\dfrac{x+3}{x-2}\right)-1}=\frac{2u(x+3)+3x-6}{u(x+3)-x+2}$$

$$=\frac{(2u+3)x+6(u-1)}{(u-1)x+(3u+2)}=\frac{\dfrac{2u+3}{u-1}x+6}{x+\dfrac{3u+2}{u-1}}$$

这就找到了 $G(x)$的一般形式。

尽管用了相似变换，能把 $f^n(x)$ 写出来的情形仍是少数。写不出表达式，就退一步，想办法研究序列 $f(x)$，$f^2(x)$，$f^3(x)$，…，$f^2(x)$……的性质。

这方面，大家比较熟悉的题目，是计算递推数列的极限。例如：

“$a_0=1$，$a_{n+1}=\sqrt{2+a_n}$，求 $\lim\limits_{n\to+\infty} f^n(1)=?$” 如果记 $f(x)=\sqrt{2+x}$，这个问题也就是求 $\lim\limits_{n\to+\infty} f^n(1)=?$ 的问题。最后，可以归结为求 $f(x)$ 的不动点的问题，即求方程 $\sqrt{2+x}=x$ 的根的问题。

其实，这个简单的问题，也可有所变化。我们可以不用极限概念，用更初等的方法把它老老实实地做出来。

例 9 设 $a_0=1$，$a_{n+1}=\sqrt{2+a_n}$。求证

$$0<2-a_n<\frac{1}{(2+\sqrt{3})^n}。$$

解 我们对 n 用数学归纳法证明：$1\leqslant a_n<2$，且所要的不等式成立。

$n=0$，显然，若已知 $1\leqslant a_n<2$，$2-a_m<\dfrac{1}{(2+\sqrt{3})^m}$，则

$$a_{m+1}=\sqrt{2+a_m}<\sqrt{4}=2,$$

而 $a_{m+1}>1$ 是显然的。最后，

$$\begin{aligned}0&<2-a_{m+1}=2-\sqrt{2+a_m}\\&=\frac{(2-\sqrt{2+a_m})(2+\sqrt{2+a_m})}{2+\sqrt{2+a_m}}<\frac{2-a_m}{2+\sqrt{3}}<\frac{1}{(2+\sqrt{3})^{m}+1}\end{aligned}$$

证毕。

下面的例子难度更大一点，也更加有趣。

例 10 已知 $a_0=\dfrac{\pi}{4}$，$a_{n+1}=\sin a_n$。求证：

$$\frac{1}{\sqrt{3n+2}}\leqslant a_n\leqslant\sqrt{\frac{5}{n}}。$$

在给出此题的解法之前，我们先从较高的观点说明一下题目的背景。

设 $F(x)=\sin x$，此题实质上是要求估计迭代函数 $f^n(x)$ 的值，不过取定 $x=\dfrac{1}{\sqrt{2}}$

罢了。在 $x=0$ 附近，有

$$F(x)=\sin x=x-\frac{x^3}{6}+\frac{x^5}{120}-\cdots\cdots=x-\frac{x^3}{6}+R(x)$$

$$=x\left(1-\frac{x^2}{6}+\frac{1}{x}R(x)\right)。$$

考虑 $G(x)=(F(\sqrt{x}))^2$，则当 $x\geqslant 0$ 时，

$$G(x)=(\sin\sqrt{x})^2=x(1-\frac{x}{6}+\frac{1}{\sqrt{x}}R(\sqrt{x})^2)$$

$$=x\left(1-\frac{x}{3}+S(x)\right)。$$

这里 $|S(x)|\leqslant\frac{x^2}{8}$，这是颇粗略的估计。但是

$$\frac{1}{1+\frac{x}{3}}=1-\frac{x}{3}+\frac{x^2}{9}-\frac{x^3}{27}+\cdots\cdots$$

因而，不管 $\varepsilon>0$ 多么小，只要 $x>0$ 足够小，总可以有

$$\frac{x}{1+\frac{x}{3-\varepsilon}}\leqslant G(x)\frac{x}{1+\frac{x}{3+\varepsilon}},$$

也就是

$$\frac{x}{1+\frac{x}{3-\varepsilon}}\leqslant(\sin\sqrt{x})^2\leqslant\frac{x}{1+\frac{x}{3+\varepsilon}}。$$

设 $\sqrt{x}=t$，两端开平方得

$$\frac{t}{\sqrt{1+\frac{t^2}{3-\varepsilon}}}\leqslant\sin t\leqslant\frac{t}{\sqrt{1+\frac{t^2}{3+\varepsilon}}}\quad(t\geqslant 0)。$$

因为当 $t\geqslant 0$ 足够小时，不等式中涉及的都是递增函数，故可以同时迭代

$$\frac{t}{\sqrt{1+\frac{nt^2}{3-\varepsilon}}}\leqslant\underbrace{\sin\sin\cdots\ \sin}_{n\text{次}}t\leqslant\frac{t}{\sqrt{1+\frac{nt^2}{3+\varepsilon}}}$$

同乘以 n 并取极限，注意到 $\varepsilon<0$ 可任意小，可得：

$$\lim_{n\to\infty}\sqrt{n}\ (\sin\sin\cdots\sin t)=\sqrt{3}。$$

显然，例 10 是这个结论的变形与初等化。

例 10 的解 由显然的几何事实可知，当 $0<x<\frac{\pi}{2}$时，有 $\sin x<x<\tan x$。因此

$$1<\frac{x}{\sin x}<\frac{1}{\cos x}$$

即

$$\cos x<\frac{\sin x}{x}<1。\tag{1}$$

利用

$$\sin x=2\sin\frac{x}{2}\cos\frac{x}{2}\ 及\ \sin\frac{x}{2}<\frac{x}{2}$$

又得

$$\frac{\sin x}{x}=\frac{2\sin\frac{x}{2}\cos\frac{x}{2}}{x}<\cos\frac{x}{2}\tag{2}$$

下面再估计 $\cos x$ 与 $\cos\frac{x}{2}$ 。

一方面，当 $0\leqslant x<\frac{\pi}{4}$ 时，

$$\cos^2 x=1-\sin^2 x\geqslant 1-x^2\geqslant\frac{1}{1+3x^2},\tag{3}$$

另一方面，$0\leqslant x<\frac{\pi}{4}$ 时又有

$$\cos^2\frac{x}{2}=1-\sin^2\frac{x}{2}\leqslant 1-\frac{x^2}{4}\cos^2\frac{x}{2}\leqslant 1-\frac{x^2}{5}\leqslant\frac{1}{1+\frac{x^2}{5}}。\tag{4}$$

于是，当 $0\leqslant x<\frac{\pi}{4}$时，

$$\frac{1}{1+3x^2}\leqslant\frac{\sin^2 x}{x^2}\leqslant\frac{1}{1+\frac{x^2}{5}},$$

即

$$\frac{x}{\sqrt{1+3x^2}}\leqslant \sin x\leqslant \frac{x}{\sqrt{1+\frac{1}{5}x^2}}。\tag{5}$$

由于上式中 3 个函数都是增函数，故经迭代 n 次，并且将 $x-a_0=\frac{\pi}{4}$ 代入，得

$$\frac{\frac{\pi}{4}}{\sqrt{1+3n\left(\frac{\pi}{4}\right)}}\leqslant a_n\leqslant \frac{\frac{\pi}{4}}{\sqrt{1+\frac{n}{5}\left(\frac{\pi}{4}\right)^2}}。$$

略加整理即得：$\frac{1}{\sqrt{3n+2}}\leqslant a_n\leqslant \sqrt{\frac{5}{n}}$。

举一反三，类似的不等式很多。如

例 11 设 $a_0=100$，$a_{n+1}=a_n+\frac{1}{a_n}$ 。求证

$$\sqrt{2n+10000}\leqslant a_n=\sqrt{(2.\ 0001)\ n+10000}。$$

解 记 $f\ (x)\ =x+\frac{1}{x}$ ，则当 $x\geqslant 100$ 时，$f\ (x)$ 是递增函数

$$f\ (x)\ =\sqrt{\left(x+\frac{1}{x}\right)^2}=\sqrt{x^2+2+\frac{1}{x^2}}$$

而且 $\sqrt{x^2+2}\leqslant f\ (x)\ \leqslant \sqrt{x^2+2.0001}$。

因为这三项都是递增函数，故可以同时迭代 n 次：

$$\sqrt{x^2+2n}\leqslant fn\ (x)\ \leqslant \sqrt{x^2+2.0001\cdot n}。$$

此式对 $x\geqslant 100$ 成立。取 $x=100$，由于 $f^n\ (100)\ =a_n$，即得所要的不等式。

函数迭代研究领域中，另一个十分引人入胜的部分是关于周期点的性质的探索。设给了一个函数 $f\ (x)$，如果在 f 的定义域中有 m 个两两不同的点 x_0，x_1，$\cdots$，x_{m-1}，使

$$f(x_0)=x_1,f(x_1)=x_2,\cdots,f(x_{m-1})=x_0,$$

则 $\{x_0,\ x_1,\ \cdots,\ x_{m-1}\}$ 叫做 f 的一个 m-周期轨。其中的每个点 x_k 都叫做 f 的一个 m-周期点。不动点就是 1-周期点。

仅仅用一些初等组合知识，配合连续函数的介值定理，可以证明一条关于周期轨的美丽而深刻的定理——沙可夫斯基定理。为了叙述这个定理，先要介绍自然数的沙可夫斯基序。约定按下列顺序重排全体自然数：

$\lhd$：$3\lhd 5\lhd 7\lhd \cdots \lhd 2n-1\lhd 2n+1\lhd \cdots\cdots$

$\cdots\cdots \lhd 2\times 3\lhd 2\times 5 \lhd 2\times 7 \lhd \cdots\cdots \lhd 2\times(2n-1) \lhd 2\times(2n+1) \lhd \cdots\cdots$

$\cdots\cdots \lhd 4\times 3\lhd 4\times 5 \lhd 4\times 7\lhd \cdots\cdots\lhd 4\times(2n+1)\lhd\cdots$

$\cdots\cdots$

$\lhd 2^k\times 3\lhd 2^k\times 5\lhd\cdots\cdots\lhd< 2^k\times(2n+1)\lhd\cdots$

$\cdots\cdots$

$\lhd 2^m\lhd 2^m-1\lhd \cdots\cdots\lhd 2^8\lhd 2^4\lhd 2^2\lhd 2\lhd 1$。

沙可夫斯基定理断言：设 $f(x)$ 是在某线段上有定义的连续函数，如果 $f(x)$ 有 m-周期轨，而 $m\lhd n$，则 $f(x)$ 一定有 n 周期轨。[1]、[2]这条定理有十分丰富的推论。只要 $f(x)$ 是连续函数，从 $f(x)$ 有 3-周期点就推出它一定有一切周期点，例如 1988-周期点，从 $f(x)$ 有 10 周期点可推出它有 14-、16-、18-等周期点，从 $f(x)$ 有 16-周期点可以推出它有 8-、4-、2-、1-等周期点，取特殊的具体函数和个别的周期数，可以构造出许多有趣的初等问题。

这里举两个例子：

例 12 设 $f(x)$ 是 $[0,1]$ 上的函数，

$$f(x)=\begin{cases} x+\dfrac{1}{2} & \left(0\leqslant x\leqslant\dfrac{1}{2}\right), \\ 2(1-x) & \left(\dfrac{1}{2}<x\leqslant 1\right), \end{cases}$$

试在 $[0,1]$ 上找五个不同的点 x_0、x_1、x_2、x_3、x_4，使

$$f(x_0)=x_1, f(x_1)=x_2, f(x_2)=x_3, f(x_3)=x_4, f(x_4)=x_0。$$

注意到 $f(0)=\dfrac{1}{2}$，$f\left(\dfrac{1}{2}\right)=1$，$f(1)=0$，所以 $f(x)$ 有 3-周期轨 $\left\{0,\dfrac{1}{2},1\right\}$。按照沙可夫斯基定理，$f(x)$ 有任意 n-周期轨，当然会有 5-周期轨。这里的问题是把

一个 5-周期轨找出来。

例 12 的解 考虑到,若 $x\in\left[0,\frac{1}{2}\right]$,则 $f(x)\in\left[\frac{1}{2},1\right]$,若 $x\in\left[\frac{1}{2},1\right]$,则 $f(x)$可能落在$[0,1]$上任一点。故不妨设想可使 $x_0\in\left[0,\frac{1}{2}\right]$,而 x_1,x_2,x_3,x_4 均在$\left[\frac{1}{2},1\right]$内。

把 $f(x)$在$\left[\frac{1}{2},1\right]$上的表达式的 n 次迭代写出来。有:

$f^n(x)=(-2)^n$,$\left(\text{若 } x,f(x),\cdots,f^{n-1}(x)\text{在}\left[\frac{1}{2},1\right]\text{上}\right)$

于是 x_0 与 x_1 之间应当满足关系:

$$\begin{cases}x_0+\frac{1}{2}=x_1,\\(-2)^4\left(x_1-\frac{2}{3}\right)+\frac{2}{3}=x_0。\end{cases}$$

解出 $x_0=\frac{2}{15}$,$x_1=\frac{19}{30}$。接着算出 $x_2=f(x_1)=\frac{11}{5}$,$x_3=f(x_2)=\frac{8}{15}$,$x_4=\frac{14}{15}$。易验证确有 $f(x_4)=x_0$。于是所求的 5 个数是$\left\{\frac{2}{15},\frac{19}{30},\frac{11}{15},\frac{8}{15},\frac{14}{15}\right\}$

怎样迅速计算出 f 在$\left[\frac{1}{2},1\right]$上的迭代表示式$(-2)^n\left(x-\frac{2}{3}\right)+\frac{2}{3}$呢?窍门在于:首先断定 $f^n(x)$是一次式,其次断定 x 的系数是$(-2)^n$,再根据 $f(x)=2(1-x)$的不动点是 $x=\frac{2}{3}$,故 $f^n(x)$也以 $x=\frac{2}{3}$为不动点,问题便迎刃而解。

例 13 设 $f(x)=4\left(x-\frac{1}{2}\right)^2$。$0\leqslant x\leqslant 1$。求证:对任意给定的正整数 n,必有这样的 x_0,它满足方程 $f^n(x_0)=x_0$,但当正整数 $k<n$ 时,$f^k(x_0)\neq x_0$。这里 $f^1(x)=f(x)$,$f^n(x)=f(f^{n-1}(x))$。

解 首先用数学归纳法证明:对任意正整数 n,有 $2^{n-1}+1$ 个数 $a_0<a_1<a_2<\cdots<a^{2n-1}$使得 $f^n(a_k)=1$,在每一对 a_{k-1}与 a_k 之间,有 b_k 使 $f^n(b_k)=0$,而 $f^n(x)$在$[a_{k-1},b_k]$和$[b_k,a_k]$上是严格单调的。$(k=0,1,2,\cdots,2^{n-1})$,而且 $a_0=0$,$a_{2n-1}=1$。

命题对 $n=1$ 显然成立。设命题对 $n=m$ 为真，于是有满足条件 $f^m(a_k)=1$ 的 $2^{m-1}+1$ 个数 $\{a_k\}$ 和相应的满足条件 $f^m(b_k)=0$ 的 2^{m-1} 个数 $\{b_k\}$，考虑 $f(x)$ 的两支反函数 $x=\frac{1}{2}\pm\frac{\sqrt{y}}{2}$，

取

$$\alpha_k=\frac{1}{2}-\frac{1}{2}\sqrt{a_{2^{m-1}-k}}\ (k=0,1,\cdots,2^{m-1}),$$

$$\beta_k=\frac{1}{2}-\frac{1}{2}\sqrt{b_{2^{m-1}-k}}\ (k=0,1,\cdots,2^{m-1}),$$

$$\alpha_{2^{m-1}+j}=\frac{1}{2}+\frac{1}{2}\sqrt{a_j}\ (j=1,2,\cdots,2^{m-1}),$$

$$\beta_{2^{m-1}+j}=\frac{1}{2}+\frac{1}{2}\sqrt{b_j}\ (j=1,2,\cdots,2^{m-1}),$$

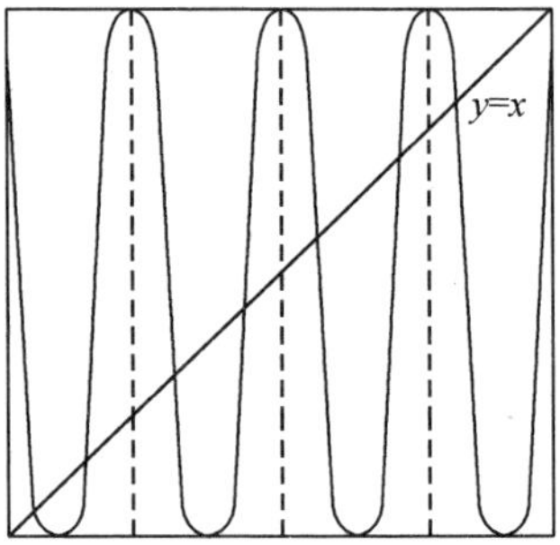

易验证 $f^{m+1}(\alpha_k)=1$，$f^{m+1}(\beta_k)=0$，这是因为 $f(\alpha_k)$ 是某个 a_i 而 $f(\beta_k)$ 是某个 b_j 之故。因此，$\{\alpha_0<\alpha_1<\cdots<\alpha_{2^m}\}$ 是方程 $f^{m+1}(x)=1$ 的根而在 α_{k-1} 与 α_k 之间的 β_k 是方程 $f^{m+1}(x)=0$ 的根。于是，造就完成了数学归纳法的证明。

这表明，$y=f^n(x)$ 的曲线在 $[0,1]$ 上方上下振动，从 1 到 0，从 0 到 1，往复 2^n 次，(见图)它和直线 $y=x$ 有 2^n 个交点，即 $f^n(x)=x$ 有 2^n 个根。

也许，这 2^n 个根中有些是某个方程 $f^k(x)=x$ 的根，这里 $k=1,2,\cdots,n-1$。但是 $f^k(x)=x$ 是 2^k 次方程，至多有 2^k 个根，因而对于一切正整数 $k<n$，方程 $f^k(x)=x$ 的根的数目总共不超过 $2+4+8+\cdots+2n-1=2^n-2$，而 $f^n(x)=x$ 有 $2n$ 个根。可见有这样的 x_0，它是 $f^n(x)=x$ 的根，但不是任一个 $f^k(x)=x(k<n)$ 的根。

有关迭代的妙题巧解还很多，以上面这些例子为素材，通过改变函数，变换问题形式，注入几何形象，可以化出更多的题目。

迭代问题可以使学生加强函数观点，熟习函数运算，了解许多具有高观点的新技巧。解题方法不落俗套，使学生广思路，开眼界。

1987 年全国各省市数学联赛中，出现过一道与迭代有关的题目。

作者猜测，并且希望，今后在各种数学竞赛中，与迭代有关的题目会一再出现。函数迭代将与几何、组合、图论等结合起来，成为产生赛题的一个重要领域。

多项式除法与高次方程的数值求解

中学课程里讲了一次和二次方程的求根公式。在一般数学手册中，还可以查到三次和四次方程的求根公式。但五次和更高次的方程，却没有一般的求根公式了。三次和四次的方程虽有求根公式，由于很繁，大家也不大用它。通常，求三次以上的方程的根，都用数值求解的方法。

数值求解，是用一定的计算步骤，求出方程的根的具体的小数表示来。而方程的根往往不能用有限的小数表示；所以，数值求解的结果，通常不是根的准确值，而是近似值。

有人觉得近似值不如准确值好，这种看法比较片面。实际上真正有用的还是近似值。比如，二次方程 $x^2-2=0$ 的正根是 $\sqrt{2}$，$\sqrt{2}$ 是准确值。但在很多场合下，这个 $\sqrt{2}$ 解决不了问题，倒是它的近似值 1.414 才管用。不信，你到商店买 $\sqrt{2}$ 尺布试试！

所以，即使有了求根公式，根的数值计算仍很必要。对没有求根公式的高次方程，数值计算更是唯一可行的求根方法了。

本文从初中里就学过的多项式带余除法出发，介绍一些高次方程的根的数值计算方法。这些方法可以求实系数或复系数多项式的实根或复根。方法的原理和误差的估计，都可以用初中代数里所学的知识加以说明。

一次余式法

设 $n\geqslant 2$，$a_0\neq 0$，a_0，a_1，…，a_n 是实数或复数，考虑 n 次代数方程

$$f(x)=a_0x^n+a_1x^{n-1}+\cdots+a_n。\tag{1}$$

我们的目的，是求（1）的某几个根或全体根的足够精确的数值。

下面这个简单的事实，提供了高次方程数值求解的一个重要方法。

定理 1 若用二次多项式 $p(x)=(x-x_0)(x-x_1)$ 除 $f(x)$，余式为 $(ax+b)$，商式为 $Q(x)$：

$$f(x)=Q(x)(x-x_0)(x-x_1)+ax+b。\tag{2}$$

而 x^* 是（1.1）的根。则当 $a\neq 0$ 时，有：

$$\left(x^*+\frac{b}{a}\right)=-\frac{Q(x^*)}{a}(x^*-x_0)(x^*-x_n)。\tag{3}$$

证明 把 $x=x^*$ 代入（1.2）中，则左端为 0。移项即得（3）。观察（3），可知当 x_0、x_1 和 x^* 非常接近时，如果 $\left|\frac{1}{a}(x^*)\right|$ 不太大，$\left(-\frac{b}{a}\right)$ 和 x^* 将更为接近。于是得到：

推论 1 若 x_0，x_1 是（1）的某个根 x^* 的近似值，其误差 $|x^*-x_0|<\delta_0$，$|x^*-x_1|<\delta_1$，则由（2）给出的 $x_2=-\frac{b}{a}$ 满足：

$$|x^*-x_2|<\left|\frac{Q(x^*)}{a}\right|\delta_0\delta_1。$$

由推论 1，如果令 $|x^*-x_2|=\delta_2$，则当 $|a^{-1}Q(x^*)\delta_0|<1$ 时，$\delta_2<\delta_l$，不妨设 $\delta_1<\delta_0$，则 x_0，x_1，x_2 是一个比一个更好的 x^* 的近似值。再用 x_2 代替 x_0，重复定理 1 中的步骤，可得到更为精确的 x^* 的近似值。

在具体计算时，可先用 $(x-x_0)$ 除 $f(x)$，得：

$$f(x)=Q_0(x)(x-x_0)+c_0,\tag{4}$$

再用（$x-x_1$）除 Q_0（x），得：

$$Q_0(x)=Q_1(x)(x-x_1)+c_1, \tag{5}$$

代入（4），得：

$$\begin{aligned} f(x)&=[Q_1(x)(x-x_1)+c_1](x-x_0)+c_0 \\ &=Q_1(x)(x-x_0)(x-x_1)+c_1(x-x_0)+c_0。 \end{aligned} \tag{6}$$

比较（2）与（6），可得：

$$Q(x)=Q_1(x), a=c_1, b=-c_1x_0+c_0, \tag{1.8}$$

从而 $x_2=-\dfrac{b}{a}=x_0-\dfrac{c_0}{c_1}$。这样，计算过程可以简便一些。

例 1 求方程

$$f(x)=x^3-2x-5=0$$

在 2 与 3 之间的实根的近似值。

解 由于 $f(2)<0, f(3)>0$，故 2 与 3 之间确有实根 x^*；设 $x_0=3, x_1=2$，用 $(x-3)$ 除 $f(x)$，其简便除法算式为：

$$\begin{array}{r|rrrl} x_0=3 & 1 & 0 & -2 & -5\cdots\cdots(x^3-2x-5) \\ & 1 & 3 & 7 & \boxed{16}\cdots\cdots c_0=16 \\ \cline{2-4} \end{array}$$

$$商(x^2+3x+7)=Q_0(x)$$

具体步骤是：

1——照写在 1 之下，

1×3＋0＝3——写在 0 之下，

3×3＋（－2）＝7——写在－2 之下，

7×3＋（－5）＝16——写在－5 之下。

其正确性读者可自行验证，这里不再赘述。

再用$(x-2)$除 $Q_0(x)$：

$$\begin{array}{r|rrl} x_1=2 & 1 & 3 & 7\cdots\cdots Q_0(x) \\ & 1 & 5 & \boxed{17}\cdots\cdots c_1=17 \\ \cline{2-3} \end{array}$$

$$商(x+5)=Q(x)$$

由此得到：

$$x_2=x_0-\frac{c_0}{c_1}=3-\frac{16}{17}=\frac{35}{17}\approx 2.06,$$

误差估计为（由推论 1）：

$$\begin{aligned}|x^*-x_2|&<\left|\frac{Q(x^*)}{a}(x^*-x_0)(x^*-x_1)\right|\\&<\frac{(x^*+5)}{17}|(x^*-x_0)(x^*-x_1)|\\&\leqslant\frac{8}{17}\times\frac{1}{4}<0.12。\end{aligned}$$

因此，可取 x_2 的两位有效数字 $x_2=2.1$ 代替 x_0，重复上述步骤，求得更准确的近似值。

应用推论 1 来作根的计算，要从两个初值 x_0、x_1 出发。其实，从一个初值出发也可以，因为定理 1 中并没有要求 $x_0\neq x_1$。取 $x_0=x_1$ 的特殊情形，得到：

推论 2 若 x_0 是(1.1)的某个根 x^* 的近似值 $|x^*-x_0|<\delta_0$，用 $(x-x_0)^2$ 除 $f(x)$ 后，除法算式为

$$f(x)=Q(x)(x-x_0)^2+ax+b,$$

则当 $a\neq 0$ 时：

$$\left(x^*+\frac{b}{a}\right)=\frac{Q(x^*)}{a}(x^*-x_0)^2。$$

故若令 $x_1=-\frac{b}{a}$，则：

$$|x^*-x_1|\leqslant\left|\frac{Q(x^*)}{a}(x^*-x_0)^2\right|。$$

例 2 取初值 $x_0=2$，计算方程 $f(x)=x^3-2x-5=0$ 的实根 x^* 的近似值：

解 用 $(x-2)$ 除 $f(x)$，再用 $(x-2)$ 除所得的商，其简易算式为：

$$\begin{array}{r|rrrl} x_0=2 & 1 & 0 & -2 & -5\cdots\cdots f(x)\\ & 1 & 2 & 2 & \boxed{-1}\cdots\cdots c_0\\ & 1 & 4 & \boxed{10} & \cdots\cdots c_1=a,b=c_0-c_1x_0,\end{array}$$

$$Q(x)=x+4,$$

$$\therefore x_1=x_0-\left(\frac{c_0}{c_1}\right)=2-\ (-0.1)\ =2.1。$$

其误差估计为：$|x^*-x_1|\leqslant\frac{|x^*+4|}{10}|x^*-2|^2$。

由于 $(x^*-x_1)=-\frac{1}{a}Q(x^*)\quad(x^*-x_0)^2<0$，故 $x^*<x_1$，即：$x_0<x^*<x_1$，故 $(x^*-x_0)2=(x^*-2)^2<0.12$，从而得

$$|x^*-x_1\leqslant\frac{6.1}{10}\times 0.01=0.0061。$$

若用 $x_1=2.1$ 代替 x_0 再作一次：

$$\begin{array}{r|llll}
x_1=\underline{2.1} & 1 & 0 & -2 & -5\cdots\cdots f(x) \\
 & 1 & 2.1 & 2.41 & \boxed{0.061}\cdots\cdots c_0 \\
 & 1 & 4.2 & \boxed{11.23}\cdots\cdots c_1 & \\
\hline
\end{array}$$

$$Q(x)=x+4.2$$

$$\therefore x_2=x^1-\frac{c_0}{c_1}=2.1-\frac{6.3}{11.23}=2.09457。$$

其误差估计为：$|x^*-x_2|\leqslant\frac{6.3}{11.23}\times 0.0061^2\leqslant 0.000025$。实际上，误差是 0.000021，说明误差估计也相当准确了。

例 3 若已知 $a^{\frac{1}{n}}$ 的近似值 x_0，用推论 2 所述方法，求 $a^{\frac{1}{n}}$ 的更精确的近似0 值：

解 此问题为求方程 $f(x)=x^n-a=0$ 的数值解。用 $(x-x_0)$ 除 $f(x)$，再用它除所得之商，写出算式：

$$\begin{array}{r|lllllll}
\underline{x_0} & 1 & 0 & 0 & \cdots\ 0 & 0 & -a & \cdots\cdots f(x) \\
 & 1 & x_0 & x_0^2 & \cdots\ x_0^{n-2} & x_0^{n-1} & \boxed{x_0^n-a}\cdots\cdots c_0 & \\
 & 1 & 2x_0 & 3x_0^2 & \cdots(n-1)x_0^{n-2} & \boxed{na_0^{n-1}}\cdots\cdots c_1 & & \\
\hline
\end{array}$$

$$Q(x)=x^{n-2}+2x_0x^{n-3}+3x_0^2x^{n-4}+\cdots+(n-1)x_0^{n-2}。$$

$$\therefore\ x_1=x_0-\frac{x_0{}^n-a}{nx_0{}^{n-1}}=x_0\left(1-\frac{1}{n}\right)+\frac{a}{nx_0{}^{n-1}} \tag{7}$$

误差估计为：

$$(x^*-x_1)=\frac{-Q(x^*)}{nx_0{}^{n-1}}(x^*-x_0)^2$$

$$=\frac{-1}{nx_0}\left[\left(\frac{x^*}{x_0}\right)^{n-2}+2\left(\frac{x^*}{x_0}\right)^{n-3}+\cdots+(n-1)\right](x^*-x_0)^2。\tag{8}$$

举一个具体计算的例子。我们在一般的平方根表上，可以查到$\sqrt{2}=1.414$，有 4 位有效数字。如果我们需要更多位数的有效数字，就可以利用关系式（1.13）把$\sqrt{2}=1.414$这个近似值改进得更为准确。在（1.13）中取$x_0=1.414$，$a=2$，$n=2$，得到

$$x_1=\frac{1.414}{2}+\frac{1}{1.414}=1.414214。$$

其误差估计，按（8）得：

$$|\sqrt{2}-x_1|\leqslant\frac{1}{2\times1.414}|\sqrt{2}-1.414|^2<\frac{0.0005^2}{2.828}<0.0000001,$$

可见所得的 7 位有效数字都是准确的。

二次余式法

很容易想到：在定理 1 中，如果用三次多项式除 $f(x)$，所得二次余式的两根之一应当和 $f(x)$ 的根 x^* 比较接近。事实上有：

定理 2 用三次多项式$(x-x_0)(x-x_1)(x-x_2)$除 $f(x)$，设商为 $Q(x)$，余式为 ax^2+bx+c，又设 α_1、α_2 是方程 $ax^2+bx+c=0$ 的两个根，而 x^* 是 $f(x)=0$ 的根，则有：

$$(x^*-\alpha_1)(x^*-\alpha_2)=-\frac{Q(x^*)}{a}(x^*-x_0)(x^*-x_1)(x^*-x_2)。\tag{9}$$

证明 由除法算式：

$$f(x)=Q(x)(x-x_0)(x-x_1)(x-x_2)+ax^2+bx+c,$$

两端用 $x=x^*$ 代入，并利用所设条件：

$$ax^2+bx+c=a(x-a_1)(x-a_2),$$

移项即得（9）。

按照定理 2，如果我们有了 x^* 的三个近似值 x_0、x_1、x_2，便可用 $(x-x_0)(x-x_1)(x-x_2)$ 除 $f(x)$，然后把所得二次余式的两根之一作为 x^* 的更进一步的近似值，并利用(2.1)来估计误差。

如果我们不愿意从三个近似值出发，也可以取一个近似值 x_0，用 $(x-x_0)^3$ 除 $f(x)$。因为，在定理 2 中并没有要求 x_0、x_1、x_2 是三个不同的数。

下面仍以方程 $x^3-2x-5=0$ 为例。

例 4 以 $x_0=x_1=x_2=2$ 为初值，用定理 2 所述方法，计算方程

$$f(x)=x^3-2x-5=0$$

的实根 x^* 的近似值。

解 用 $(x-2)^3=x^3-6x^2+12x-8$ 除 $f(x)$，得除法算式：

$$f(x)=(x-2)^3+6x^2-14x+3,$$

这时 $Q(x)=1$，余式为 $6x^2-14x+3$，而：

$$6x^2-14x+3=6\left(x-\frac{7+\sqrt{31}}{6}\right)\left(x-\frac{7-\sqrt{31}}{6}\right),$$

故由（9）可知：

$$\left(x^*-\frac{7+\sqrt{31}}{6}\right)\left(x^*-\frac{7-\sqrt{31}}{6}\right)=-\frac{1}{6}(x^*-2)^3。$$

由 $x^*>2$，可估出 $x^*-\frac{7+\sqrt{31}}{6}<0$，故

$$x^*<\frac{7+\sqrt{31}}{6}=2.0946$$

$$\therefore \quad |x^*-2|<0.1,\ 又\quad x^*-\frac{7+\sqrt{31}}{6}>1.7,$$

$$\therefore \quad \left|x^*-\frac{7+\sqrt{31}}{6}\right|<\frac{1}{6\times1.7}\times0.1^3\leqslant0.0001。$$

由此可见：

$$x^* \approx \frac{+\sqrt{31}}{6} = 2.0946,$$

其误差不超过 0.0001。

如果仍不满足要求，可用$(x-2.0946)^3$ 除 $f(x)$，重复以上的计算步骤。

一般说来，用定理 2 的方法，每计算一次，计算工作量比定理 1 中的方法要多。但误差要更小一些，还是合算的。

劈二次因子法

二次方程的根是容易求的。因此，如果把 $f(x)$分解成一些二次多项式的乘积，便可以求出 $f(x)=0$ 的诸根。如果找到了 $f(x)$的一个二次因式，便得到了 $f(x)$的两个根。如果找到了 $f(x)$的一个近似二次因式，就可以得到 $f(x)$的两个根的近似值。计算 $f(x)$的某个二次因式的方法，通常叫做“劈因子法”。下面介绍的，是一种比较简单的劈因子法。

想求 $f(x)$的二次因式 $\omega^*(x)$，可先找一个近似因式 $\omega_0(x)$，对 $\omega_0(x)$加以修正使它更为准确。其修正的方法是：用$[\omega_0(x)]^2$ 除 $f(x)$，得余式 $R_1(x)$；再用$[\omega_0(x)]^2$除 $xf(x)$，得余式 $R_2(x)$。通常，$R_1(x)$和 $R_2(x)$都是三次多项式。适当取实数或复数 λ_1 和 λ_2，使

$$\lambda_1 R_1(x) + \lambda_2 R_2(x) = x^2 + p_1 x + q_1 = \omega_1(x),$$

则 $\omega_1(x)$即为所求之修正二次因子。再用 $\omega_1(x)$代替 $\omega_0(x)$，反复进行。

与上述说法等价的说法是：将$[\omega(x)]^2$ 与 $f(x)$ 辗转相除，取其二次余式 $c\omega_1(x)$，$\omega_1(x)$即为修正二次因子。

下面，我们讨论一下这种方法的误差估计问题。设用$(\omega_0^2(x))$除 $f(x)$的算式为：

$$f(x) = \omega_0^2(x) Q(x) + R_1(x),$$

用 $\omega^2(x)$除 $xf(x)$的算式为：

$$xf(x)=\omega_0^2(x)[xQ(x)+q]+R_2(x)。$$

设 a_1、a_2 分别为 R_1、R_2 的三次项系数，则有：

$$a\omega_1(x)=a_2R_1(x)-a_1R_2(x),$$

以及

$$(a_2-a_1x)f(x)=\omega_0^2(x)[(a_2-a_1x)Q(x)-qa_1]+a\omega_1(x)。$$

设 $f(x)$ 的准确二次因式 $\omega^*(x)=(x-x_1^*)(x-x_2^*)$，而 $\omega_0(x)=(x-x_1)(x-x_2)$，$\omega_1(x)=(x-\widetilde{x}_1)(x-\widetilde{x}_2)$。

在(10)中，分别取 $x=x_1^*$，$x=x_2^*$，得：

$$0=\omega_0^2(x_1^*)[(a_2-a_1x_1^*)Q(x_1^*)-qa_1]+a\omega_1(x_1^*),$$

$$0=\omega_0^2(x_2^*)[(a_2-a_1x_2^*)Q(x_2^*)-qa_1]+a\omega_1(x_2^*)。$$

由此可解出：

$$x_1^*-\widetilde{x}_1=\frac{(x_1^*-x_2^*)^2}{a(x_1^*-x_2^*)}[qa_1-(a_2-a_1x_1^*)Q(x_1^*)](x_1^*-x_1)^2,$$

$$x_2^*-\widetilde{x}_2=\frac{(x_2^*-x_1^*)^2}{a(x_2^*-\widetilde{x}_1)}[qa_1-(a_2-a_1x_2^*)Q(x_2^*)](x_2^*-x_2)^2。$$

由此可以看出，若 $\omega_0(x)$ 和 $\omega^*(x)$ 很接近时，即 $|x_1^*-x_1|$，$|x_2^*-x_2|$ 很小时，$|x^*-\widetilde{x}_1|$，$|x_2^*-\widetilde{x}_2|$ 也会很小。

由于劈二次因式的误差估计式比较繁，故通常把求得的根直接代入 $f(x)$ 来检验。

下面看两个计算实例：

例 5 用 $\omega_0(x)=x^2+x+1$ 为初始因子，劈出多项式 $F(x)=x^4+x^2+x+1$ 的二次因子。

解 先算出

$$\omega_0^2(x)=x^4+2x^3+3x^2+2x+1,$$

写出除法算式：

$$
\begin{array}{r|l}
 & 1\ \ -2 \\ \hline
1\ \ 2\ \ 3\ \ 2\ \ 1 & 1\ \ 0\ \ 1\ \ 1\ \ 1 \\
 & 1\ \ 2\ \ 3\ \ 2\ \ 1 \\ \hline
\end{array}
$$

$(-2,\ -2,\ -1,\ 0)\ \cdots\cdots R_1$

相加　$-2,\ -4,\ -6,\ -4,\ -2$

$(2,\ \ 5,\ \ 4,\ \ 2)\ \cdots R_2$

$(0,\ 3,\ 3,\ 2)$

所以 $\omega_1(x)=x^2+x+\dfrac{2}{3}$,用 $\omega_1(x)$ 代替 $\omega_0(x)$,再做一次:

算出

$$\omega_1^2(x)=x^4+2x^3+\frac{7}{3}x^2+\frac{4}{3}x+\frac{4}{9}\ ,$$

$$
\begin{array}{r|l}
 & 1\ \ -2 \\ \hline
1\ \ 2\ \ \frac{7}{3}\ \ \frac{4}{3}\ \ \frac{4}{9} & 1\ \ 0\ \ 1\ \ 1\ \ 1 \\
 & 1\ \ 2\ \ \frac{7}{3}\ \ \frac{4}{3}\ \ \frac{4}{9} \\ \hline
\end{array}
$$

$$-\frac{8}{3}\times\left(-2,\ -\frac{4}{3},\ -\frac{1}{3},\ \frac{5}{9}\right)\cdots\cdots R_1$$

$$-2,\ -4,\ -\frac{14}{3},\ -\frac{8}{3},\ -\frac{8}{9}$$

$$+2\times\left(\frac{8}{3},\ \frac{13}{3},\ \frac{29}{9},\ \frac{8}{9}\right)\cdots\cdots R_2$$

$$\left(0,\ \frac{46}{9},\ \frac{50}{9},\ \frac{88}{9}\right)\to\left(0,\ 1,\ \frac{25}{23},\ \frac{44}{69}\right)$$

$$\therefore\qquad \omega_2(x)=x^2+\frac{25}{23}+\frac{44}{69}$$

如再做一次，可得

$$\omega_3(x)=x_2+\frac{24852759}{22699491}x+\frac{14588050}{22699491}$$

$$=x^2+1.09486x+0.64266,$$

而 $f(x)$ 的准确分解式为:

$$f(x)=(x^2+1.094848x+0.642661)(x^2-1.094848x+1.55603),$$

可见，3 次已达到相当精确的程度。

例 6 用 $\omega_0(x)=x^2+2x+2$ 为初始因子，劈出 $F(x)=x^4+3x^3 4+9x^2+18x+18$ 的二次因子。

解 $\omega_0^2(x)=x^4+4x^3+8x^2+8x+4$。

写出除法算式如下：

1 −1

1 4 8 8 4 | 1 3 9 18 18

| 1 4 8 8 4

5× (−1, 1, 10, 14,) ……R_1

相加　　−1, −4, −8, −8, −4

(5, 18, 22, 4) ……R_2

(0, 23, 72, 74)

$$\therefore\quad \omega_1(x)=x^2+\frac{72}{23}x+\frac{74}{23}=x^2+3.13x+3.22,$$

再做一次：

$$\omega_2(x)=x^2+3.007x+3.0009,$$

而 $f(x)$的一个准确因子是 $\omega^*(x)=x^2+3x+3$，可见两次已相当精确。

实用中的两个问题

看了以上介绍的方法，容易提出这样的问题：

(1)怎样取得初始近似根 x_0 或初始近似的二次因式 $\omega_0(x)$？

(2)当初始近似根 x_0。或初始近似因式 $\omega_0(x)$的近似程度足够好时，能不能保证按所述方法一次一次做下去可以得到任意精确程度的根或任意精确程度的二次因式？

先谈一下第二个问题：可以证明，如果所求的根 x^* 不是 $f(x)=0$ 的重根，或所

求的二次因式不是 $f(x)$ 的重因式，那么，只要 x_0 或 $\omega_0(x)$ 的近似程度足够的好，一次一次做下去，一定可以得到任意精确程度的根或二次因式。至于要找到怎样的 x_0 或 $\omega_0(x)$ 才算近似程度“足够的好”，这要根据 $f(x)$ 的具体情况来判断，这里不再详述了。

如果所求根 x^* 不是单根而是重根，或所求的准确二次因式是 $f(x)$ 的重因式，应用上述方法时则应当除去 $f(x)$ 的重根或重因式。除去的方法，是把 $f(x)$ 与 $f(x)$ 的“导数多项式”

$$f'(x)=na_0x^{n-1}+(n-1)a_1x^{n-2}+\cdots xa_n-{}_2x+a_{n-1}$$

辗转相除，求出 $f(x)$ 与 $f'(x)$ 的最大公因式 $q(x)$，则 $\dfrac{f(x)}{q(x)}$ 便是从 $f(x)$ 中去掉重根、重因子后所得的多项式。——即：若 x^* 是 $f(x)$ 的单根，则它也是 $\dfrac{f(x)}{q(x)}$ 的单根，若 x^* 是 $f(x$ 的是 $k\geqslant 2)$ 重根，则它是 $\dfrac{f(x)}{q(x)}$ 的单根且是 $q(x)$ 的是 $k-1$ 重根。对 $\dfrac{f(x)}{q(x)}$ 用前述方法，就可以求得 $f(x)$ 的全体根而不用担心重根的影响了。

下面再谈一下，怎样取得 x^* 的初始近似值 x_0 或 $\omega^*(x)$ 的初始近似因式 $\omega_0(x)$ 的问题。

如果 $f(x)$ 的系数都是实数，我们要求的 x^* 是 $f(x)$ 的实的单根，则我们可以用观察和试探的方法确定 x^* 所在的区间，然后逐步缩小这个区间，到一定程度，用区间的中点作为 x^* 的近似值。观察和试探的原则是基于下列两条：

(1)若 $a<b$，$f(a)$ 与 $f(b)$ 异号，则在 a 与 b 之间有 $f(x)=0$ 的一个实根。

(2)若 $f(a)$ 与 $f(b)$ 异号，$a<c<b$，则若 c 不是 $f(x)=0$ 的根，就有 $f(a)$ 与 $f(c)$ 异号，或者 $f(c)$ 与 $f(b)$ 异号。

根据这两条，我们可以先找出两点 a、b，使 $f(a)$、$f(b)$ 异号，这使我们断定 $f(x)=0$ 在 a、b 之间至少有一个根。取 c 为 $[a,b]$ 的中点，即 $c=\dfrac{a+b}{2}$，如果 $f(a)$ 与 $f(c)$ 异号，可知 a 与 c 之间有一个根。这样反复做下去，当然也可以找到一个根的近似值，而且要多近似有多近似。不过计算量很大。如果这样先做几次，然后再利用上面所述的余式法，可以很快找到 x^* 的相当准确的近似值。

仍以方程 $x^3-2x-5=0$ 为例。由观察可知 $f(0)<0$，$f(3)>0$，故在 0 与 3 之间有根，而 $f\left(\frac{0+3}{2}\right)=f\left(\frac{3}{2}\right)<0$，故在 $\frac{3}{2}$ 与 3 之间有根。再取 $\frac{3}{2}$ 与 3 之间的中值 2.25 代入得 $f(2.25)\approx1.9$，$|f(2.25)|$ 不算大，故 2.25 可以作为初始近似值 x_0 使用了。如再做下去，可得到：

$$\frac{2.25+1.5}{2}=1.875,\ f(1.875)<0,$$

$$\frac{1.875+2.25}{2}=2.0625,$$

2.0625 已是根的相当好的近似值了。

但是，以上所讲的方法，仅仅适用于实系数多项式的实根；而不能用以劈出 $f(x)$ 的二次因子。下面介绍的方法，则适用于实系数、复系数的多项式，可以求复根的近似值，并可以用来求劈二次因式的初始因子。

所要讲的方法，基于下述定理：

定理 若复系数无重根 n 次多项式 $f(x)$ 的 n 个根 $a_1,a_2,\cdots,a_n$ 满足：

$$|a_1|\leqslant|a_2|\leqslant\cdots\leqslant|a_k|<|a_{k+1}|\leqslant\cdots\leqslant|a_n|,$$

则当自然数 l 充分大时，将 $f(x)$ 与 x^l 辗转相除，必有某一余式 $R_p,l(x)$ 次数为 k。设 $R_{p,l}(x)$ 的首项系数为 $a_{p,l}$，则：

$$\lim_{l\to+\infty}\frac{1}{a_{p,l}}R_{p,l}(x)=\prod_{i=1}^{k}(x-\alpha_i)。$$

基于这个定理，如果 $f(x)$ 有一个绝对值最大的根 x^*，我们可以这样来找 x^* 的初始近似值：取一个比较大的 l，用 $f(x)$ 除 x^l，设余式

$$R_l(x)=b_{l,0}x^{n-1}+b_{l,1}x^{n-2}+\cdots+b_{l,n-1}$$

由定理可知，

$$\frac{b_{l,1}}{b_{l,0}}\approx-(\alpha_1+\alpha_2+\cdots+\alpha_n-1),$$

而 $f(x)$ 的系数与根之间的关系为

$$\frac{a_1}{a_0}=-(\alpha_1+\alpha_2+\cdots+\alpha_n),$$

因此

$$\frac{b_{l,1}}{b_{l,0}}-\frac{a_1}{a_0}\approx\alpha_n,$$

即可以取作绝对值最大的根 α_n 的初始近似。在应用此法时，只要注意观察 $f(x)$ 除 x^l 的余式的标准化形式 $\frac{1}{b_{l,0}}R_l(x)$ 当 l 变化时的情形，如果当 l 变化时它的诸系数趋于几个常数，便可以初步断言 $f(x)=0$ 有一个模最大根，而且可按上述方法估计它的近似值。

如果 $\frac{1}{b_{l,0}}R_l(x)$ 的诸系数中，有的变化无常，随 l 的增大并不趋于常数，可初步推断 $f(x)=0$ 没有模最大的根。但如果 $f(x)$ 有一对模最大的共轭复根（或非共轭复根），则用 $R_l(x)$ 再除 $f(x)$ 所得之 $(n-2)$ 次余式 $R_{l,1}(x)$ 当 l 足够大时，其诸根趋于 $\alpha_1,\alpha_2,\cdots,\alpha_{n-2}$，这一点是上述定理的直接推论。此时若

$$R_{l,1}=b_{l,0}^{(1)}x^{n-2}+b_{l,1}^{(1)}x^{n-3}+\cdots+b_{l,n-2}^{(1)},$$

则由定理可知当 l 较大时有

$$\begin{cases}(b_{l,0}^{(1)})^{-1}b_{l,1}^{(1)}\approx(\alpha_1+\alpha_2+\cdots+\alpha_{n-2}),\\(b_{l,0}^{(1)})^{-1}b_{l,n-2}^{(1)}\approx(-1)^{n-2}\alpha_1\alpha_2\cdots\cdots\alpha_{n-2}.\end{cases}$$

但又有 $-\frac{a_1}{a_0}=\alpha_1+\cdots+\alpha_n$，$\frac{a_n}{a_0}=(-1)^n\alpha_1\cdots\cdots\alpha_n$，

故得

$$\begin{cases}p_0=\frac{a_1}{a_0}\approx-(\alpha_{n-1}+\alpha_n),\\q_0=\frac{a_n}{a_0}\Big/\frac{b_{l,1}^{(1)}}{b_{l,0}^{(1)}}\approx\alpha_{n-1}\cdot\alpha_n,\end{cases}$$

从而可取 $\omega_0(x)=x^2+p_0x+q_0$ 作为 $f(x)$ 的一个近似因式，从它出发，再用第三节中的方法做下去。

由定理还可知道：把 $f(x)$ 与 x^l 辗转相除到底，其一次余式和二次余式也是有

用的。如果 $f(x)$ 有模最小的根 β，当 l 充分大时，一次余式的根必然趋近于 β；若 $f(x)$ 有一对模最小的根（当 $f(x)$ 是实系数多项式时，这通常是一对共轭复根），则二次余式将是与此二根相对应的 $f(x)$ 的近似二次因式。因此，当 $f(x)$ 有模最大（小）的一个或两个根时，利用 $f(x)$ 与 x^l 的辗转相除的余式，总可以求得这些根的近似值。

比较所得的这些辗转相除的诸余式，还可以估出别的根的近似值。例如，当

$$|\alpha_1|\leqslant\cdots\leqslant|\alpha_{s-1}|<|\alpha_s|<|\alpha_{s+1}|\leqslant\cdots\leqslant|\alpha_n| \quad (10)$$

时，由定理可知，当 l 足够大时，其 s 次余式的根是 α_1，α_2，…，α_s 的近似值、而 $s-1$ 次余式的根是 α_1，α_2，$\cdots\alpha_{s-1}$ 的近似值，比较两个余式的系数，可以估出 α_s 的近似值。

类似地，当

$$|\alpha_1|\leqslant|\alpha_2|\leqslant\cdots\leqslant|\alpha_{s-1}|<|\alpha_s|\leqslant|\alpha_{s+1}|<|\alpha_{s+2}|\leqslant\cdots\leqslant|\alpha_n| \quad (11)$$

时，比较辗转相除所得的 $s+1$ 次余式和 $s-1$ 次余式的系数，可得 $\alpha_s+\alpha_{s+1}+\alpha_s\cdot\alpha_{s+1}$ 的近似值。从而得到 f（x）的近似二次因式。

如果凑巧以上的情况都不发生——$f(x)$ 没有模最大（小）的一两个根，且(4.10)、(4.11)的情形也不出现，可以用变换：$y=x+A$，取

$$F(y)=f(y-A)=f(x),$$

则 $F(y)=0$ 的根 y^* 减 A 后可得 $f(x)=0$ 的根。顺次取 $A=\pm1,\pm2,\pm3\cdots\cdots$ 或任意其他易于计算的值，经过有限次变换和作上述的除法，一定可以求出 $f(x)$ 的各个根来。

余式法的几何意义

如果 $f(x)$ 的系数都是实的，则 $y=f(x)$ 的曲线圈可以在直角坐标系 O_{xy} 表示山来。用 $g(x)$ 除 $f(x)$，得余式 $r(x)$：

$$f(x)=Q(x)g(x)+r(x), \quad (12)$$

那么，$r(x)$的曲线圆和 $f(x)$的曲线图之间，有什么关系呢？

设 $g(x)$是 k 次多项式，$k\leqslant n$，则 $\gamma(x)$一般说来是 $k-1$ 次多项式。如果 $g(x)$的 k 个根都是实根：$t_1, t_2, \cdots, t_k$，把它们代入(13)，可见：

$$f(t_i)=r(t_i),\ (i=1,2,\cdots,k),$$

曲线 $y=r(x)$与 $y=f(x)$相交于 k 个点$(t_i, f(t_i))(i=1,2,\cdots,k)$。

因此，在第一节所述的一次余式法中，$y=ax+b$ 其实是过两点$(x_0, f(x_0))$，$(x_1, f(x_1))$的一条直线，即曲线 $y=f(x)$的过此两点的弦。一次余式法，也就是用直线 $y=ax+b$ 与 x 轴的交点横坐标 x_1 来近似曲线 $y=f(x)$与 x 轴的交点横坐标 x^*。而当 $x_0=x_1$ 时，弦变成了切线。故一次余式法可分为弦法与切线法两种。

在第二节中所讲的二次余式法中，余式

$$y=ax^2+bx+c$$

的曲线是一条和 $y=f(x)$的曲线交于三点的抛物线，所以，二次余式法也可以叫“抛物线”法。是目前计算机上常用的求根方法之一。

这些方法也可以进一步推广到求超越方程的根，但那就不能再用除法算式来说明和表达了。

稳扎稳打的对分求根法

从查找线路故障谈起

在一个风雨交加的夜里，从某水库闸房到防洪指挥部的电话线突然断了。10千米长的线路，究竟在哪里发生了故障？怎样才能迅速查出故障所在？

如果沿着线路一小段一小段地查是很困难的。因为电线不一定完全沿公路架设，而且每查一个点，就要爬一次电线桿子，10 千米长，大约有 200 多根电线杆子呢！

幸而谁修线路的工人师傅他是怎么做的呢？他首先在线路十点检查，爬上电线桿用随身带的电话机向两端通话，发现从中点到闸房畅通无阻，从中点到指挥部不灵了。现在要检查的线路减少了一半，如图 1，A、B 分别代表闸房与指挥部，C 是 AB 的中点。再到 BC 的中点查一下，这次发现 D 到指挥部 B 的电话通了，可见故障在 CD 段上，在 CD 中点 E 再查，发现 E 到闸房的电话通了，问题就出在 DE 段上，DE 段上差不多只有 25 根电线杆了。这样查下去，再查上 4

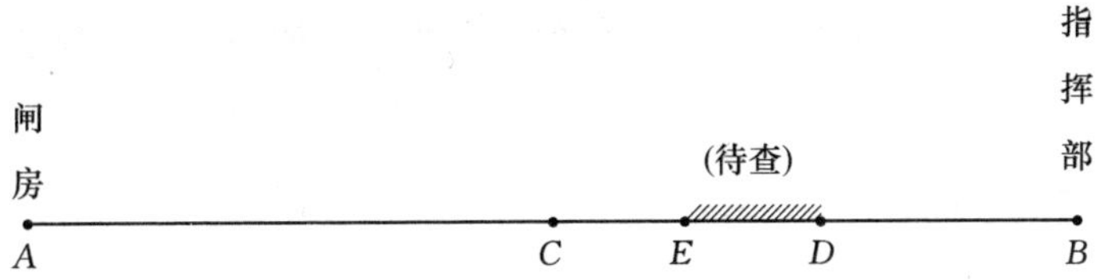

图 1

次，便可以把故障发生的可能范围缩小到一两根电线杆的附近。前后一共才查找了 7 次，比顺次检查就要合算多了。

这种查找线路的方法，叫对分法。对分法不仅可用于查找线路故障（电线、水管、气管的故障），还能在科学实验中大显身手。另外，它还是方程求根的常用方法。

用对分法求方程的根

求一次或二次方程的根，有公式可循。三次或四次方程也能在数学手册上查到求根公式，但已经很麻烦，很少有人用它。至于更高次的方程，就没有求根公式了。在科学研究和工程技术中，还常常碰到所谓“超越方程”，这种方程更没有求根公式。

没有公式也难不倒数学家，他们想了种种办法，直接求根的数值。各种各样的方法有共同的思想，就是逐步逼近，精益求精。

罗丹是一位著名的雕刻艺术家，有人问他如何雕出栩栩如生的人像，他风趣地回答：“那还不容易！拿一块石头来，把多余的部分砍掉就是了。”

但是，究竟哪一部分是多余的呢？这不是一下子就能定下来的，先要砍去一些显然是多余的石头，再在这个基础上按照自己的艺术构思刻成大概的人模样，再一次一次地修整、打磨，最后才能成为一件精美绝伦的艺术品。

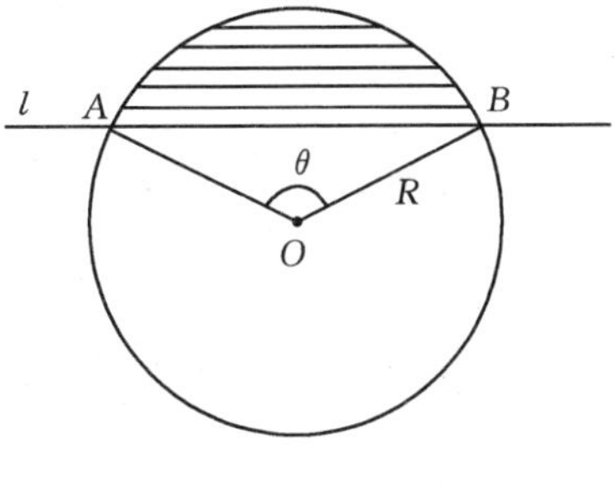

图 2

用逐步逼近法求根也是这样，先找出根的

大致范围，再定出一个不太精确的近似值，一步一步把误差消灭掉，直到令人满意为止。

逐步逼近法多种多样，其中最简单的方法，也是用途最广的方法，就是对分法。看个具体例子：如图 2，直线 l 把半径为 R 的圆分成两块，要想使较小的一块是圆面积的 ，怎样确定 l 的位置呢？

设 l 交圆周于 A、B，$\theta=\angle AOB$，则 θ 的大小确定 l 的位置。这时，扇形 $\overset{\frown}{OAB}$ 的面积是 $\frac{\theta}{2\pi}\cdot\pi R^2=\frac{1}{2}\theta R^2$，而 $\triangle OAB$ 的面积是 $\frac{1}{2}R^2\sin\theta$，于是，要解决的问题是找出满足下列条件的 θ：

$$\frac{1}{2}\theta R^2-\frac{1}{2}R^2\sin\theta=\frac{1}{2}\pi R^2。$$

化简之后得到关于 θ 的方程：

$$f(\theta)=2\pi+3\sin\theta-3\theta=0。$$

当 $\theta=0$ 时，

$$f(0)=2\pi+3\sin\theta-3\times 0=2\pi>0;$$

而当 $\theta=\pi$ 时，

$$f(\pi)=2\pi+3\sin\pi-3\pi=-\pi<0。$$

所以，当 θ 连续地从 0 变化到 π 时，$f(\theta)$ 就连续地从正数 2π 变到负数 $-\pi$。这样，θ 取到 0 与 π 之间的某个值 θ^* 时，会使 $f(\theta^*)=0$。θ^* 就是我们要找的根。

直观地看，在直角坐标系中画出函数 $y=f(\theta)$ 的曲线，如图 3。这条曲线一端在横轴上方，另一端在横轴下方，所以它应与横轴交于某点 p，p 的横坐标就是 θ^*。既然 θ^* 在 0 与 π 之间，就取 $\theta_0=\frac{1}{2}(0+\pi)=\frac{\pi}{2}$ 作为准确根 θ^* 的近似值。计算一下 $f(\theta_0)$：

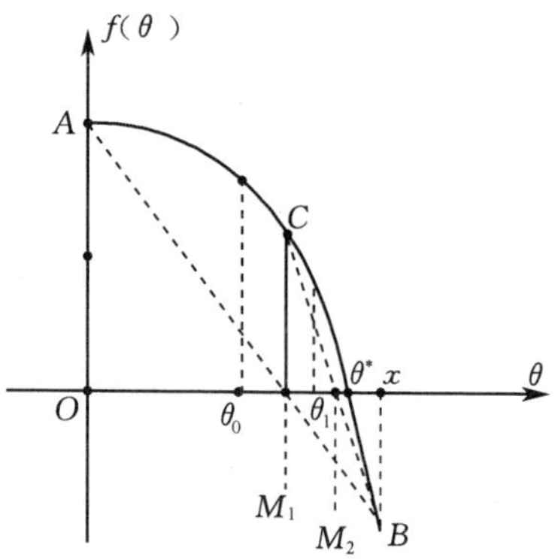

图 3

$$f(\theta_0)=2\pi+3\sin\pi\frac{\pi}{2}-\frac{3\pi}{2}=4.57\cdots\cdots>0。$$

可见，θ^* 在 θ_0 与 π 之间，又取

$$\theta_1=\frac{1}{2}(\theta_0+\pi)=\frac{3}{4},$$

$$f(\theta_1)=2\pi+3sin\frac{3\pi}{4}-\frac{9\pi}{4}=1.33\cdots\cdots>0;$$

可见 θ^* 在 θ_1 与 π 之间，取

$$\theta_2=\frac{1}{2}(\theta_1+\pi)=\frac{1}{2}\left(\frac{3}{4}\pi+\pi\right)=\frac{7}{8}\pi,$$

$$f(\theta_2)=2\pi+3\sin\frac{7\pi}{8}-\frac{21}{8}=-0.8\cdots\cdots<0;$$

于是 $f(\theta_1)$与 $f(\theta_2)$反号，θ^* 在 θ_1 与 θ_2 之间，取

$$\theta_3=\frac{1}{2}(\theta_1+\theta_2)=\frac{1}{2}\left(\frac{3}{4}\pi+\frac{7}{8}\pi\right)=\frac{13}{16}\pi,$$

$$f(\theta_3)=2\pi+3\sin\frac{13}{16}\pi-\frac{39}{16}\pi=0.29\cdots\cdots>0;$$

这表明 θ^* 在 θ_2 与 θ_3 之间，取

$$\theta_4=\frac{1}{2}(\theta_2+\theta_3)=\frac{1}{2}\left(\frac{7}{8}\pi+\frac{13}{16}\pi\right)=\frac{27}{32}\pi,$$

$$f(\theta_4)=2\pi+3\sin\pi-\pi=-0.25\cdots\cdots<0。$$

于是又可以取 θ_3 与 θ_4 的平均值为 θ_5：

$$\theta_5=\frac{1}{2}(\theta_3+\theta_4)=\frac{1}{2}\left(\frac{13}{16}\pi+\frac{27}{32}\pi\right)=\frac{53}{64}\pi,$$

$$f(\theta_5)=2\pi+3\sin\frac{53}{64}\pi-\frac{159}{64}\pi=0.02>0;$$

接着：

$$\theta_6=\frac{1}{2}(\theta_4+\theta_5)=\frac{1}{2}\left(\frac{53}{64}\pi+\frac{27}{32}\pi\right)=\frac{107}{128}\pi,$$

$$f(\theta_6)=2\pi+3\sin\frac{107}{128}\pi-\frac{321}{128}\pi=-0.11\cdots\cdots<0;$$

$$\theta_7=\frac{1}{2}(\theta_5+\theta_6)=\frac{1}{2}\left(\frac{107}{128}+\frac{53}{64}\right)\pi=\frac{213}{256}\pi,$$

$$f(\theta_7)=2\pi+3\sin\frac{213}{256}\pi-\frac{639}{256}\pi=-0.047\cdots\cdots<0;$$

于是，θ^* 在 θ_7 与 θ_5 之间。如果取 θ_5 与 θ_7 的平均值

$$\theta_s=\frac{1}{2}(\theta_5+\theta_7)=\frac{1}{2}\left(\frac{53}{64}\pi+\frac{213}{256}\pi\right)$$

$$=\frac{425}{512}\pi\approx0.83\pi\approx2.608$$

为 θ^* 的近似值，误差不超过

$$\frac{1}{2}|\theta_7-\theta_5|=\frac{1}{2}\left|\frac{213}{256}\pi-\frac{53}{64}\pi\right|=\frac{\pi}{512}<0.007,$$

已经相当准确了。如果你对它还不满意，可以如法继续对分下去。每分一次，误差就少了一半。

对分法的特点是稳扎稳打。只要方程左端随未知数的变化而连续变化，而且找到两个值使左端变号，最后总能捉到一个根。不过，有时可能还有别的根，这就要用别的办法来确定了。

可惜，对分法要算较多的次数。也就是说“收敛”得还比较慢。那能不能快一点呢?

略加改进，立见效果

观察图 3，曲线的左端离横轴要远些，右端近些。你会猜到：曲线和横轴的交点很可能偏左一点。偏多少呢？就说不定了。

比较方便的办法是像图 3 那样，连一条弦 AB，再求出 AB 月与横轴的交点 M。设 M 的横坐标是 $\theta\sim0$，根据相似三角形对应边成比例，可以求出：

$$\tilde{\theta}_0=\frac{f(0)}{f(0)-f(\pi)}\cdot\pi=\frac{2\pi}{3\pi}\cdot\pi=\frac{2\pi}{3}$$

这比刚才的 $\theta_0=\frac{\pi}{2}$ 果然要强些。

如图 3，进一步求点 $C(\tilde{\theta},F(\tilde{\theta}_0))$ 与 B 连成的弦与横轴之交点 M_2，M_2 的横坐标

$\tilde{\theta}_1$，为：

$$\tilde{\theta}_1 = \tilde{\theta}_0 + \frac{f(\tilde{\theta})}{f(\tilde{\theta}_0) - f(\pi)} = \frac{2\pi}{3} + \frac{2.6}{2.6+\pi} \cdot \frac{\pi}{3}$$

$$= 0.818\pi。$$

因为 $f(\tilde{\theta}) \approx 0.2 > 0$，所以 θ^* 在 $\tilde{\theta}_1$ 与 π 之间。再做一次，求出：

$$\tilde{\theta}_2 = \tilde{\theta}_1 + \frac{0.2}{0.2+\pi}(\pi - 0.818\pi) = 0.829\pi。$$

因为 $|f(\tilde{\theta}_2)| < 0.0053$，而 $|F(\theta_8)| > 0.012$，可见 $\tilde{\theta}_2$ 比 θ_3 要更好一点。但是，求 θ_8 要计算 8 次 $F(\theta)$，而求 $\tilde{\theta}_2$ 才算了 3 次。

这种改进的方法叫弦法。它比二分法收敛得快，但程序略微复杂一些。

顺藤摸瓜
——数值模拟浅谈

“计算机里”的振动

天花板上挂一根螺旋弹簧，弹簧下端是一个质量为 10 克的小球。要是没有这个小球，弹簧会短一点，只有 20 厘米长。加上小球，弹簧变成 25 厘米长了！如果用手向下拉这个小球，把弹簧再拉长 5 厘米，变成 30 厘米，再一松手，会发生什么情况呢？

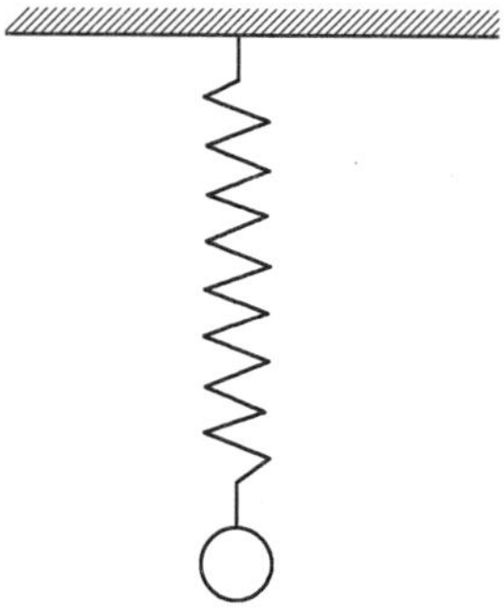

图 1

当然，弹簧会忽长忽短，小球会一上一下地跳动。那么，小球跳动的具体情形又是怎样的呢？究竟多长时间跳一次？它的速度最大是多少？如果在松开手半秒钟的时刻，小球在什么地方？

这些问题可以用几种办法解决：用高速摄影机拍下影片，再用常速放映，然后仔仔细细地观察、测量，这是实验的方法；列出微分方程，把方程解出来后，就知道小球运动的全部动态，这是理论方法。对于这个例子，理论方法是可以彻底把它弄清楚的，但更多的科学技术问题，由于太复杂了，理论上目前无法解决。用实验的方法，不仅花钱太多，而且有些情况也看不清、测不准。怎么办呢？可以用计算机来帮忙，用数值计算将那些随时间而变化的现象精确地再现出来，这叫做“计算机仿真”或“数值模拟”。

要模拟，需先把小球受力的情况弄清楚。我们用厘米、克、秒制单位来讨论。10 克重的小球使弹簧伸长 5 厘米，可见弹簧每伸长 1 厘米产生的弹力是 $2g$ 达因。用 $u(t)$ 表示弹簧在时刻 t 的伸长量，这时小球所受向上的拉力是 $2gu(t)$ 达因，向下的重力是 $10g$。如果把向下的方向当做正方向，小球在时刻 t 所受的总力就是 $F(t)=10g-2gu(t)$ 达因。根据牛顿的第二定律，$F=ma$，这时小球的加速度 $a(t)=\frac{F(t)}{m}=g-\frac{gu(t)}{5}=g\left(1-\frac{u(t)}{5}\right)$。

以下讨论的基本依据就是这个等式

$$a(t)=g\left(1-\frac{u(t)}{5}\right) \tag{1}$$

假定现在是时间的开始 $t=0$。松手的一瞬间，小球速度为 0，弹簧伸长量是 10 厘米。按（1），加速度是 $-g$。但这仅仅是瞬间的情形，刹那间情形就变了，弹簧缩短了，向上的加速度变小而向上的速度变大了。怎样才能抓住这迅速变化的镜头呢？电影里的慢镜头给我们以启发，慢镜头是用高速拍摄的，1 秒钟里拍下几百个画面，就可以慢慢观察了。

那么，我们也来个高速拍摄吧！把 1 秒分成 100 份，看看在 0.01 秒里会发生什么事。

第一个 0.01 秒里，就算加速度保持一开始的势头 $-g$ 吧，反正时间短暂，变化不大。那么，0.01 秒末小球上升的速度就是 $0.01g$（厘米/秒），又因初速为 0，平均速度就是 $0.005g$（厘米/秒）这就能估出在这 0.01 秒里，小球上升的距离是 $0.01\times0.005g$（厘米）$=0.049$（厘米），即上升半毫米差一点。于是在

0.01 秒末，弹簧伸长量减少到了（10−0.049）=9.951（厘米）。

第二个 0.01 秒开始时，加速度为

$$a=g\left(1-\frac{9.951}{5}\right)=-0.9902g\ （厘米/秒^2）$$

相应地，第二个 0.01 秒末速度成为

$$\begin{aligned}V&=-0.01g+[0.01\times(-0.9902g)]\\&=-0.019902g\ （厘米/秒）\end{aligned}$$

因而又可以求出第二个 0.01 秒内的平均速度为

$$-\frac{1}{2}(0.01+0.019902)g=-0.014951\ （厘米/秒）$$

这样，不断地窥伺变化趋势，顺藤摸瓜，便可以大致地弄清小球的运动状况。

这样一步一步地算太费事了，还是让计算机来干吧。设 A_n、U_n、V_n 分别表示第 n 个 0.01 秒末的加速度。弹簧伸长量和速度，则按上面的讨论便能写出递推公式

$$\begin{cases}A_n=\left(1-\dfrac{U_n}{5}\right)g\\V_n=V_{n-1}+0.01A_{n-1}\\U_n=U_{n-1}+0.01\times\left(\dfrac{V_{n-1}+V_n}{2}\right)\\V_0=0,\ U_0=10,\ A_0=-g\end{cases}\tag{2}$$

有了公式（2），从 V_{n-1} 与 A_{n-1} 可求出 V_n，从 U_{n-1} 和 V_{n-1}、V_n 可求出 U_n，从 U_n 又求出 A_n。按这个公式编出计算机程序：

```
10    INPUT "U="; U, "V="; V, "D="; D, "N="; N
20    FORI=0TON
30    A=(1-W/5)*980
40    LPRINTI; "",; U; ""; V
50    X=V+D*A
```

```
60      U=U+D* (V+X) /2
70      V=X
80      NEXTI
90      END
```

这里输入的 U 和 V 表示开始时弹簧伸长的程度和小球速度；D 是“每拍一个镜头”的时间间隔，N 是“拍摄”的次数。我们取 $V=0$，$U=1$，为了更准确，每秒拍 1000 次，即取 $D=0.001$，每计算 50 次打印出时间、弹簧伸长度、小球速度，结果如下：

时间	弹簧伸长度	小球速度
0	10	0
0.05	8.822340718	−45.20528465
0.1	5.836835507	−69.32035185
0.15	2.442135885	−60.87244277
0.2	0.2366799781	−23.68442384
0.25	0.2660822374	24.85239386
0.3	2.527457961	61.91082935
0.35	5.9656333	69.96311978
0.4	8.965443595	45.07050092
0.45	10.11046022	−1.193096642
0.5	8.851749067	−47.12143963
0.55	5.770929161	−71.05973588
0.6	2.311518552	−61.61414636
0.65	0.1026140023	−23.07386675
0.7	0.1917567504	26.53400346
0.75	2.548207515	63.87594904
0.8	6.072142403	71.28667666
0.85	9.107919233	45.12534631
0.9	10.22190821	−2.439051518
0.95	8.879474293	−49.0871724
1	5.701449203	−72.82202745

一看便知，弹簧伸长度开始逐渐缩短，到了 0.2 与 0.5 秒之间弹簧伸长度几乎为 0，然后又增加，到 0.45 秒时，又伸长到开始的 10，以后又缩短，小球差不多以每秒 2.2 次的频率作振幅为 10 厘米的上下振动。

如果一边计算一边让小球的位置显示在屏幕上，便能直接看到“小球”在“计算机里”振动了。

借书要等多久

小商店里有两位售货员，如果平均每小时有 20 位顾客，而接待一位顾客要花去一位售货员 5 分钟的时间，那么，售货员忙不忙？顾客平均要等多少时间？

这在数学里叫做排队问题，研究这类问题能帮我们决定究竟设多少服务人员才合理。谁也不知道顾客什么时刻到来，也就是说，在某一分钟里顾客来不来是“随机事件”，平均每小时来 20 位，那么某一分钟里顾客到来的概率是$\frac{20}{60}=\frac{1}{3}$。

计算机可以产生在 0 与 1 之间均匀分布的随机数 G，而 $G<\frac{1}{3}$ 的概率恰好也是$\frac{1}{3}$。这就是让计算机产生一个一个的随机数 G，$G<\frac{1}{3}$ 表示来了一位顾客，$G>\frac{1}{3}$ 表示这一分钟里没有顾客。

商店的状况可以用三个数刻画：

A——一号售货员情形。$A=0$ 表示他闲着；$A=K$ 表示还要为某个顾客再服务 K 分钟，显然，$K=0$、1、2、3、4、5。

B——二号售货员情形。

C——等待服务的顾客数目。

我们一分钟一分钟地计算，为了方便，假设服务是在每一分钟末尾开始的。刚上班，$A_0=B_0=C_0=0$，第一分钟末尾情形如何呢，如果来了一位顾客，则 $A_1=5$，$B_1=C_1=0$。如果不来顾客，仍然 $A_1=B_1=0$。第二分钟末尾，如果又来一位顾客，则 $A_2=4$，$B_2=5$，$C_2=0$。第三分钟末尾，再来顾客时 $A_3=3$，$B_3=4$，$C_3=1$，开始有人等待了。

一般地，用 $\{A_n, B_n, C_n\}$ 表示第 n 分钟末商店的状况，则可以找到由 A_n、B_n、C_n 计算 A_{n+1}、B_{n+1}、C_{n+1} 的递推公式。用 D_n 记 0 或 1；在第 $n+1$ 分钟里有客人来，则 $D_n=1$，否则 $D_n=0$，于是

$$\begin{cases} A_{n+1}=(A_{n-1})\mathrm{Sgn}A_n+ \\ \qquad 5[1-\mathrm{Sgn}A_n(A_n-1)]\mathrm{Sgn}(D_n+C_n) \\ B_{n+1}=(B_n-1)\mathrm{Sgn}B_n+5\Big[(1-\mathrm{Sgn}B_n(B_n \\ \qquad -1))\mathrm{Sgn}(D_n+C_n-\mathrm{Sgn}\left(\dfrac{A_n+1}{5}\right)\Big] \\ C_{n+1}=C_n+D_n-\mathrm{Sgn}\left[\dfrac{A_n+1}{5}\right]-\mathrm{Sgn}\left[\dfrac{B_n+1}{5}\right] \end{cases}$$

这里 $\mathrm{Sgn}x$ 当 $x>0$ 时为 1，$x<0$ 时为 -1，$x=0$ 时为 0，而 $[x]$ 表示 x 的整数部分。

上面的递推公式意思是；当顾客到来时，如果 1 号售货员闲着，1 号开始服务，如果 2 号闲着而 1 号忙着则 2 号服务，两位售货员都忙，则顾客等待。

用 BASIC 语言编出程序，模拟计算 60 分钟内服务的总时间，并统计出顾客总数 N，总的等待时间 w，1 号和 2 号的空闲时间 T_1 和 T_2。

程序是这样的：输入的 P、K、F 分别代表 1 分钟内来 1 位顾客的概率、模拟时间（K 分钟）及服务时间（F 分钟），这个例子里，$F=\dfrac{1}{3}$，$K=60$，$F=5$。（因为用了符号 SGN，我们只用 12 行就完成了这个程序）

```
10  INPUT “P=”；P，“K=”；K，“F=”；F
15  D=0：N=0：W=0：T1=0：T2=0：A=0：B=0：C=0
20  FORI=0TOK
21  N=N+D：W=W+C：T1=T1+1-SGN A：T2=T2+1-SGNB
22  PRINTI；“”；D；“”；A；“”,；B；“”；C
```

```
25  D=1-SGN (INT (RND/P))
30  A= (A-1) *SGN A+F* (1-SGNA* (A-1)) *SGN (D+C)
40  B= (B-1) *SGNB+F* (1-SGN (B*B-1)) *SGN (D+C)
-SGN (INT (A/F))
50  C=C+D-SGN (INT (A/F)) -SGN (INT (B/F))
60  N EXTI
65  LPRIN了 "N="; N, "W="; W, "W/60="; W/60 "T1="; T1,
"T2="; T2
70  END
```

有些书上这个问题的程序有 52 行之多。如要打印出整个过程，把 22 行的 PRINT 改成 LPRINT 就行了。

为便于弄清过程的意义，我们把打印出的 60 分钟模拟动态列出，结果顾客平均等待时间仅 0.12 分钟。

	D	A	B	C		D	A	B	C		D	A	B	C
0	0	0	0	0	22	1	3	5	0	44	1	1	2	1
1	0	0	0	0	23	1	2	4	1	45	0	5	1	0
2	1	5	0	0	24	0	1	3	1	46	0	4	0	0
3	0	4	0	0	25	1	5	2	1	47	0	3	0	0
4	0	3	5	0	26	0	4	1	1	48	1	2	5	0
5	0	2	4	0	27	0	3	5	0	49	0	1	4	0
6	0	1	3	0	28	1	2	4	1	50	0	0	3	0
7	1	0	2	0	29	0	1	3	1	51	0	0	2	0
8	0	0	1	0	30	0	5	2	0	02	0	0	1	0
9	1	5	0	0	31	0	4	1	0	53	0	0	0	0
10	0	4	0	0	32	0	3	0	0	54	0	0	0	0
11	0	3	5	0	33	0	2	0	0	55	0	0	0	0
12	1	2	4	0	34	1	1	5	0	56	0	0	0	0
13	0	1	3	0	35	0	0	4	0	57	1	5	0	0
14	1	5	2	0	36	0	0	3	0	58	0	4	0	0
15	0	4	1	0	37	0	0	2	0	59	0	3	0	0
16	0	3	5	0	38	0	0	1	0	60	0	2	0	0
17	0	2	4	0	39	0	0	0	0	N=17				

18	1	1	3	0	40	1	5	0	0	W=7
19	9	0	2	0	41	1	4	5	0	W/60
20	0	5	1	0	42	0	3	4	0	=0.1166666667
21	0	4	0	0	43	0	2	3	0	T1=17
										T2=21

再模拟几次，结果是：

(1)	(2)	(3)
$N=17$	$N=22$	$N=21$
$W=27$	$W=25$	$W=18$
$W/60=0.45$	$W/60=0.4166666667$	$W/60=0.3$
$T_1=16$	$T_1=10$	$T_1=6$
$T_2=23$	$T_2=23$	$T_2=18$
(4)	(5)	(6)
$N=14$	$N=18$	$N=21$
$W=3$	$W=15$	$W=48$
$W/60=0.05$	$W/60=0.25$	$W/60=0.8$
$T_1=18$	$T_l=16$	$T_l=10$
$T_2=36$	$T_2=23$	$T_2=11$

顾客平均等待时间不到半分钟，这说明两位售货员是足够了。

由小见大，举一反三

从上面两例可见，数值模拟动态过程的基本方法是：第一步是确定描述事物状态的一组数。在小球振动问题中。这组数是 U、V（A 可以由 U 算出）；在售货员服务问题中，这组数是 A、B、C。

第二步是划分时间间隔，找出描述事物状态的那组数随时间变化而变化的递推公式。

第三步是编出程序，上机计算。

对于更复杂的问题，基本手段仍是这样，不过状态要用数以千、万计的数来描述就是了。

数值模拟在科学研究和工程技术中用途很广。气象预报、生态调查、市场预测、核试验、飞机设计……都少不了它，随着计算机技术的发展和计算方法的改进，被称为“第三手段”的数值模拟（第一、第二手段是科学实验和理论研究）将发挥越来越大的作用。

科学计算，屡建奇功

从一个小问题看三大手段

这里有一个简单的问题，如果要你裁一块面积为2平方米的正方形铁皮或纸板，你有几种方法呢？

不妨设想一下：

方法之一，是动手来做。比如，找两块面积为1平方米的正方形纸板，对剪裁开，成四个三角形，四个三角形如图1那样一凑，就形成一个面积为2平方米的正方形，按这个正方形的大小去裁就是了。

你别瞧不起这种笨方法。这叫做实验方法。科学实验，是人类认识世界、改造世界的基本方法之一。很多新发明，例如电灯、电话，就是靠多次实验才成功的。

在科学研究中系统地引进实验方法，这一大功劳首推意大利的物理学家伽利略。

实验方法虽不可缺少，但要花钱花力气。如果多想想，想好了再干，也许可

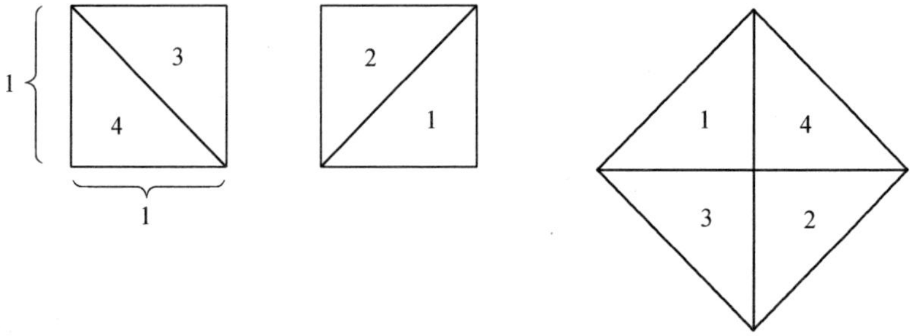

图 1

以少实验几次，甚至不做实验而一举成功！现在不是要裁一块面积为 2 平方米的正方形纸板吗？好，设这个正方形的面积是 2 平方米，边长是 x 米，列出方程：

$$x^2=2$$

解出 $x=\pm\sqrt{2}$，把负根舍去，得 $x=\sqrt{2}$。只要裁出一个边长为$\sqrt{2}$米的正方形就可以了。

这个办法叫做理论研究方法。理论研究能够举一反三，由小见大，透过现象见本质，根据过去看将来。牛顿的三大定律、万有引力定律等，奠定了力学和物理学的基础，是在科学研究中系统运用理论手段的第一个里程碑。

可惜，世界上还有很多事情，由于因素太多，关系太复杂，理论上还理不出头绪来。有的是列不出方程，有的是列出方程解不开，有的解出来了仍不能用。

什么叫解出来不能用呢？

刚才解出来 $x=\sqrt{2}$（米），这个$\sqrt{2}$倒很精确。可是它到底是多大呢？如果只知道它是一个自乘之后得 2 的正数，那等于仍旧什么都不知道，而只是有了个$\sqrt{2}$的定义。这里就有个计算方法问题。研究计算方法，这个任务就落在“科学的皇后和女仆”——数学身上。

总之，只有科学实验和理论研究这两手是不够用的。在科学研究和工程技术中大量地应用计算手段，是近几十年的事。美国数学家冯·诺伊曼主持下设计制造了世界上第一台电子计算机，并用它解决原子弹设计中的大规模计算问题，预示着人类认识世界和改造世界的第三种手段——科学计算——作为一个重要角色而登上科技舞台。

计算方法，大有讲究

用计算手段研究科学技术与工程设计中的问题，这是一门新兴的大学科，它的总名叫做“科学与工程计算”，简称“科学计算”。

它有一大串分支——计算数学、计算力学、计算物理、计算化学、计算地震学……几乎每门学科都能用上计算，用上之后，往往就会产生新的边缘学科。

就拿$\sqrt{2}$的计算来说，这里面就大有讲究，最容易想到的方法是“试着来”。

因为$1^2<2$，$2^2>2$，所以$1<\sqrt{2}<2$，

再算1. 1、1. 2、1.3、1.4……的平方、算了5次，发现2在1.4^2与1.5^2之间，所以$1.4<\sqrt{2}<1.5$。

再算1.141、1.12的平方，这次运气好，只算两次，就知道$1.41<\sqrt{2}<1.12$。

又算5欠，知道$1.414<\sqrt{2}<1.415$；

又算3次，知道$1.4142<\sqrt{2}<1.4143$。

总共算了$(3+5+2+5)=15$次乘法，知道$1.4142<\sqrt{2}<1.4143$。由此得$\sqrt{2}\approx1.41425$，误差不超过0.00005。

再看另一种方法：因为$(\sqrt{2})^2=2$，故得

$$(\sqrt{2})^2-1=1,\ (\sqrt{2}-1)(\sqrt{2}+1)=1。$$

因此 $$(\sqrt{2}-1)=\frac{1}{1+\sqrt{2}}。$$

两端平方得 $$(3-2\sqrt{2})=\frac{1}{3+2\sqrt{2}},$$

两端再平方得 $$(17-12\sqrt{2})=\frac{1}{17+12\sqrt{2}},$$

两端又平方得 $$(577-408\sqrt{2})=\frac{1}{577+408\sqrt{2}},$$

两端同用 408 除得

$$0<\left(\frac{577}{408}-\sqrt{2}\right)=\frac{1}{408\times(577+408\sqrt{2})}<\frac{1}{400\times 100}。$$

可见，用$\frac{577}{408}=1.414215686\cdots\cdots$作为$\sqrt{2}$的近似值，误差不超过 0.0000025，比刚才的误差不超过 0.00005 的 1.41425 好多了。其中，每做一次平方，要算 3 次乘法和 1 次加法，最后算出$\frac{577}{408}\approx 1.414216$，还要做一次除法，所以总共用了 9 次乘法、三次加法、一次除法，比前一种方法要快一些。

能不能更快一点呢?

已知 $1<\sqrt{2}<2$，取 1 与 2 的平均值 1.5，用 1.5 去除 2：

$$\frac{2}{1.5}=1.3333\cdots\cdots$$

可见 $1.33<\sqrt{2}<1.5$，再取 1.33 与 1.5 的平均$\frac{1}{2}(1.33+1.5)=1.415$，又用 1.415 去除 2。

$$\frac{2}{1.415}\approx 1.41343$$

再取 1.415 与 1.41343 的平均值

$$\frac{1}{2}(1.415+1.41343)=1.414215$$

这里一共用了两次除法，三次取平均，便惊人地达到了误差不超过 0.000002 的地步，因为$\sqrt{2}\approx 1.414213562$，这里写出的都是有效数字。

最后这个方法有什么根据呢?

如果 a 是$\sqrt{2}$的近似值，误差为 h，即

$$a+h=\sqrt{2}。$$

于是 $a=\sqrt{2}-h$，$2=\sqrt{2}(a+h)$，故：

$$\frac{1}{2}\left(a+\frac{2}{a}\right)$$

$$=\frac{1}{2}\left\{\sqrt{2}-h+\sqrt{2}\left(1+\frac{h}{a}\right)\right\}$$

$$=\frac{1}{2}\left(2\sqrt{2}-h+\frac{\sqrt{2}}{a}h\right)$$

$$=\frac{1}{2}\left\{2\sqrt{2}-h+\frac{(a+h)\ h}{a}\right\}$$

$$=\sqrt{2}+\frac{h^2}{2a}。$$

由此可见，a 与 $\frac{2}{a}$ 的平均值与 $\sqrt{2}$ 的误差为 $\frac{h^2}{2a}$ 。例如，1.5 与 $\sqrt{2}$ 的误差绝对值不超过 0.1，取 1.5 与 $\frac{2}{1.5}$ 的平均，误差便小于 $\frac{(0.1)^2}{3}$ 了。

由小见大，不同的方法，效果大不相同！问题简单些，人还可以用手做，复杂的问题要做亿万次运算。面对数字的海洋，出现了计算机，使数学家的设想变成了现实。科学家多了这个第三手段，真是如虎添翼了。

科学计算的累累功勋

科学计算，已经给我们带来巨大的好处。

我国人口的发展趋势问题，科学计算作出了科学回答，为国家制订人口政策提供了依据。国民经济各部门关系错综复杂。如炼钢要用铁矿石，要用电；开采铁矿要用机器，用钢铁，用电；发电设备又要用铁，等等。如何预测国民经济各部门的结构与比例的变化趋势？如何控制调整使结构合理？科学家经过调查研究，建立了“国家宏观经济最优控制模型”，这个模型包含了 3582 个方程，经过大规模的科学计算，对 1985—2000 年我国国民经济发展趋势作出了预测。水电站的混凝土大坝上的缝隙要灌浆，一般自放完水再灌浆，要停电半年到一年。科学计算为此就计算出灌浆不放水的技术要求与控制数据，在四川龚嘴水电站用这个方法，每年多发电上亿度，折合人民币约 800 万元！1981 年，四川连降暴雨，特大洪水威胁长江中下游安全，当时提出了“荆江分洪”的应急方案。但分洪要淹农田迁居民，耗资上亿；不分洪呢，说不定有更大洪灾损失。根据气象数据，科学计算帮人们果断决策：可以不分洪！使60万亩田免遭水淹，40万人避免搬迁，仅搬迁费就节省亿元。用科学计算模拟核爆炸，在计算机上进行“核试验”，百万元经费能顶1亿用！用科学计算手段设计飞机，用计算机部分地代替耗资巨大的风洞试验，省时省钱，飞机性能也大大提高。科学计算用在大水坝的设计上，就可以不用耗资费时的模型试验了。数值方法使设计更加合理，又快又好，往往能节省30%的混凝土。寻找地下的油气资源，弄清蛋白质分子的结构以及气象预报、建筑工程、化工、资源调查等都离不开科学计算。

利用十进小数构造的处处连续处处不可微的函数的例子[①]

我们常见到的连续函数，除了在个别点之外，总是可微的。因此，在历史上曾有相当长的一段时间，数学家们猜想：连续函数是不会处处不可微的。后来，维尔斯特拉斯（Wierstrass）利用函数项级数举出一个处处连续但处处不可微的函数的例，使人们大开眼界，进一步认识到“连续”与“可微”这两个概念之间的深刻差异。

一般的微积分教科书上，有时虽然也提到函数可以处处连续但处处不可微这一事实，由于维氏的例子的证明比较复杂，而且要用到函数项级数及其一致收敛性的概念，故常常不加以介绍。

但是，在学习微积分时，常常有同学提出“这种处处连续但处处不可微的函数究竟是什么样子呢?”觉得难以想象。

---

① 本文是根据作者 1955 年在北大数学力学系读书时（与杨路合作）所作的一个例改写而成的。

本文提供一个用十进小数构造的处处连续但处处不可微函数的例。其证明中只用到极限概念，连续及可微的定义。这样，可使对此有兴趣的同学在学习无穷级数之前便了解这种例子。

我们知道，每一个实数，I 都可以用十进位无穷小数表示：

$$x=a_0 \cdot a_1a_2a_3\cdots\cdots a_k\cdots\cdots$$

$$=a_0+\lim_{n\to+\infty}\sum_{k=1}^{n}\frac{a_k}{10^k}$$

这里 $a_0=[x]$，即 x 的整数部分，而 a_k 是不大于 9 的非负整数。

用 $\{x\}$ 表示 x 的小数部分，即 $\{x\}=x-[x]$，然后引入一个函数

$$f_0(x)=\left(1-\left[\frac{a_1}{5}\right]\right)\{x\}+\left[\frac{a_1}{5}\right](1-\{x\})$$

这里，$\left[\frac{a_1}{5}\right]$表明的整数部分，显然有

$$f_0(x)=\begin{cases}\{x\} & \left(\{x\}\leqslant\frac{1}{2}\right)\\ 1-\{x\} & \left(\{x\}\geqslant\frac{1}{2}\right)\end{cases}$$

因此，$f_0(x)$的定义由 x 确定。这个说明是必要的，因为有时 x 的十进小数表示不是唯一的。

例如：

$$x=0.4999\cdots\cdots=0.5000\cdots\cdots$$

这两种表示之下，尽管 a_1 不同，但都有 $f_0(x)=\frac{1}{2}$，即：不同的表示不影响 $f_0(x)$ 的定义。显然，$f_0(x)$在$(-\infty,+\infty)$上处处连续，以 1 为周期，$0\leqslant f_0(x)\leqslant\frac{1}{2}$ 而且有下列性质：

(1)若 $\{x+y\}=0$，则 $f_0(x)=f_0(y)$

(2) $|f_0(x)-f_0(y)|\leqslant|\{x\}-\{y\}|$

这里性质（2）是显然的，性质（1）可这样来证明：

若 x、y 都是整数，显然有 $f_0(x)=f_0(y)$；若 x 不是整数，则由 $\{x+y\}=0$ 可知 $\{x\}+\{y\}=1$，若 $\{x\}\leqslant\frac{1}{2}$，则 $\{y\}\geqslant\frac{1}{2}$，按定义：

$$f_0(y)=1-\{y\}=\{x\}=f_0(x),$$

同理：若 $\{x\}\geqslant\frac{1}{2}$，有 $f_0(x)=1-\{x\}=\{y\}=f_0(y)$；性质(1)证毕。

然后定义：

$$f_n(x)=10^{-n}f_0[10^n x],\ (n=0,1,2\cdots\cdots)$$

由 $f_0(x)$ 的性质可知 $f_n(x)$ 在 $(-\infty,+\infty)$ 上处处连续，以 10^{-n} 为周期，$0\leqslant f_n(x)\leqslant\frac{1}{2}\cdot 10^{-n}$，而且：

$$\begin{cases}(3)\text{若}\{10^N(x+y)\}=0,\text{则 } f_n(x)=f_n(y),\\(4)\ |f_n(x)-f_n(y)|\leqslant|\{x\}-\{y\}|\end{cases}$$

令

$$\begin{cases}S_n(x)=\sum\limits_{k=0}^{n}f_k(x)\\S(x)=\lim\limits_{n\to+\infty}S_n(x)\end{cases}$$

我们将证明：$S(x)$ 是定义于 $(-\infty,+\infty)$ 上的处处连续但处处不可微的函数。

证明分三步：

第一，$S(x)$ 对一切 $x\in(-\infty,+\infty)$ 都有定义，这是因为由定义知对任一 x，$S_n(x)$ 是单调增的数列：

$$S_{n+1}(x)-S_n(x)=f_{n+1}(x)\geqslant 0,$$

另一方面，由 $f_k(x)\leqslant\frac{1}{2}\times 10^{-k}$

$$S_n(x)\leqslant\frac{1}{2}+\frac{1}{2\times 10}+\frac{1}{2\times 10^2}+\cdots+\frac{1}{2\times 10^n}<1$$

故数列 $S_1(x),S_2(x),\cdots,S_n(x)\cdots\cdots$ 是单调增有上界的，从而 $\lim\limits_{n\to+\infty}S(x)$ 存在，即 $S(x)$ 对一切 x 有定义。

第二，$S(x)$ 在 $(-\infty,+\infty)$ 上连续，为此，我们只要证明：对任给的 $\varepsilon>O$，可以

找到 $\delta>0$，使当 $|x_1-x_2|<\delta$ 时，必有 $|S(x_1)-S(x_2)|<\varepsilon$ 即可，

对任给的 $\varepsilon>0$，总可以取自然数 $N>0$ 足够大，以致使 $10^{-N}<\frac{\varepsilon}{8}$，再取 $\delta=\frac{\varepsilon}{2N}>0$，当 $|x_1-x_2|<\delta$ 时，我们有（不妨设 $N<n$）

$$|S(x_1)-S(x_2)|=\lim_{n\to+\infty}|S_n(x_1)-S_n(x_2)|$$

$$=\lim_{n\to+\infty}\left|\sum_{k=0}^{n}f_k(x_1)-\sum_{k=0}^{n}f_k(x_2)\right|$$

$$=\lim_{n\to+\infty}\left|\sum_{k=0}^{N-1}(f_k(x_1)-f_k(x_2))+\sum_{k=N}^{n}(f_k(x_1)-fk(x_2)\right|$$

$$\leqslant\lim_{n\to+\infty}\left(\sum_{k=0}^{N-1}|f_k(x_1)-fk(x_2)|+\sum_{k=N}^{n}(|f_k(x_1)|+|f_k(x_2)|)\right)$$

$$\leqslant\lim_{n\to+\infty}\left(\sum_{k=0}^{n-1}|x_1-x_2|+\sum_{k=N}^{n}(2\times10^{-k}+2\times10^{-k})\right)$$

$$\leqslant\lim_{n\to+\infty}(N\delta+10^{-N}\times2)\leqslant\frac{\varepsilon}{2}+\frac{\varepsilon}{4}<\varepsilon$$

从而证明了 $S(x)$ 是处处连续的。

第三，也是最后的一步，我们来证明 $S(x)$ 是处处不可微的。

任取一点 $x^*=[x^*]\cdot a_la_2\cdots\cdots a_k\cdots\cdots$

$$=[x^*]+\lim_{n\to+\infty}\sum_{k=1}^{n}\frac{a_k}{10^k}$$

作一个数列 $\{x_m\}$，使：

$$x_m=[x^*]\cdot a_1a_2\cdots\cdots a_mb_{m+1}b_{m+2}\cdots\cdots$$

$$=[x^*]+\sum_{k=1}^{m}\frac{ak}{10^k}+\lim_{n\to+\infty}\sum_{k=m+1}^{n}\frac{b_k}{10^k}$$

（这里 $b_k=9-a_k$）

则数列 $\{x_m\}$ 有如下性质：

ⅰ）当 $n\geqslant m$ 时，$f_n(x_m)=f_n(x^*)$。这是因为按定义(7)，有 $\{10^n(x^*+x_m)\}=0$ 之故。

ⅱ）当 $n<m$ 时，$10^n(x_n-x^*)=\{10^nx_n\}-\{10^nx^*\}$，

这是因为$|x_m-x^*|\leqslant 10^{-m}$之故

ⅲ）由ⅱ）易知当$m\to+\infty$时．$x_m\to x^*$，

如果$S'(x^*)$存在，则应当有：

$$\lim_{m\to+\infty}\frac{S(x_m)-S(x^*)}{x_n-x^*}=S'(x^*)$$

但是：

$$S(x_m)-S(x^*)=\lim_{n\to+\infty}S_n(x_m)-\lim_{n\to+\infty}S_n(x^*)$$

$$=\lim_{n\to+\infty}(S_n(x_m)-S_n(x^*))$$

$$=\lim_{n\to+\infty}\left(\sum_{k=0}^{n}(f_k(x_m)-f_k(x^*)\right)$$

$$=\lim_{n\to+\infty}\left(\sum_{k=0}^{m-1}(f_k(x_m)-f_k(x^*))+\sum_{k=m}^{n}(f_k(x_m)-f_k(x^*)\right)$$

$$=\sum_{k=0}^{m-1}(f_k(x_m)-f_k(x^*))$$

这是因为当$k\geqslant m$时，f_k（x_m）$=f_k$（x^*）之故，（性质i）。

从(8)出发，再应用$f_k(x)$及$f_0(x)$之定义即可得：

$$(9)\ S(x_m)-S(x^*)=\sum_{k=0}^{m-1}(f_k(x_m)-f_k(x^*)]$$

$$=\sum_{k=0}^{m-1}10^{-k}(f_0(10^kx_m)-f_0(10^kx^*))$$

（但当$k<m$时，$\{10^kx_m\}=0,a_{k+1}a_{k+2}\cdots a_mb_{m+1}\cdots$

$\{10^kx^*\}=0.a_{k+1}a_{k+2}\cdots$，故：）

$$=\sum_{k=0}^{m-1}10^{-k}\left((1-\left[\frac{a_{k+1}}{5}\right]\right)\{10^kx_m\}+\left[\frac{a_{k+1}}{5}\right](1-\{10^kx_m\})$$

$$-\left(1-\left[\frac{a_k+1}{5}\right]\right)\{10^kx^*\}-\left[\frac{a_k+1}{5}\right](1-\{10^kx^*\}))$$

$$=\sum_{k=0}^{m-1}10^{-k}\left(\left(1-\left[\frac{a_k+1}{5}\right]\right)(\{10^kx_m\}-\{10^kx^*\})-\left[\frac{a_k+1}{5}\right](\{10^kx_m\}-\{10^kx^*\})\right)$$

$$=\sum_{k=0}^{m-1}10^{-k}\left(1-2\left[\frac{a_k+1}{5}\right]\right)(\{10^k x_m\}-\{10^k x^*\})$$

$$=(x_m-x^*)\sum_{k=0}^{m-1}\left(1-2\left[\frac{a_k+1}{5}\right]\right)$$

这最后一步是由于数列 $\{x_m\}$ 的性质ⅱ)，有

$$\{10^k x_m\}-\{10^k x^*\}=10^k(x_m-x^*)\qquad(k<m)$$

之故。由（9）立得：

$$\frac{S(x_m-S(x^*)}{x_m-x^*}=\sum_{k=0}^{m-1}\left(1-2\left[\frac{a_k+1}{5}\right]\right),$$

但$\left|\left(1-2\left[\frac{a_k+1}{5}\right]\right)\right\}=1$，故上式当 $m\to+\infty$时不可能有任何有限的极限，即 $S'(x^*)$不存在。

至此，我们的断言全部得到了证明。

函数的连续性和黎曼可积性的关系

大家知道，连续函数一定是有黎曼积分的，也就是说：若 $f(x)$ 是闭区间 $[a, b]$ 上的连续函数，则对于 $[a, b]$ 的任意分法

T：$a=x_0<x_1<\cdots<x_n=b$，

和任取的 $\xi_i\in[x_{i-1}, x_i]$（$i=1, 2, \cdots, n$），如果记：

$$I(T)=\sum_{i=1}^{n} f(\xi_i)(x_i=x_{i-1}),$$

则下列极限

$$\lim_{\triangle(T)\to 0} I(T)=\int_a^b f(x)\,dx$$

存在而且与分法 T、点的取法 ξ_i 无关。这里，

$$\triangle(T)=\max_{1\leqslant i\leqslant n}|x_i-x_i-1|。$$

但是，反过来，在 $[a, b]$ 上可积的函数却不一定在 $[a, b]$ 上处处连续。一般的微积分教程上都指出：在 $[a, b]$ 上只有有限个间断点的有界函数也是可积的，另外，单调函数也是可积的。而单调函数可能有无穷多个间断点，甚至间断点处处稠密。

那么，可积性和连续性之间，究竟有什么样的内在联系呢？

直观看来，可积函数虽然可能有不连续点，但不连续点总不能“太多”。但是，“不能太多”的含意又是什么呢?

这个问题，通常是在实变函数论中，在引入勒贝格测度之后，才得到完满的解答。但是，也可以在初等微积分中，用比较通俗的办法给以解释和论证。由于这个问题是不少学习初等微积分的同学和老师感兴趣的问题，而在一般书刊上却很少谈到，故作者不揣冒昧，介绍下面的初等论证，以供参考。

“0 长度集”的概念

区间 $[a, b]$ 的长度是 $b-a$。如果直线上的点集是由一串区间 Δ_1，Δ_2，…，Δ_n……构成，我们自然觉得，这个点集的“长度”不会超过这一串区间的长度的总和。如果这个点集被这一串区间所覆盖，看来，此点集的“长度”更不应当超过区间长度的总和了。

更进一步，如果能找到长度总和任意小的一串区间把点集 M 覆盖，我们自然认为，点集 M 的总长是 0 了！这就是：

定义 1　M 是直线上的点集。如果对任给的 $\varepsilon>0$，总能找到一串区间 Δ_1，$\Delta_2,\cdots,\Delta_n$……把 M 覆盖，而且对任意的 n，$|\Delta_1|+|\Delta_2|+\cdots+|\Delta_n|<\varepsilon$，我们就说 M 是“0 长度集”，或说，M 具有 0 长度。

显然，有限个点组成之集具有 0 长度，有限个 0 长度集之并仍为 0 长度集。有趣的是，可列个 0 长度集之并仍为 0 长度集。事实上，如果 M_1，$M_2,\cdots$，M_k……都是 0 长度集，令

$$M=\bigcup_{k=1}^{\infty} M_k,$$

对任给的 $\varepsilon>0$，对 M_k 可找到一串区间 $\{\Delta(k)_n\}$，使 M_k $\bigcup\limits_{k=1}^{\infty}\Delta(k)_n$ 覆盖，而且：对任意的 n 有 $|\Delta_1^{(k)}|+|\Delta_2^{(k)}|+\cdots+|\Delta_n^{(k)}|<\frac{\varepsilon}{2^k}$，

这样，所有的 $\Delta_n^{(k)}$（$k=1$，2……；$n=1$，2……）便覆盖了 M，而其中任取

有限个，其总长显然小于 ε。由于有理点可以排成一行：

$$r_1, r_2, \cdots, r_n\cdots\cdots$$

我们可以用长度为 $\frac{\varepsilon}{2^n}$ 的区间 Δ_n 盖住 r_n，这样，Δ_n 的长度之和便不超过 ε，可见，全体有理点之集不过是 0 长度集而已。

有理点看来密密麻麻，到处都是，其实却并不多——“总长为 0”——；这一点，确实叫人感到奇怪，但这却是逻辑的结论！

函数在一点的振幅

如果 $f(x)$ 在区间 Δ 上有界，那么它一定有上界和下界。所有的上界中最小的叫做 f 在 Δ 上的上确界，类似地，最大的下界叫 f 在 Δ 上的下确界。上、下确界分别记记之以 $\sup\limits_{\Delta} f$ 和 $\inf\limits_{\Delta} f$，然后有定义 2：

定义 2 f 在 Δ 上的上、下确界之差，叫做 f 在 Δ 上的振幅，记作 $\omega_f(\Delta)$：

$$\omega_f(\Delta)=\sup_{\Delta} f-\inf_{\Delta} f。$$

显然，对有界函数 f，$\omega_f(\Delta)$ 是非负实数。若 f 在 Δ 上无界，我们说 $\omega_f(\Delta)=+\infty$。

如果 $\Delta_1\in\Delta_2$，那么当然有 $\omega_f(\Delta_1)\leqslant\omega_2(\Delta_2)$。

也就是说，当区间缩小时，f 在此区间上的振幅不会增加。当区间缩小而趋于一点时，我们便可以道出函数在一点的振幅的概念：

定义 3 设 f 在 x_0 的邻域或半邻域有定义。记 $\Delta_\delta=(x_0-\delta, x_0+\delta)$ 则当 $\delta(>0)$ 减小时 $\omega_f(\Delta_\delta)$ 不增，记

$$\omega_f(x_0)=\lim_{\delta\to0^+}+\omega_f(\Delta_\delta),$$

并称 $\omega_f(x_0)$ 为 f 在 x_0 处的振幅，

下面的两个引理读者不难作为练习来证明它：

引理 1 $f(x)$ 在 x_0 连续的充分必要条件是 $\omega_f(x_0)=0$。(间断的充分必要条件是 $\omega_f(x_0)>0$)

引理 2 若 $\lim\limits_{n\to+\infty} x_n = x_0$，而且对一切 n 有 $\omega_f(x_n) \geqslant \alpha$，则必有$\omega_f(x_0) \geqslant \alpha$。①

在证明引理 2 时，只需注意到：对开区间 Δ 若 $x_n \in \Delta$，则必有 $\omega_f(\Delta) \geqslant \omega_f(x_n)$，然后令 $\Delta\to 0$ 取极限即可。

"振幅"的概念是很容易想到的，很自然的概念。f 在 X_0 处振幅的大小，可以看成是 f 在 x_0 处间断性的数量描述。$\omega_f(x_0)$ 越大，f 在 X_0 不连续得越厉害。$\omega_f(x_0)$ 很小，f 便近于连续了。

熟知的黎曼可积充要条件

下面所叙述的 f 在 $[a, b]$ 上可积的充要条件是熟知的，在任何一本较详细的微积分教程中都可以找到它的证明。为了读者的方便，我们还是把结果列举出来。

对于 $[a, b]$ 上的一个分法：

$$T: a = x_0 < x_1 < \cdots < x_n = b, \ x_{i-1} = \Delta_i,$$

记 f 在Δ_i 上的上确界为M_i，下确界为 m_i，令

$$I_{上}(T) = \sum_{i=1}^{n} M_i\Delta_i, \ I_{下}(T) = \sum_{i=1}^{n} M_i\Delta_i,$$

分别叫做 f 在 $[a, b]$ 上对应于分法 T 的"上和"和"下和"。显然，对任意的 $\xi_i \in \Delta_i$，有：

$$I_{下}(T) \leqslant \sum_{i=1}^{n} f(\xi_i)\Delta_i = I(T) \leqslant I_{上}(T)。$$

因此，下述结果是容易料到的：

定理 1 f 在 $[a, b]$ 上可积的充要条件是，对任意的分法 T，有：

$$\lim_{\Delta(T)\to 0} I_{上}(T) = \lim_{\Delta(T)\to 0} I_{下}(T)$$

这个定理还可以再简化、加强一下：由于 $(M_i - m_i)$ 正好是 f 在 Δ_i 上的振幅，

---

① 这就是说，满足 $\omega_f(x) \geqslant \alpha$ 的点 x 之集是闭集。

而若记

$$\omega_i = \omega_f (\Delta_i) = M_i - m_i,$$

便有：

$$I_{上}(T) - I_{下}(T) = \sum_{i=1}^{n} \omega_i \Delta_i = \omega(T)$$

因而从定理 1 出发便可演化出

定理 2 若 f 在 $[a, b]$ 可积，则对任意分法 T，有

$$\lim_{\Delta(T)\to 0} \sum_{i=1}^{n} \omega_i \Delta_i = 0;$$

反之，如果有一串分法 $T_1, T_2, \cdots, T_k$……使

$$\omega(T_k) = \sum_{\substack{i=1 \\ (T_k)}}^{n} \omega_i \Delta_i \to 0 \ (k \to +\infty)$$

则 f 在 $[a, b]$ 可积

请读者注意：定理 2 的两方面是很不同的。前一半（条件的必要性）结论很强，而后一半，（条件的充分性）前提又很弱。因此，它比定理工用起来方便得多。

关于“大振幅点”的有限覆盖性

我们还需要一个引理，便可以开始对主要结果的论证了。

引理 3 $f(x)$ 定义于 $[a, b]$，$\alpha > 0$ 为任一正数，所有振幅大于等于 α 的点 X 之集记作 M。

$$M_\alpha = \{x \mid x \in [a,b], \omega_f(x) > \alpha\}。$$

如果有一些开区间 $\{\Delta_\lambda\}$ 覆盖了 M_α，则一定可以从 $\{\Delta_\lambda\}$ 中选出有限个 $\{\Delta_k : k = 1,2,\cdots,m\}$，使 $\{\Delta_k\}$ 覆盖 M_α。

证明 和通常教科书上对闭区间的有限覆盖定理的证明类似，用反证法：若 M_α 没有有限覆盖，我们把 $[a, b]$ 平分为两半，则 M_α 和其中某一半的交也没有

有限覆盖，把这一半叫做$\widetilde{\Delta}_1$，Δ_1 再分成两半，其中至少有一半与 M_α 的交没有有限覆盖，叫做$\widetilde{\Delta}_2$。这样下去可得到一串闭区间$\widetilde{\Delta}_1 \supset \widetilde{\Delta}_2 \supset \cdots \supset \widetilde{\Delta}_n \supset \widetilde{\Delta}_n + 1 \supset \cdots\cdots$ $|\widetilde{\Delta}_n| \to 0$，而且对一切 n，$\widetilde{\Delta}n \cap \mathrm{M}$。没有有限覆盖。根据区间套定理，有一点 x^* 属于一切$\widetilde{\Delta}n$，由于$\widetilde{\Delta}_n \cap M_\alpha$ 一定非空（因为它没有有限覆盖），故 x^* 是 M_α 中某点列的极限点。由引理 2，ω_f（x^*）$\geqslant \alpha$，从而有 $x^* \in M_\alpha$。由假设，从 $\{\Delta_\lambda\}$ 中可以选出某个 Δ^* 覆盖 x^*，由 $|\widetilde{\Delta}_n| \to 0$，可知当 n 充分大时$\widetilde{\Delta}_n \subset \Delta *$，此与$\widetilde{\Delta}_n \cap M_\alpha$ 没有有限覆盖矛盾。引理证毕

一般而言，有限覆盖定理对有界闭集是成立的。上述证明中，无非用到了“M_α 为闭集”这个性质而已。

主要结论——函数可积的充要条件是它的间断点之集具有 0 长度

现在，我们可以回答一开始所提出的问题了。问题的答案就是：

定理 3 设 f（x）是 $[a, b]$ 上的有界函数，则 f（x）黎曼可积的充分必要条件是：f（x）在 $[a, b]$ 上的间断点之集具有 0 长度。

这个定理说明：可积函数的不连续点确实是“不多”的。这个定理和定理工、定理 2 的明显区别在于定理 1、2 提出的条件，是用一个不易把握的极限过程的状态来说明的，而定理 3，却把可积性和 f（x）的具体性质密切联系起来。

定理 3 的证明 先证明条件的必要性，设 f（x）的间断点之集不具有 0 长度，我们指出：一定有正整数 m，使得一切振幅大于等于$\frac{1}{m}$ 的点之集

$$M_{\frac{1}{m}} = \left\{x \mid \omega(x) \geqslant \frac{1}{m}\right\}$$

不是 0 长度集。事实上，由于一切 $M_{\frac{1}{m}}$ 之并

$$M = \bigcup_{m=1}^{\infty} M_{\frac{1}{m}}$$

恰是 $f(x)$ 的间断点之集。故若一切 $M_{\frac{1}{m}}$ 有 0 长度，则 $f(x)$ 的间断点集亦有 0 长度。

现在设 $M_{\frac{1}{m}}$ 不是 0 长度集，由定义，一定存在正数 δ，使得，任何一组覆盖了 $M_{\frac{1}{m}}$ 的区间，其长度之和不小于 δ。这样，对于 $[a, b]$ 的任一分法 T，

$$T: a=x_0<x_1<\cdots<x_n=b,\ \Delta_i=x_i=x_i-1,$$

那些内部包含了 $M_{\frac{1}{m}}$ 的点的小区间 $\Delta_{i1},\Delta_{i2},\cdots,\Delta_{ik}$，其总长将不小于 $\frac{\delta}{2}$（这一点请读者自证），而在这些小区间上，f 的振幅 $\omega_{i1},\omega_{i2},\cdots,\omega_{ik}$ 将不小于 $\frac{1}{m}$，因而有：

$$\omega(T)=\sum_{i=1}^{n}\omega_i\Delta_i\geqslant\sum_{\alpha=1}^{k}\omega_{i\alpha}\Delta_{i\alpha}\geqslant\frac{1}{m}\sum_{\alpha=1}^{k}\Delta_{i\alpha}\geqslant\frac{\delta}{2m}$$

从而不可能有 $\lim\limits_{\Delta(T)\to 0}\omega(T)=0$。由定理 2，这证明了：若 $f(x)$ 的间断点集不是 0 长度集，则 f 不可积。

下面来证条件的充分性。亦即：设 $f(x)$ 的间断点集具有 0 长度，现证 f 可积。由定理 2，我们只需证明：对任给的 $\varepsilon>0$，能够找到一个分法 T_ε，使 $\omega(T_\varepsilon)<\varepsilon$ 就可以了。

设 $\varepsilon>0$ 已给定。设 f 在 $[a,b]$ 上的振幅为 A，我们令：

$$\varepsilon_1=\frac{\varepsilon}{4(b-a)}>0,\ \delta=\frac{\varepsilon}{4A}>0,$$

由假设可知，振幅不小于 ε_1 的点集：

$$M_{\varepsilon 1}=\{x\,|\,\omega_f(x)\geqslant\varepsilon_1\}$$

是 0 长度集，故可以找到一串区间 $\{\Delta_1\}$ 覆盖 $M_{\varepsilon 1}$，而任意有限个 Δ_1 长度之和小于 δ。由引理 3，可以从这些区间中取出有限个 $\Delta_1^*,\Delta_2^*,\cdots,\Delta_k^*$，$\{\Delta_i, i=1,2,\cdots,k\}$ 覆盖了 $M_{\varepsilon 1}$。设这些区间的端点为 $y_1,y_2,\cdots,y_{2k}$，不妨设 $y_1\leqslant y_2\leqslant\cdots\leqslant y_{2k}$。

从 $[a,b]$ 中去掉开区间 $\Delta_1^*,\Delta_2^*,\cdots,\Delta_k^*$，得到一些闭区间，每个这种闭区间具有形式 $[y_{t_i},y_{t_{i+1}}]$ 由于 $[y_{ti},y_{ti+1}]$ 中的点都是振幅小于 ε_1 的，故对每个 $x\in[y_{t_i},y_{t_{i+1}}]$，可以找到一个以 x 为中心的小闭区间 Δ_x，使

$$\omega_f(\Delta_x)<\omega_f(x)+\varepsilon_1<2\varepsilon_1。$$

按照有限覆盖定理，我们能够从这些 Δ_x 中选出有限个：Δ_{x_1}，Δ_{x_2}，…，Δ_{x_m} 它们覆盖了从 $[a,b]$ 中去掉 Δ_1^*，Δ_2^*，…Δ_k^* 后所剩下的部分。这些区间的端点记之为 $Z_1\leqslant Z_2\leqslant\cdots\leqslant Z_{2m}$。把 y_1，y_2，…，y_{2k}；z_1，z_2，…，z_{2m} 放在一起，得到一个分法 T_ε。我们来证明：

$$\omega(T_\omega)=\sum_{i=1}^{n}\omega_i\Delta_i$$

小于 ε。事实上，对应于 T_ε 的小区间 Δ_i 可分成两类：

第一类：Δ_i 包含于某个 Δ_j*，这类的 Δ_i，其长度之和不超过 δ。

第二类：Δ_i 不包含于任一个 Δ_j*，则此 Δ_i 必包含于某个 Δ_{xj}，于是对应于此 Δ_i 的振幅 ω_i 小于 $2\varepsilon_1$。

因此可把 $\omega(T_\varepsilon)$ 分成两部分估计：

$$\begin{aligned}\omega(T_\varepsilon)&=\sum_{i=1}^{n}\omega_i\Delta_i=\sum_{\text{I类}}\omega_i\Delta_i+\sum_{\text{II类}}\omega_i\Delta_i\\&\leqslant A\sum_{\text{I}}\Delta_i+2\varepsilon_1\sum_{\text{II}}\Delta_i\\&\leqslant A\cdot\delta+2\varepsilon_1(b-a)=A\cdot\frac{\varepsilon}{4A}+2\cdot\frac{\varepsilon}{4(b-a)}(b-a)\\&=\frac{\varepsilon}{4}+\frac{\varepsilon}{2}<\varepsilon。\end{aligned}$$

这就完成了定理的证明。

从这个定理，马上可以推知：若 $[a,b]$ 上的有界函数 $f(x)$ 的间断点有限或可列，则 f 可积。顺便推知单调函数可积。又如，下列被叫做黎曼函数的函数：

$$f(x)=\begin{cases}0 & (x\in[0,1],\ x\text{ 是无理数}\\ \dfrac{1}{n} & \left(x\in[0,1],\ x=\dfrac{m}{n},\ \dfrac{m}{n}\text{既约}\right)\end{cases}$$

在一切有理点间断而在无理点连续。由于有理点是可列的，故 $f(x)$ 在 $[0,1]$ 上可积。

附言：定理 3 的初等证明，在 20 世纪 50 年代国外曾有人在中级刊物发表。作者在北人的学友张恭庆几乎同时，于工 1955 年独立地给出一个证明。当时他是大学二年级学生。但这些资料均暂难查到。据作者所知，国内书刊并未刊登或收录过此初等证明。文中介绍之证明，系作者工 1981 年在科大讲授微积分时，为教学目的，回忆整理而写出的。与前面提到的两个证法大同小异。

第四篇　数林一叶

消点法浅谈

几何题千变万化，全无定法，这似乎已成为两千年来人们的共识。20 世纪 50 年代，塔斯基证明一切初等几何及初等代数命题均可判定，即有一统一方法加以解决。这使人们吃了一惊。但塔斯基方法极繁，即使在高速计算机上也难于用它证明稍难的几何定理。到了 70 年代，吴文俊院士提出的新方法，使几何定理证明的机械化由梦想变为现实。应用吴法编写的计算机程序，可以在 PC 机上用几秒钟的时间证明颇不简单的几何定理，如西姆松定理、帕斯卡定理、蝴蝶定理。继吴法之后，在国外出现了 GB 法，国内又提出了数值并行法。这些方法本质上均属于代数方法，都能成功地在微机上实现非平凡几何定理的证明。

但是，用这些代数方法证明几何命题时，计算机只是简单地告诉你“命题为真”，或“命题不真”。如果你要问个为什么，所得到的回答是一大堆令人眼花缭乱的计算过程。你很难用笔来检验它是否正确，更谈不到从机器给出的证明中得到多少启发。这当然不能令人满意。

能不能让机器产生出简短而易于理解的证明呢？这对数学家、计算机科学家，特别是对人工智能的专家来说，是一个挑战性的课题。1992 年 5 月，笔者应邀访美，对这一问题着手研究。我们[①]在面积方法的基础上，提出消点算法，使这一难题得到突破。基于我们的方法所编写的程序，已在电脑上证明了 600 多条较难的平面几何与立体几何的定理。所产生的证明，大多数是简捷而易于理解的，有时甚至比数学家给出的证法还要简短漂亮。

更重要的是，这种方法也可以不用计算机而由人用笔在纸上执行。它本质上几乎是“万能”的几何证题法。

本文将用几个例题，浅近地介绍这种方法的基本思想。先看个最简单的例子：

例 1 求证：平行四边形对角线相互平分。

做几何题必先画图，画图的过程，就体现了题目中的假设条件。这个例题的图如图 1，它可以这样画出来：

(1) 任取不共线 3 点 A、B、C；

(2) 取点 D 使 $DA /\!/ BC$，$DC /\!/ AB$；

(3) 取 AC、BD 的交点 O。

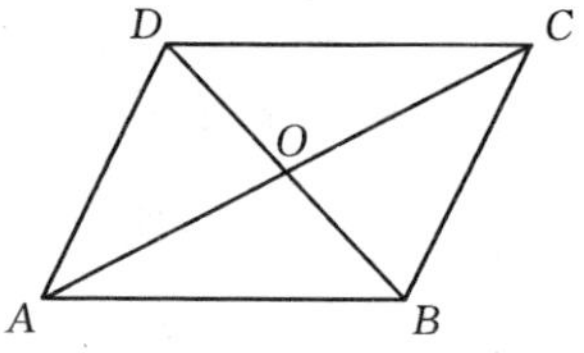

图 1

这样一来，图中 5 个点的关系就很清楚：先得有 A、B、C，然后才有 D。有了 A、B、C、D，才能有 O。这种点之间的制约关系，对解题至关重要。

要证明的结论是 $AO=OC$，即 $\frac{AO}{CO}=1$。我们的思路是：要证明的等式左端有几个几何点 A、C、O 出现，右端却只有数字 1。如果想办法把字母 A、C、O 统统消掉。不就水落石出了吗？在这种指道思想下，我们首先着手从 $\frac{AO}{CO}$ 中消去最晚出现的点 O。

用什么办法消去一个点，这要看此点的来历，和它出现在什么样的几何量之中。点 O 是由 AC，BD 相交而产生的，用共边定理便得：

① 美国维奇塔大学周咸青，北京中科院系统所高小山和笔者。

$$\frac{AO}{CO}=\frac{\triangle ABD}{\triangle CBD}$$

这成功地消去了点 O。

下一步，轮到消去点 D。根据点 D 的来历：$DA/\!/BC$，故$\triangle CBD=\triangle ABC$；$DC/\!/AB$，故$\triangle ABD=\triangle ABC$。于是，一个简捷的证明产生了：

$$\frac{AO}{CO}=\frac{\triangle ABD}{\triangle CBD}\text{（共边定理）}$$

$$=\frac{\triangle ABC}{\triangle ABC}\text{（}\because DA/\!/BC,\ DC/\!/AB\text{）}$$

$$=1\text{。}$$

例 2 设$\triangle ABC$ 的两中线 AM，BN 交于G，求证：$AG=2GM$。

仍要先弄清作图过程：

（1）任取不共线三点 A、B、C；

（2）取 AC 中点 N；

（3）取 BC 中点 M；

（4）取 AM、BN 交点 G。

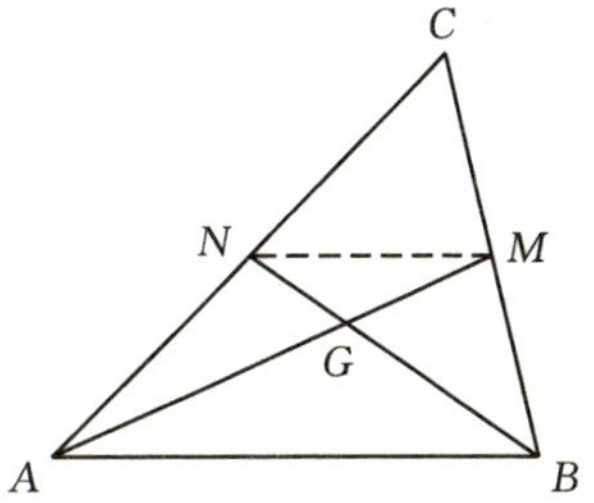

图 2

要证明 $AG=2GM$，即$\dfrac{AG}{GM}=2$，我们应当顺次消去待证结论左端的点 G、M 和 N。其过程为

$$\frac{AG}{GM}=\frac{\triangle ABN}{\triangle BMN}\quad\text{（用共边定理消去点 }C\text{）}$$

$$=\frac{\triangle ABN}{\frac{1}{2}\triangle BCN}\quad\text{（由 }M\text{ 是 }BC\text{ 中点消去点 }M\text{）}$$

$$=2\cdot\frac{\frac{1}{2}\triangle ABC}{\frac{1}{2}\triangle ABC}\quad\text{（由 }N\text{ 是 }AC\text{ 中点消去点 }N\text{）}$$

$$=2\text{。}$$

例 3 已知$\triangle ABC$ 的高 BD、CE 交于 H，求证：$\dfrac{AC}{AB}=\dfrac{\cos\angle BAH}{\cos\angle CAH}$。

此题结论可写成

$AC\cos\angle CAH = AB\cos\angle BAH$,

即 AB、AC 在直线 AH 上的投影相等，即 $AH \perp BC$。这和证明三角形三高交于一点是等价的。

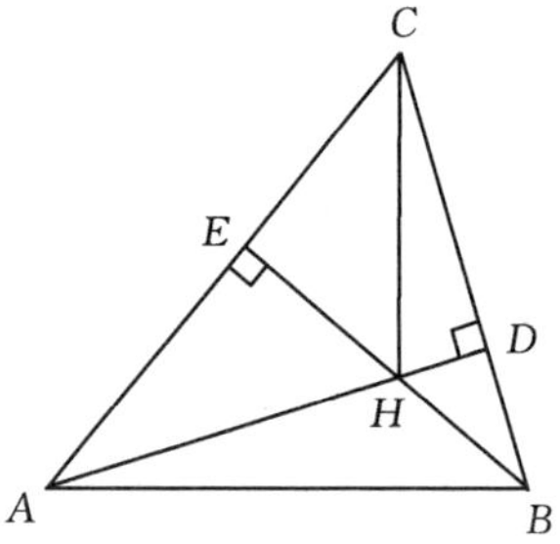

图 3

如图 3 作图顺序是：①A、B、C；②D、E；③H。具体作法从略。要证明

$$\frac{AC\cos\angle CAH}{AB\cos\angle BAH}=1。$$

于是，关键是从上式左端消去 H。显然有 $\cos\angle CAH=\frac{AD}{AH}$，$\cos\angle BAH=\frac{AE}{AH}$，

可得

$$\frac{AC\cos\angle CAH}{AB\cos\angle BAH}=\frac{AC\cdot AD\cdot AH}{AB\cdot AE\cdot AH}=\frac{AC\cdot AD}{AB\cdot AE}。$$

为了再消去 D、E，用等式 $AD=AB\cos\angle BAC$ 及 $AE=AC\cos\angle BAC$ 代入，就证明了所要结论。

例 3 表明，消点不一定用面积方法。但面积法确是最常用的消点工具。

下面一例是著名的帕斯卡定理，这里写出的证法是计算机产生的。

例 4 设 A、B、C、D、E、F 六点共圆。AB 与 DF 交于 P，BC 与 EF 交于 Q，AE 与 DC 交于 S。（图 4）

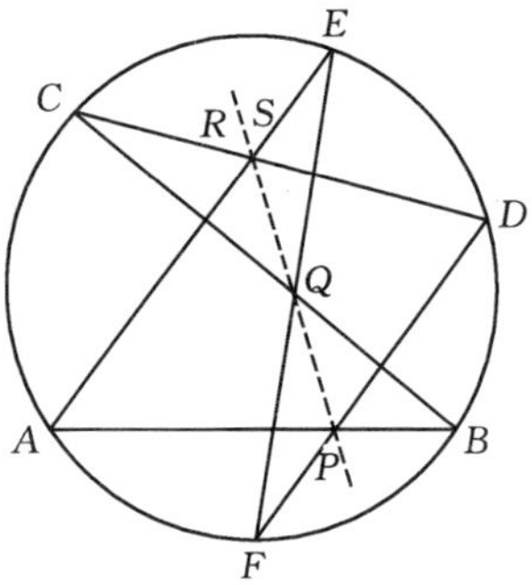

图 4

求证：P，Q，S 在一直线上。

此题作图过程是清楚的：

（1）在一圆上任取 A、B、C、D、E、F 六点；

（2）取三个交点 P、Q、S；

（3）设 PQ 与 CD 交于另一点 R；要证 P、Q、S 共线，只要证 R 与 S 重合，即证明

$$\frac{CS}{DS}=\frac{CR}{DR}\text{，或即}\frac{CS}{DS}\cdot\frac{DR}{CR}=1\text{ 即可。}$$

消点过程如下：

$$\frac{CS}{DS}\cdot\frac{DR}{CR}=\frac{CS}{DS}\cdot\frac{\triangle DPQ}{\triangle CPQ}\qquad\text{（用共边定理消去 }R\text{）}$$

$$=\frac{\triangle ACE}{\triangle ADE}\cdot\frac{\triangle DPQ}{\triangle CPQ}\qquad\text{（用共边定理消去 }S\text{）}$$

$$=\frac{\triangle ACE}{ADE}\cdot\frac{\triangle DEP\cdot\triangle BCF\cdot S_{BFCE}}{\triangle ADE\cdot\triangle CEF\cdot\triangle BCP\cdot S_{BFCE}}$$

（消点 Q 用等式 $\frac{\triangle DPQ}{\triangle DEP}=\frac{FQ}{FE}=\frac{\triangle BCF}{S_{BFCE}}$，$\frac{\triangle CPQ}{\triangle BCP}=\frac{CQ}{BC}=\frac{\triangle CEF}{S_{BFCE}}$，$S_{BFCE}$ 表示四边形 $BFCE$ 的面积）

$$=\frac{\triangle ACE}{\triangle ADE}\cdot\frac{\triangle BCF}{\triangle CEF}\cdot\frac{\triangle DFE\cdot\triangle ABD\cdot S_{ADBF}}{\triangle BDF\cdot\triangle ABC\cdot S_{ADBF}}$$

（消点 P，由 $\frac{\triangle DEP}{\triangle DFE}=\frac{DP}{DF}=\frac{\triangle ABD}{S_{ADBF}}$，$\frac{\triangle BCP}{\triangle ABC}=\frac{BP}{AB}=\frac{\triangle BDF}{S_{ADBF}}$）

$$=\frac{AC\cdot AE\cdot CE}{AD\cdot AE\cdot DE}\cdot\frac{BC\cdot BF\cdot CF}{CE\cdot CF\cdot EF}\cdot\frac{DE\cdot DF\cdot EF}{BD\cdot BF\cdot DF}\cdot\frac{AB\cdot AD\cdot BD}{AB\cdot AC\cdot BC}$$

$$=1$$

这里用到了圆内接三角形面积公式

$$\triangle ABC=\frac{AB\cdot AC\cdot BC}{2d}$$

其中 d 是 $\triangle ABC$ 外接圆直径。

我们再看看西姆松定理的机器证明：

例 5 在 $\triangle ABC$ 的外接圆上任取一点 D，自 D 向 BC、CA、AB 引垂线，垂足为 E、F、G。

求证：E、F、G 三点共线。

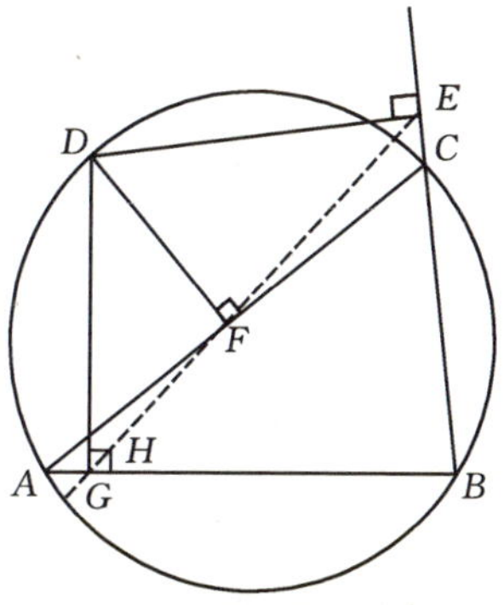

图 5

如图 5，我们可设直线 EF 与 AB 交于 H，然后只要证明 H 与 G 重合，即证明等式

$$\frac{AG}{BG}=\frac{AH}{BH}\text{。}$$

作图过程是清楚的：

(1) 任取共圆四点 A、B、C、D；

(2) 作垂足 E、F、C；

(3) 取 EF 与 AB 交点 H。

消点顺序是先消 H，再消三垂足：

$$\frac{AG}{BG}\cdot\frac{BH}{AH}=\frac{AG}{BG}\cdot\frac{\triangle BEF}{\triangle AEF}\qquad\text{（用共边定理消点 }H\text{）}$$

$$=\frac{AD\cos\angle DAB}{BD\cos\angle DBA}\cdot\frac{\triangle BEF}{\triangle AEF}\qquad\text{（用余弦性质消点）}$$

$$=\frac{AD\cdot\cos\angle DAB}{BD\cdot\cos\angle DBA}\cdot\frac{\triangle BEA\cdot CD\cos\angle ACD}{\triangle AEC\cdot AD\cdot\cos\angle DAC}$$

（消点 F 用等式 $\frac{\triangle BEF}{\triangle BEA}=\frac{CF}{AC}=\frac{CD\cos\angle ACD}{AC}$，$\frac{\triangle AEF}{\triangle AEC}=\frac{AF}{AC}=\frac{AD\cos\angle DAC}{AC}$）

$$=\frac{CD\cos\angle DAB\cdot\triangle BEA}{BD\cos\angle DAC\cdot\triangle DAB}\qquad\text{（化简，由}\angle DBA=\angle ACD\text{）}$$

$$=\frac{CD\cdot\cos\angle DAB}{BD\cdot\cos\angle DAC}\cdot\frac{BD\cos\angle DBC}{CD\cos\angle DAB}$$

（消点 E 用等式 $\frac{\triangle BEA}{\triangle ABC}=\frac{BE}{BC}=\frac{BD\cos\angle DBC}{BC}$，$\frac{\triangle AEC}{\triangle ABC}=\frac{CE}{BC}=\frac{CD\cos\angle DCE}{BC}=\frac{CD\cos\angle DAB}{BC}$）

$$=1。\qquad\text{（因}\angle DBC=\angle DAC\text{）。}$$

应当说明，在我们的推导中，严格说来应当用有向线段比和带号面积。在我们的程序中，确实是如此。但对于具体的图，用通常的面积和线段比也能说明问题时，添上正负号反而使一部分读者看起来困难，因而就从简了。

用了消点法，有时能解出十分困难的问题。1993 年我国参加国际数学奥林匹克选手选拔赛中，出了一道相当难的平面几何题。

入选的 6 名选手中只有 3 名做出了此题。如果知道消点法，不但这 6 名解题能手不可能在这个题上失分，许多具有一般功力的中学生也可能在规定的 90 分钟内解决它（选拔赛仿国际数学奥林匹克，每次 3 题，共 4 个半小时）。这就是下面的例题：

例 6 如图 6，设△ABC 的内心为 I，BC 边中点为 M，Q 在 IM 的延长线上并且 $IM=MQ$。AI 的延长线与△ABC 的外接圆交于 D，DQ 与△ABC 的外接圆交于 N。

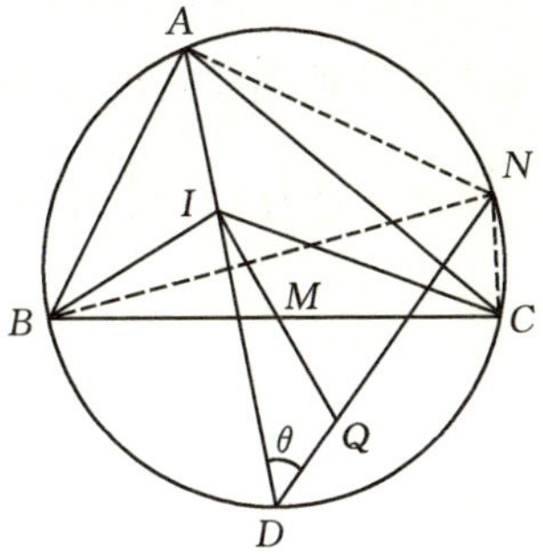

图 6

求证：$AN+CN=BN$。

作图过程：

（1）任取不共线三点 A、B、C；

（2）取△ABC 内心 I；

（3）取 BC 中点 M；

（4）延长 IM 至 Q，使 $MQ=IM$；

（5）延长 AI，与△ABC 外接圆交于 D；

（6）直线 DQ 与△ABC 外接圆交于 N。

消点顺序是：N、Q、M、D、I……

由于 AN、CN、BN 都是△ABC 外接圆的弦，故如记△ABC 外接圆直径为 d，则有

$AN=d\sin\angle D$，$BN=d\sin\angle BDN$，$CN=d\sin\angle CBN$。

记 $\angle D=\theta$，$\angle BAC=A$，$\angle ABC=B$，$\angle ACB=C$。则有

$$\angle BDN=\angle BDA+\angle D=C+\theta,$$

$$\angle CBN=B-\angle ABN=B-\theta。$$

于是，要证的等式化为

$$d\sin\theta+d\sin(B-\theta)=d\sin(C+\theta)。$$

利用和角公式展开，约去 d 得

$$\sin\theta+\sin B\cdot\cos\theta-\cos B\cdot\sin\theta$$

$$=\sin C\cdot\cos\theta+\cos C\cdot\sin\theta。$$

整理之，即知要证的结论等价于：

$$\frac{\sin\theta}{\cos\theta}=\frac{\sin C-\sin B}{1-\cos B-\cos C},\qquad \text{（这时点 } N \text{ 已消去）(1)}$$

多数选手能做到这一步，但再向前就无从下手了。如果他知道消点法，便会毫不犹豫地继续去消 Q 和 M。

由于 $\triangle IDQ=\frac{1}{2}ID\cdot QD\sin\theta$，故

$$\sin\theta=\frac{2\triangle IDQ}{ID\cdot QD},$$

于是得

$$\frac{\sin\theta}{\cos\theta}=\frac{2\triangle IDQ}{ID\cdot QD\cos\theta},\qquad (2)$$

而当前任务是消去 Q。由 M 是 IQ 中点得

$$\triangle IDQ=2\triangle IDM,$$

及

$$QD\cos\theta=ID-IQ\angle QID=ID-2IM\cos\angle MID;$$

代入（2）得

$$\frac{\sin\theta}{\cos\theta}=\frac{4\triangle IDM}{(ID-2IM\cos\angle MID)\cdot ID},\qquad \text{（}Q\text{ 点已消去）(3)}$$

由于 M 是 BC 中点，有

$$\triangle IDM=\frac{1}{2}(\triangle IDC-\triangle IDB)$$

（因为 $\triangle IDB+\triangle IDM=\triangle IDC-\triangle IDM$）

并且

$$IM\cos\angle MID=\frac{1}{2}(IB\cos\angle BID+IC\cos\angle CID)$$

（只要分别白自 B、C、M 向 ID 作投影，便可看出，

$$=\frac{1}{2}\left(IB\cos\frac{A+B}{2}+IC\cos\frac{A+C}{2}\right)$$

$$=\frac{1}{2}\left(IB\sin\frac{C}{2}+IC\sin\theta\frac{B}{2}\right)。$$

代入（3）得

$$\frac{\sin\theta}{\cos\theta}=\frac{2\ (\triangle IDC-\triangle IDB)}{\left(ID-IB\sin\frac{C}{2}-IC\sin\frac{B}{2}\right)}\qquad \text{（消去}M\text{）（4）}$$

现在，问题已大大简化了。只要用面积公式与正弦定理，便可得：

$$\triangle IDC=\frac{1}{2}ID\cdot DC\sin\angle IDC$$

$$=\frac{1}{2}ID\cdot DC\sin B,$$

$$\triangle IDB=\frac{1}{2}ID\cdot BD\sin\angle IDB$$

$$\frac{1}{2}ID\cdot DB\sin C,$$

$$\frac{IB}{ID}=\frac{\sin\angle ADB}{\sin\angle IBD}=\frac{\sin\angle C}{\sin\frac{A+B}{1}}$$

$$=\frac{\sin C}{\cos\frac{C}{2}}=2\sin\frac{C}{2},$$

$$\frac{IC}{ID}=\frac{\sin\angle ADC}{\sin\frac{A+C}{2}}=\frac{\sin B}{\cos\frac{B}{2}}=2\sin\frac{B}{2},$$

$$\frac{DC}{ID}=\frac{BD}{ID}=\frac{\sin\angle BID}{\sin\angle IBD}=\frac{\sin\frac{A+B}{2}}{\sin\frac{A+B}{2}}=1。$$

代入（4）后得：

$$\frac{\sin\theta}{\cos\theta}=\frac{ID\cdot DC\sin B-ID\cdot DB\sin C}{ID\cdot ID\left(1-\frac{IB}{ID}\sin\frac{C}{2}-\frac{IC}{IB}\sin\frac{B}{2}\right)}$$

$$=\frac{\frac{DC}{ID}\sin B-\frac{DB}{ID}\sin C}{1-2\sin^2\frac{C}{2}-2\sin^2\frac{B}{2}}$$

$$=\frac{\sin B-\sin C}{-1+\cos C+\cos B}$$

$$=\frac{\sin C-\sin B}{1-\cos B-\cos C}。$$

这就是所要证的。这里最后一步用了半角公式：

$$\sin^2\frac{C}{2}=\frac{1}{2}(1-\cos C)。$$

整个证明过程，心中有数，步步为营，繁而不乱。这是消点法的特点。

例 7（1994 年国际数学奥林匹克备用题）　直线 AB 遇半圆圆心 O，分别过 A、B 作圆 O。的切线，切圆 O 于 D、C。AC 与 BD 交于 E。自 E 作 AB 之垂线，垂足为 F。(图 7)

求证 EF 平分$\angle CFD$。

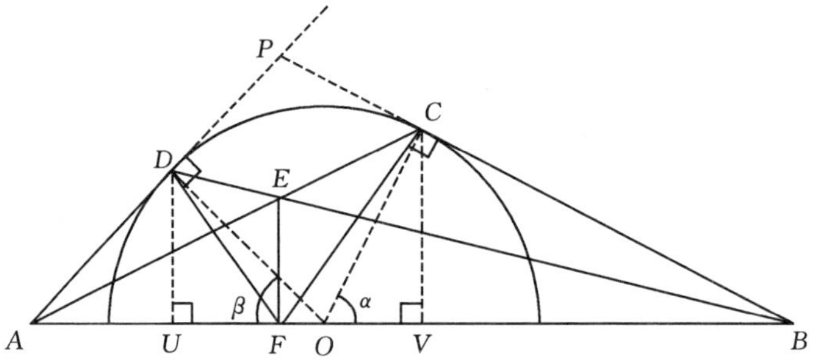

图 7

如图，要证$\angle DFE=\angle CFE$，即证明$\angle DFA=\angle CFB$。自 D、C 向 AB 引垂足 U、V，则要证的结论即为

$$\frac{DU}{UF}=\frac{CV}{VF}，即\frac{DU}{CV}\cdot\frac{VF}{UF}=1。$$

作图过程为：

(1) 在圆 O 上任取两点 D、C；

(2) 过 O 作直线，与圆 O 在 D、C 处的切线交于 A、B；

(3) 取 AC 与 BD 交点 E；

(4) 分别自 D、E、C 向 AB 作垂线，得垂足 U、F、V。

要证的是

$$\frac{DU}{CV}\cdot\frac{VF}{UF}=1。$$

设圆 O 的半径为 r，圆上两点 C，D 的位置分别用 $\angle COB=\alpha$，$\angle DOA=\beta$ 来描写，则

$$DU=r\sin\beta,\ DV=r\sin\alpha。$$

$$\frac{VF}{AV}=\frac{CE}{AC}=\frac{\triangle BCD}{S_{ABCD}},$$

$$\frac{UF}{BU}=\frac{DE}{DB}=\frac{\triangle ACD}{S_{ABCD}},$$

于是得到：

$$\frac{DU}{CV}\cdot\frac{VF}{UF}=\frac{\sin\beta}{\sin\alpha}\cdot\frac{\triangle BCD\cdot AV}{\triangle ACD\cdot BU}。\qquad（消去 E、F）（5）$$

为了消去 U、V，可用等式

$$AV=AO+OV=\frac{r}{\cos\beta}+r\cos\alpha=\frac{r\ (1+\cos\alpha\cos\beta)}{\cos\beta},$$

$$BU=BO+OU=\frac{r}{\cos\alpha}+r\cos\beta=\frac{r\ (1+\cos\alpha\cos\beta)}{\cos\alpha},$$

代入（5）式得

$$\frac{DU}{DV}\cdot\frac{VF}{UF}=\frac{\sin\beta}{\sin\alpha}\cdot\frac{\cos\alpha}{\cos\beta}\cdot\frac{\triangle BCD}{\triangle ACD}。\qquad（消去 U、V）（6）$$

下面问题变得简单了，设 AD、BC 交于 P，则

$$\frac{\triangle BCD}{\triangle BPD}=\frac{BC}{BP},\ \frac{\triangle ACD}{\triangle ACP}=\frac{AD}{AP},$$

$$\therefore\ \frac{\triangle BCD}{\triangle ACD}=\frac{BC\cdot AP\cdot\triangle BPD}{AD\cdot BP\cdot\triangle ACP}$$

$$=\frac{BC\cdot AP\cdot BP\cdot PD}{AD\cdot BP\cdot AP\cdot PC}$$

$$=\frac{BC\cdot PD}{AD\cdot PC}\qquad（注意：PD=PC）$$

$$=\frac{r\tan\alpha}{r\tan\beta}$$

$$=\frac{\tan\alpha}{\tan\beta}。$$

代入（6）式即得

$$\frac{DU}{DV}\cdot\frac{VF}{UF}=\frac{\sin\beta}{\sin\alpha}\cdot\frac{\cos\alpha}{\cos\beta}\cdot\frac{\tan\alpha}{\tan\beta}=1。$$

一般说来，只要题目中的条件可以用规尺作图表出，并且结论可以表示成常用几何量的多项式等式（常用几何量包括面积、线段及角的三角函数），总可以用消点法一步一步地写出解答。

读者一定关心这样的问题：计算机怎么知道在哪种情形下选择哪种公式来消点呢？这个问题的通俗解答可参看笔者所著《平面几何新路——解题研究》一书（九章出版社，1997）。更详细的论述则另有专著。

简单而直观的理解是：当要消去某点 P 时，一看 P 是怎么产生的，即 P 与其他点的关系。二看 P 处在哪种几何量之中。由于作图法只有有限种（设为 n 种），几何量也只有有限种（设为 m 种），故消点方式至多不外 $m\times n$ 种。这就是几何证题可以机械化的基本依据。

我们不妨把几何与算术对比一下。本来，算术中的四则应用题解法五花八门，灵活多变。有了代数方法之后，方程一列，万事大吉。初等几何虽有几千年的历史，但在解题方法的研究方面，在 1992 年之前，大体上相当于算术中四则应用题的层次。消点法的出现，使初等几何解题方法的研究进入更高的层次——代数方法的层次。从此，几何证题有了以不变应万变的模式。

但是，消点法并没有结束几何解题方法的研究，相反，它给这一研究开辟了新的领域。目前，消点公式中便于机械化使用的主要是有关面积的一些命题。如何把行之有效的传统方法，如反证法、合同法、添加辅助线法等纳入机械化的框架，尚待探讨。几何作图题，几何不等式等类问题的有效的机械化方法的研究，也都尚未得到令人满意的成果。这一领域的研究，与数学教育的改革关系密切，与计算机辅助教学更有不解之缘，前景广阔，方兴未艾。

另一方面，在中学几何课程中有没有可能教给学生消点法呢？这是值得一试的。消点法把证明与作图联系起来，把几何推理与代数演算联系起来，使几何解题的逻辑性更强了。这个方向的教学实验如能成功，“几何好学题难做”的问题就彻底解决了。

举例子能证明几何定理吗

验证了一个三角形的内角之和为 180°，就断言所有三角形的内角之和都为 180°，从数学的逻辑来看，这是不是有点荒唐！但恰恰是数学来回答说：不，这是完全可以的。请不要忘记：从有限能推断无限，正是数学的魅力所在。而例证法的发明，使演绎和归纳这两种逻辑方法，在更高的层次上达到了辩证统一。

两千多年来，已形成了这样的传统看法：要肯定一个数学命题成立，只有给出演绎的证明，举几个例子是不够的。

老师让同学们在纸上画一些三角形，再用量角器量一量这些三角形的各个角，分别把同一个三角形的 3 个角的度数加起来。于是，同学们发现：三角形的内角和总是 180°。

这是人们认识事物规律的一种方法——归纳推理的方法，从大量事例中寻找一般规律。

但是，老师反过来又提出了这样的问题：三角形有无穷多种不同的样子，你们才测量了几个、几十个，怎么就知道所有的三角形内角和都是 180°呢？就是测量一千个、一万个，也不能断定所有的三角形都有同样的内角和呀！再说，测量总是有误差的。你怎么知道三个角的度数之和不是 179.9999°，也不是 180.00001°，而是不多不少 180°呢？

于是，大家心服口服，开始认识到演绎推理的重要性，知道了要肯定一条几何命题是定理，必须给出证明，而举几个例子，是算不得证明的。

但是，近几年来，我国的一些数学工作者提出了与这种传统看法大相径庭的见解。他们的研究结果表明：要肯定或否定一条初等几何命题（包括欧氏几何以及各种非欧几何的命题），只要检验若干个数值实例就可以了。至于要检验多少个例子才够，则可以根据命题的“复杂”程度具体估算出来。检验时要计算，计算有误差怎么办？研究表明，只要误差不超过某个界限就行。这界限，也可以根据命题的“复杂”程度来确定。

用举例的方法证明定理，叫例证法。例证法不仅是理论上的探讨，而且确实能用来在计算机上或通过手算证明相当难的几何定理。人们还用它发现了有趣的新定理。

但是，这种违反传统的方法可靠吗？它的根据是什么？

要理解它的粗略道理，并不需要十分高深的数学知识。高中代数知识就差不多了。不过，要掌握每一个细节，却要下点工夫。

代数恒等式例证法

当例证法刚提出来的时候，国内外不少人都大为惊奇。其实，它的基本思想很平凡。从中学代数里，不难找出例证法的最简单的例子。

要证明恒等式

$$(x+1)(x-1)=x^2-1, \tag{1}$$

通常是把左端展开，合并同类项，比较两端同类项系数，便知分晓。

其实，也可以用数值检验。取 $x=0$，两端都是 -1；取 $x=1$，两端都是 0；取 $x=2$，两端都是 3。这便证明了式（1）是恒等式。

为什么呢？可用反证法证明我们的判断。若式（1）不是恒等式，它便是不高于二次的一元代数方程，这种方程至多有两个根。现在已有 $x=0$，1，2 三个根了，就表明它不是一次或二次方程。这个矛盾证明了式（1）是恒等式。

一般说来，n 次代数方程不可能有 $n+1$ 个根。如果 $f(x)$ 和 $g(x)$ 都是不超过 n 次的多项式，而且有 x 的 $n+1$ 个不同的值 $a_0, a_1, \cdots, a_n$，使 $f(a_k)=g(a_k)(k=0, 1, \cdots, n)$，则等式 $f(x)=g(x)$ 是恒等式。

这就是说，要问一个单变元的代数等式是不是恒等式，只要用有限個变元的值代入检验，也就是举有限个例子，即可作出判断。例子要多少？这要看代数式的次数。如果次数不超过 n，则 $n+1$ 个例子便够了。

多变元的代数恒等式能不能用举例的方法来检验呢？回答是肯定的，因为我们有下面的

定理 1 设 $f(x_1, x_2, \cdots, x_m)$ 是 $x_1, x_2, \cdots, x_m$ 的多项式，它关于 x_k 的次数不大于 n_k。对应于 $k=1,2,\cdots,m$，取数组$(a_{k,l}(l=0,1,2,\cdots,n_k)$，使得 $l_1 \neq l_2$ 时 $a_{k,l1} \neq a_{k,l2}$。如果对任一组$\{l_1, l_2, \cdots, l_m, 0 \leqslant l_k \leqslant n_k\}$，都有

$$f(a_l, l_1, a_2, l_2, \cdots, a_m, l_m)=0,$$

则 $f(x_1, x_2, \cdots, x_m)$ 是恒为零的多项式。

对变元的个数 m 用数学归纳法，很容易证明定理 1，兹不赘述。这里对定理 1 所提供的检验方法再略加解释。

首先要估计 $f(x_1, x_2, \cdots, x_m)$ 关于各个变元 $x_1, x_2, \cdots, x_m$ 的次数的上界。我们遇到的多项式 $f(x_1, x_2, \cdots, x_m)$ 通常是没经过整理的。如果整理好了，一眼便看得出是不是恒等于零，还要检验什么？既然没整理好，它关于各个变元是多少次也不是一望而知的，所以要估计。

第二步是确定用哪些数值代入检验。这时，已估计好了 x_k 的次数不超过 n_k，那就让 x_k 这个变元取 n_{k+1} 个不同值，这 n_{k+1} 个不同的值 $a_k, 0, a_{k,1}, a_{k,2}, \cdots, a_{k,nk}$ 组成有限集 $A_k, k=1,2,\cdots,m$。从 $A_1, A_2, \cdots, A_m$ 中各取一个：从 A_1 中取 x_1 的一个值，从 A_2 中取 x_2 的一个值，……，从 A_m 中取 x_m 的一个值，这样便凑出一组$(x_1, x_2, \cdots, x_m)$的值。因 A_k 中有 n_{k+1} 个数，所以一共可凑出$(n_1+1)(n_2+1)\cdots\cdots(n_k+1)$个数组来。这些数组构成的集合，叫做规模为$(n_1+1)(n_2+1)\cdots\cdots(n_k+1)$的一个“格阵”。

最后，将格阵中的每组值都代入 $f(x_1,x_2,\cdots,x_m)$ 加以检验。若有一组代进去使 $f\neq 0$，那么当然不会有 f 恒为零。若每一组值都使 $f=0$，便证明了 f 恒等于零。

比如，要检验等式 $(x+y)(x-y)=x^2=y^2=0$ 是不是恒等式，首先看出它关于变元 x、y 的次数都不超过 2，故要在 $(2+1)\times(2+1)=3\times 3$ 的格阵上检验。让 x 在 $\{0, 1, 2\}$ 中取值，y 也在 $\{0, 1, 2\}$ 中取值，得到格阵中的 9 组值：(0，0)，(0，1)，(0，2)，(1，0)，(1，1)，(1，2)，(2，0)，(2，1)，(2，2)。分别代入检验即可。

总之，用举例的方法确实可以检验代数恒等式。

其实也不难理解。还是以式（1）为例。只要用 $x=10$ 代入检验就足以肯定它是恒等式！初想似不合理，但仔细分析起来，却不奇怪。

还是用反证法。在式（1）中，左端展开最多有 4 项，每项系数绝对值均不大于 1。整理并项之后，系数为绝对值不大于 5 的整数。若式（1）不是恒等式，整理后得方程

$$ax^2+bx+c=0,$$

这里 a、b、c 不全为零，均是整数且绝对值不大于 5。若 $x=10$ 时左端为零，则 $a\times 100+b\times 10+c=0$。分两种情形：若 $a=0$，上式就成为 $10b+c=0$，当 $b=0$ 时有 $c=0$，当 $b\neq 0$ 时得 $|10b|=|c|$，于是 $10\leqslant 5$，矛盾；若 $a\neq 0$，则有 $|100a|=|10b+c|\leqslant 55$，即 $100\leqslant 55$，也矛盾。故

$$a=b=c=0。$$

这样，用一个例子也可以检验式（1）是不是恒等式了。这个办法可以推广到多元高次多项式恒等式的检验。其基本思想出发点是，多项式的次数和系数的大小受到一定限制时，它的根的绝对值不可能太大。也就是

引理 1 设 $f(x)$ 是不超过 n 次的多项式，它的非零系数的绝对值不大于 L，不小于 $s>0$，若 $x=\hat{x}$ 使

$$|\hat{x}|=p\geqslant\frac{L}{s}+1,$$

则

$$s \leqslant |f(\hat{x})| \leqslant s p^{n+1}。$$

证明 设 $f(x)=c_0x^k+c_1x^{k-1}+\cdots+c_k$，

这里 $0\leqslant k\leqslant n$，$c0\neq 0$。当 $k=0$ 时，引理结论显然成立。对于 $1\leqslant k\leqslant n$，有

$$\begin{aligned}|f(\hat{x})| &\geqslant |c_0\hat{x}^k|=|c_1\hat{x}^{k-1}+\cdots+c_k|\\ &\geqslant sp^k-L(p^{k-1}+p^{k-2}+\cdots+1)\\ &=s+s(p^k-1)-L\cdot\frac{p^k-1}{p-1}\\ &=s+s(p^k-1)\left(1-\frac{L}{s}\cdot\frac{1}{p-1}\right)\geqslant s。\end{aligned}$$

其中最后一步是因为由引理条件可知

$$p-1\geqslant\frac{L}{s}，即 1\geqslant\frac{L}{s}\cdot\frac{1}{p-1}。$$

另一方面，显然有

$$|f(\hat{x})|\leqslant L\cdot\frac{p^{n+1}-1}{p-1}\leqslant sp^{n+1}。$$

从这个引理出发，对变元的个数用数学归纳法，可得关于多元多项式的

定理 2 设 $f(x_1,x_2,\cdots,x_m)$ 是 $x_1,x_2\cdots,x_m$ 的多项式，它关于 x_k 的次数不大于 n_k，$1\leqslant k\leqslant m$。又设它的标准展式中非零系数的绝对值不大于 L，不小于 $s>0$。如果变元的一组值 $\hat{x}_1,\hat{x}_2,\cdots,\hat{x}_m$ 满足

$$\begin{cases}|\hat{x}_1|=p_1\geqslant\frac{L}{s}+1,\\ |\hat{x}_k|=p_k\geqslant p_{k-1}^{n_{k-1}+1}+1,\end{cases}\tag{2}$$

则有

$$|f(\hat{x}_1,\hat{x}_2,\cdots,\hat{x}_m)|\geqslant s>0。$$

证明 对 m 作数学归纳。$m=1$ 的情况，引理 1 已给出了证明。设命题对 $m-1$ 真，要证它对 m 亦真。记 $g(x_2,x_3,\cdots,x_m)=f(\hat{x}_1,x_2,\cdots,x_m)$，则 g 是 $x_2,x_3,\cdots,x_m$ 这 $m-1$ 个变元的多项式。

而 g 的系数有形式：

$$c(\hat{x}_1)=c_0\hat{x}_1{}^n+\cdots+c_n\ (0\leqslant n\leqslant n_1)。$$

这些多项式 $c(x)$ 是不全为零的多项式，系数 c_i 绝对值不大于 L，非零者不小于 s。由引理工可知，当 $c(x)$ 不恒为零时有

$$s\leqslant c(\hat{x}_1)\leqslant sp_1^{n_1+1}=L_1。$$

由条件（2）可知

$$|\hat{x}_2|\geqslant p_2\geqslant p_1^{n_1+1}+1=\frac{L_1}{s}+1。$$

由归纳前提可知

$$|g(\hat{x}_2,\hat{x}_3,\cdots,\hat{x}_m)|=|f(\hat{x}_2,\hat{x}_3,\cdots,\hat{x}_m)|\geqslant s。$$

根据定理 2，可以用一组数值代入来检验一个多元多项式是否恒为零，这组数值应当满足条件（2），如果要检验的多项式不恒为零，代入后算出来的数值一定大于一个确定的正数 s。

用一个例子检验，说起来确实干脆利落，做起来却不那么容易。因为这个例子不是信手拈来的几个数，而要满足条件（2）。当变元数稍多时，将涉及很大的数值的计算。正因为如此，基于定理 2 的例证法，难以在计算机上实现；而基于定理 1 的方法，即所谓数值并行法，却能够在内存很小的袖珍计算机上成功地证明有相当难度的几何定理。

我国一位自学成长的数学爱好者侯晓荣，曾提出了用一个例子证明几何定理的另一种方法，它基于下列的

定理 3 设 $f(x_1,x_2,\cdots,x_m)$ 是 $x_1,x_2,\cdots,x_m$ 的整系数多项式，它关于 x_k 的次数不超过 n_k。又设 $p_1,p_2,\cdots,p_m$ 是 m 个互不相同的素数，则当取

$$\hat{x}_k=\sqrt{n_k+1}\,p_k \tag{3}$$

时，只要 f 不恒为零，总有

$$f(\hat{x}_1,\hat{x}_2,\cdots,\hat{x}_m)\neq 0。$$

按照条件（3）来取变元的值，比按照条件（2）来取计算显小得多。因而定理 3 也提供了可以实现的几何定理例证法。本文以下要介绍的，是基于定理工而提出的例证法，即数值并行法。

几何定理例证法

例证法可以证明代数恒等式，自然容易想到：如果能把几何命题化成代数恒等式的检验问题，便也能用举例的方法证明了。

我们先看几个例题，再对一般的理论进行探讨。

例 1 试证：任意三角形内角和为 180°。

首先把几何问题化为代数问题。设三角形 ABC 的三顶点坐标为 $A=(0,0)$，$B=(1,0)$，$C=(u_1、u_2)$。造就是把 A 取成直角坐标系原点，直线 AB 取作 X 轴，边 AB 作为长度单位。

证明三内角和为 180°，可以通过角度计算，也可以把 3 个角拼在一起看它们是否凑成一个平角。后一个方法是基本方法。因为角度计算公式的推导（如余弦定律的推导）往往已用过“内角和为 180°”这个事实。我们用后一个方法，把三个角搬到一起。

搬的方法如图 1。取 BC 之中点 M，延长 AM 至 D 使 $DM=AM$，则 $\angle DCB=\angle CBA$；又取 AC 中点 N，延长 BN 至 E 使 $NE=NB$，则 $\angle ECA=\angle CAB$。于是要证明的命题即

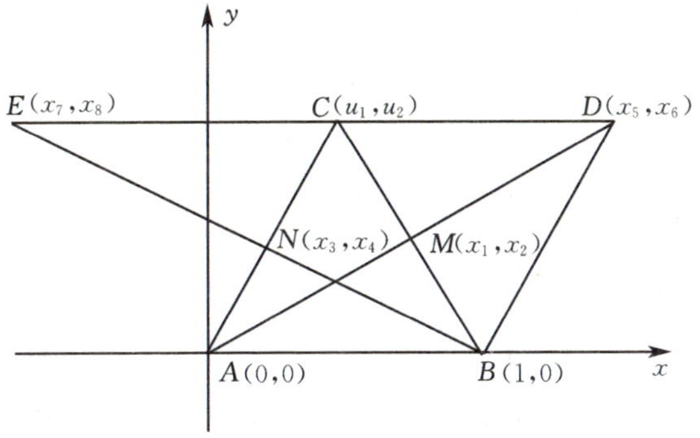

图 1

$$\angle ECA+\angle ACP+\angle DCB=180°,$$

也就是 D、C、E 三点共线。

设 $M=(x_1, x_2)$，$N=(x_3, x_4)$，$D=(x_5, x_6)$，$E=(x_7, x_8)$，则命题的假设条件为

$$H:\begin{cases}\left.\begin{aligned}f_1=x_1-\frac{u_1+1}{2}=0,\\ f_2=x_2-\frac{1}{2}u_2=0,\end{aligned}\right\}(M\text{ 是 }BC\text{ 中点})\\ \left.\begin{aligned}f_3=x_3-\frac{1}{2}u_1=0,\\ f_4=x_4-\frac{1}{2}u_2=0,\end{aligned}\right\}(N\text{ 是 }AC\text{ 中点})\\ \left.\begin{aligned}f_5=x_5-2x_1=0,\\ f_6=x_6-2x_2=0,\end{aligned}\right\}(M\text{ 是 }AD\text{ 中点})\\ \left.\begin{aligned}f_7=x_7-2x_3+1=0,\\ f_8=x_8-2x_4=0。\end{aligned}\right\}(N\text{ 是 }BE\text{ 中点})\end{cases}$$

而要证明的结论是 D、C、E 共直线，即

$$C{:}g=(x_5-u_1)(x_8-u_2)-(x_7-u_1)(x_6-u_2)=0。$$

问题一共涉及 10 个变元。其中 u_1、u_2 可任意取值，叫做自由变元。一旦 u_1、u_2 定了，$x_1\sim x_8$ 都可以由条件 H 定下来，所以 $x_1\sim x_8$ 叫做约束变元。利用条件 H 解出 $x_1\sim x_8$ 代入 C，可以得到关于 u_1、u_2 的多项式 $G(u_1, u_2)$。要证明在条件 H 之下有结论 C，也就是证明 $G(u_1, u_2)$ 恒等于零。不具体计算，也可以看出 G 关于 u_1、u_2 的次数都不超过 1，于是只要在变元 u_1、u_2 的一个 2×2 的格阵上检验 C 是否为零即可。这个格阵可取 (0, 0)，(0, 1)，(1, 0)，(1, 1)，立刻可以算出 G 在这几组数值下为零。事实上，对 (u_1, u_2) ＋ (0, 0)、(1, 0) 根本不用算，因为这时 A、B、C 三点共线，结论显然，而在 $(u_1, u_2)=(1, 1)$ 与 $(u_1, u_2)=(0, 1)$ 这两种情形下得到的三角形 ABC 是全等的。因而只要对 $(u_1, u_2)=(0, 1)$ 做检验就够了。把 $u_1=0$，$u_2=1$ 代入 H，得 $x_8=1$，$x_6=1$，$x_7=-1$，$x_5=1$，代入 C 得 $g=0$，这就完成了命题的证明。

这表明，只要检验 4 个三角形（实质上是 1 个），便足以证明三角形内角和

定理！

例 1 太简单了。再看一个稍复杂一点的例子。

例 2（托勒密定理） 如图 2，A、B、C、D 四点共圆，则有

$$AC\cdot BD=AB\cdot CD+BC\cdot AD。$$

即圆内接四边形的对角线之积，等于两双对边乘积之和。

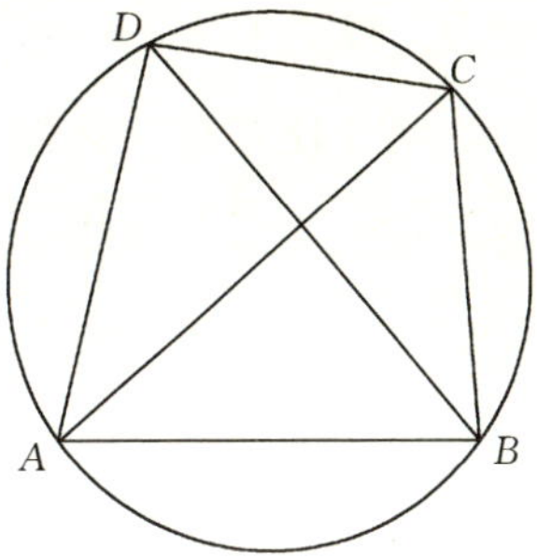

图 2

如果不知道四点在圆上的顺序，则上式应写成

$$AB\cdot CD\pm AD\cdot BC\pm AC\cdot BD=0。$$

此式的意义是可适当选取正负号使之成立。

设 A、B、C、D 坐标为$(x_1,y_1)(i=l,2,3,4)$，它们所共在的圆的圆心取作原点，半径为长度单位，则四点共圆条件可表为

$$H:\begin{cases}f_l=x_1^2+y_1^2-1=0,\\ f_2=x_2^2+y_2^2-1=0,\\ f_3=x_3^2+y_3^2-1=0,\\ f_4=x_4^2+y_4^2-1=0。\end{cases}$$

结论可写成

$$\begin{aligned}C:&\{[(x_1-x_2)^2+(y_1-y_2)^2]\cdot[(x_3-x_4)^2+(y_3-y_4)^2]\}^{\frac{1}{2}}\\ &\pm\{[(x_1-x_4)^2+(y_1-y_4)^2]\cdot[(x_2-x_3)^2+(y_2-y_3)^2]\}^{\frac{1}{2}}\\ &\pm\{[(x_1-x_3)^2+(y_1-y_3)^2]\cdot[(x_2-x_4)^2+(y_2-y^4)^2]\}^{\frac{1}{2}}\\ &=0。\end{aligned}$$

利用 H，可把 C 简化为

$$\begin{aligned}C':\ &\sqrt{(1-x_1x_2-y_1y_2)(1-x_3x_4-y_3y_4)}\\ &\pm\sqrt{(1-x_1x_4-y_1y_4)(1-x_2x_3-y_2y_3)}\\ &\pm\sqrt{(1-x_1x_3-y_1y_3)(1-x_2x_4-y_2y_4)}\\ &=0。\end{aligned}$$

把 C' 去根号，得到多项式形式

$$C'':G(x_1,x_2,x_3,x_4,y_1,y_2,y_3,y_4)=0。$$

这里，G 关于 x_i、y_i 的次数均不超过 2。

为了使 C'' 的变元都成为自由变元，我们用自圆心至点（x_i，y_i）的向径与 X 轴正向的夹角 θ_i 来描述（x_i，y_i）注意到 $x_i=\cos\theta_i$，$y_i=\sin\theta_i$，利用三角变换的万能公式，取 $\tan\frac{\theta_i}{2}=t_i$，便得

$$\begin{cases} x_1=\dfrac{1-t_i^2}{1+t_i^2}, \\ y_i=\dfrac{2t_i}{1+t_i^2}。\end{cases} \quad (i=1,2,3,4)$$

这时 t_1、t_2、t_3、t_4 成为自由变元。将上式代入 C''，去分母，得到只含 t_1、t_2、t_3、t_4 的代数方程：

$$\varphi(t_1,t_2,t_3,t_4)=0。$$

易估计出 φ 关于 t_1 的次数不大于 4。要检验我们所关心的命题的真假，应当在 $5\times5\times5\times5$ 规模的格阵上检验是否 $\varphi=0$。也就是说，可以在圆上任取 5 点，从 5 点中取所有可能的 A、B、C、D 来检验托勒密定理。若 A、B、C、D 中有两点重合，结论显然。故只要考虑从 5 点中去掉一点后，命题对剩下 4 点是否为真。如果这 5 点是正五边形的 5 个顶点，则去掉哪个点都是一样的，因而实质上只要检验一个例子。

如图 3，要检验的是等式

$$AC\cdot BD=a\cdot AD+a^2$$

是否成立。设 $AC=ka$，则要检验的等式化为 $k^2=k+1$。而 $k=\frac{1+\sqrt{5}}{2}$，因而便完成了定理的证明。

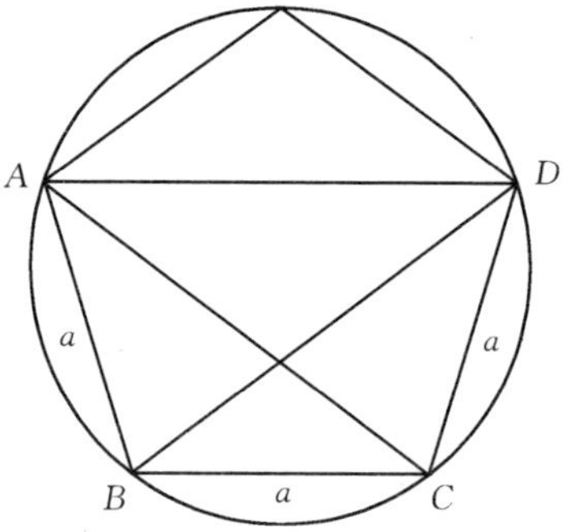

图 3

以上两题，只要用很少例子即可证明所要的结论。但大多数几何命题用例证法证明，要用较

多的例子检验。下面是一个有趣的新定理。

例 3 设单位球面上的一个球面三角形面积为 π，则该三角形任两边中点的球面距离为 $\pi/2$。即三边中点成为球面正三角形。

设这个球面三角形的 3 个角是 A、B、C，而对应 3 边为 a、b、c，又设 a、b 两边中点距离为 m，由球面余弦定律，得

$$\cos m=\cos C\sin\frac{a}{2}\sin\frac{b}{2}+\cos\frac{a}{2}\cos\frac{b}{2}。$$

定理的结论 $m=\frac{\pi}{2}$ 等价于

$$\cos C\sin\frac{a}{2}\sin\frac{b}{2}+\cos\frac{a}{2}\cos\frac{b}{2}=0。\tag{4}$$

将式（4）移项、平方，以消去半角，得

$$\cos^2 C（1-\cos a）（1-\cos b）=（1+\cos a）（1+\cos b）。\tag{5}$$

又因 $\cos a$ 和 $\cos b$ 满足余弦律

$$\begin{cases}\cos A=\cos a\sin B\sin C-\cos B\cos C,\\ \cos B=\cos b\sin A\sin C-\cos A\cos C,\end{cases}\tag{6}$$

而且由假设条件三角形面积为 π 得 $A+B+C=2\pi$，故有 $\cos C=\cos(A+B)$ 及 $\sin C=-\sin(A+B)$。代入式(6)消去 C，并记 $s_1=\cos a$，$s_2=\cos b$。若从式(6)中解出 s_l、s_2 并代入式(5)，应用 $\cos C=\cos(A+B)$，经过去分母、整理，式(5)化为

$$G（\cos A，\cos B，\sin A，\sin B）=0\tag{7}$$

的形式。这里 $G(x_1,x_2,x_3,x_4)$是多项式，且 G 关于 x_i 的次数均不超过 5。注意，我们并没有真的从式(6)中解出 $s_1=\cos a$ 和 $s_2=\cos_b$ 并代入式(5)，也没有进行整理，仅仅是想象若作整理将得到多大次数的多项式。利用万能变换

$$\cos A=\frac{1-t^2}{1+t^2},\quad \sin A=\frac{2t}{1+t^2},$$

$$\cos B=\frac{1-s^2}{1+s^2},\quad \sin B=\frac{2s}{1+s^2},$$

把式（7）化为关于 s、t 的代数方程：

$$\Phi（s，t）=0。$$

这里 Φ 是 s、t 的多项式，而且 Φ 关于 s、t 的次数均不超过 10。于是，只要在 11 ×11 的格阵上检验是否有 $\Phi=0$ 即可。由于 $\Phi(s, t)$ 关于变元 s、t 对称，实际上只要验算 66 个数值实例。这是用例证法证明的新定理之一。

有的几何命题，要用大量的例子来检验。例如

命题 四面体的 4 个高 h_1、h_2、h_3、h_4 和它的 3 个宽度 ω_1、ω_2、ω_3 之间有关系：

$$\frac{1}{h_1^2}+\frac{1}{h_2^2}+\frac{1}{h_3^2}+\frac{1}{h_4^2}=\frac{1}{w_1^2}+\frac{1}{w_2^2}+\frac{1}{w_3^2}。$$

这要用 14 万个例子来检验，这里，四面体的宽度是指它的一对不相交的棱之间的距离。

由以上几个例子看出几何定理的例证法的步骤。

第一步　利用取坐标或三角函数，把问题表成代数形式：在一组代数等式条件下，问另一代数等式是否成立。

第二步　设想利用假设条件消去结论等式中的约束变元，使结论转化为只含自由变元的代数方程。估计此代数方程关于各变元的次数以确定格阵规模（并不真的写出这个方程）。

第三步　根据格阵规模取自由变元的若干组数值，检验命题对于这些具体数值是否成立。如果都成立，则表明第二步中的代数方程为恒等式，从而命题为真（这里用了定理 1）。

这里产生了一个问题：第二步中，消去约束变元而得到一个只含自由变元的代数方程是否总能办到呢？下面指出，在吴－Ritt 整序原理的基础上，这问题可以办到的。

消去约束变元的理论基础

一个初等几何命题，如果结论不是不等式，总可以通过解析几何或三角的方法，化成代数形式。也就是，在一组假设条件

$$H^*: f_i(x_1, x_2, \cdots, x_m)=0 \qquad (i=1, 2, \cdots, n)$$

之下，要求确定

$$C^*: g(x_1, x_2, \cdots, x_m)=0$$

是否成立。

根据吴－Ritt 整序原理[5,6]，H^* 中的方程可以转换成“三角形”，即“升列”：

$$H: fi(u_1, \cdots, u_d, x_1, \cdots, x_i)=0 \qquad (i=(1,2,\cdots,s)。$$

在 H 中，$u_1,\cdots,u_d$ 是原来某些 x_i 的换名，而 $x_1,\cdots,x_i$ 是原来某些 x_i 的重新编号。这些 u_i 叫自由变元，x_i 是约束变元。相应地，C^* 也改写为

$$C: G(u_1, \cdots, u_d, x_1, \cdots, x_s)=0。$$

对多数几何命题，整序是容易的。整序使问题大为简化，但从 H 出发仍不能消去 C 中的约束变元，需要更多一些的预备。我们最近用结式作为工具为消去约束变元提供了理论基础。

给了两个多项式

$$\begin{cases} f=a_nv^n+\cdots+a_0 \ (a_0\neq 0), \\ g=a_kv^k+\cdots+b_0, \end{cases}$$

行列式

$$\operatorname{Res}(g, f, v)=\begin{vmatrix} a_n & & 0 & & b_k & & 0 & \\ \vdots & a_n & & & \vdots & b_k & & \\ a_0 & \vdots & \ddots & & b_0 & \vdots & \ddots & \\ & a_0 & & a_n & & b_0 & & b_k \\ & & \ddots & \vdots & & & \ddots & \vdots \\ & & & a_0 & & & & b_0 \\ & 0 & & & & 0 & & \end{vmatrix}$$

叫做 g 关于 f 对变元 v 的结式。这是代数学里早已熟悉了的概念。我们进一步定义了关于升列的结式。

对于 C 中的 G 和 H 中 f_1，$f_2,\cdots,f_s$，递推的定义

$$\begin{cases} R_{s-1}=\text{Res}\ (G,\ f_s,\ x_s), \\ R_{s-2}=\text{Res}\ (R_{s-1},\ f_{s-1},\ x_{x-1}), \\ \quad\vdots \\ R_0=\text{Res}\ (R_l,\ f_1,\ x_1)。\end{cases}$$

最后得到的 R_0 叫做 G 关于升列$\{f_1,f_2,\cdots,f_s\}$的结式，它是自由变元 $u_1,u_2\cdots,u_d$ 的多项式，并记 R_0 为 $\text{Res}(G,f_1,f_2,\cdots,f_s)$。

为了找到 $\text{Res}(G,f_1,f_2,\cdots,f_s)$的另一形式，我们来考虑方程组 H 的解。给定一组自由变元的值$(\tilde{u}_1,\tilde{u}_2,\cdots,\tilde{u}_d)$，由 H 的第一个方程可以解出 x_1。设 H 中第 i 个方程关于 x_i 的次数是 m_i，则解出的 x_1 共有 m_1 个：$x_1^{(1)},x_1^{(2)},x_1^{(m_1)}$。

把任一组$(\tilde{u}_1,\tilde{u}_2,\cdots,\tilde{u}_d,x_1^{(i)})$代入 H 的第二个方程

$$f_2(u_1,\cdots,u_d,x_1,x_2)=0,$$

可以解出 x_2 的 m_2 个值，随 $i=1,2,\cdots,m_1$ 的改变，共有 x_2 的 m_1m_2 个值：

$$x_2=x_2^{(i_1,i_2)}(i_1=1,2,\cdots,m_1;i_2=1,2,\cdots,m_2)。$$

这样依次解下去，对固定的$\tilde{u}(\tilde{u}_1,\tilde{u}_2,\cdots,\tilde{u}_d)$，一般可得到 H 的 $m=m_1m_2\cdots\cdots m_s$ 组解：

$$(\tilde{u},x^{(i_1,i_2,\cdots,i_s)})=(\tilde{u}_1,\cdots,\tilde{u}_d,x_1^{(i_1)},x_2^{(i_1,i_2)},\cdots,x_s^{(i_1,i_2,\cdots,i_s)})。$$

在以上说明的基础上，我们得到了公式：

$$\text{Res}(G,f_1,f_2,\cdots,f_s)(\tilde{u})=p(\tilde{u})\prod_{\substack{l\leqslant i_j\leqslant m_j\\ i=1,\cdots,s}} G(\tilde{u},x^{(i_1,i_2,\cdots,x_s)})。\tag{8}$$

这个公式左端是$\tilde{u}=(\tilde{u}_1,\tilde{u}_2,\cdots,\tilde{u}_d)$的多项式。右端的 $P(\tilde{u})$也是$\tilde{u}$的多项式。如果是恒为零的多项式，可以证明，右端连乘号之后的 $m_1m_2\cdots\cdots m_s$ 个因式中，将有一部分恒为零，即命题结论对 H 的部分解成立。这当然还不能令人满意。

我们还进一步考虑了 $G+\lambda$ 关于$\{f_1,f_2,\cdots,f_s\}$的结式。这里 λ 是不同于 $x_1,\cdots,x_s,u_1,\cdots,u_d$ 中任一个的独立变元。由式(8)得到

$$Res(G+\lambda,f_1,f_2,\cdots,f_s)(\tilde{u},\lambda)$$

$$P\ (\tilde{u})\prod_{\substack{l\leqslant ij\leqslant mj\\ j=1,-,s}}(G\ (\tilde{u},\ x^{(i_1,i_2,\cdots,i_s)})\ +\lambda)。\tag{9}$$

从式（9）出发，我们证明了一个重要的基本事实：在假设 H（和某些非退化条件）之下，C 成立的充要条件是

$$\mathrm{Res}(G+\lambda, f_1, \cdots, f_s)(u, \lambda) = p(u)\lambda^{m_1 m_2 \cdots\cdots m_s}。$$

这个充要条件为例证法提供了根据。

用反证法。若在前提 H 之下 C 不成立，则有

$$\mathrm{Res}(G+\lambda, f_1, f_2, \cdots, f_s)(u, \lambda) = Q(u, \lambda)\lambda^k。$$

这里 $0 \leqslant k < m_1 m_2 \cdots\cdots m_s$，而且 $Q(u, 0)$ 不恒为零。从式（9）两端约去 λ^k 真然后令 $\lambda=0$，可得

$$Q(\tilde{u}, 0) = P(\tilde{u}) \prod{}^{*} G(\tilde{u}, x^{(i_1, i_2, \cdots, i_s)})。 \tag{10}$$

上式中连乘号 $\prod{}^{*}$ 后的因式仅是那些不恒为零的 $G(\tilde{u}, x^{(i_1, i_2, \cdots, i_s)})$，它们共有 $m_1 m_2 \cdots\cdots m_s - k$ 个。由结式定义可估计出 $Q(u, 0)$ 关于 u_1，u_2，…，u_d 的次数，然后在相应的格阵上取那些 u 值，对应地解出 $x^{(i_1, i_2, \cdots, i_s)}$，代入 G 中检验。如果每组解均使 $G=0$，即知 $Q(\tilde{u}, 0)$ 恒为零，矛盾，从而在条件 H 之下 C 成立。

还剩下一个问题，即一开始提到的“测量”误差问题：对格阵中的一组 $\tilde{u}$，通常只能解出 $x^{(i_1, i_2, \cdots, i_s)}$ 的近似值，因而代入 G 后得到的也是近似值。如果 C 的值很小，但计算机输出的值不是零，那么，如何判断 G 是否为零呢？会不会“差之毫厘，谬之千里”呢？

我们可利用式（10）简单地处理它。如果 G 和各个 f_i 都是整系数多项式（通常的几何命题都是如此），而且 $\tilde{u}$ 也取整值，则式（10）左端是整数。如果它非零，其绝对值就不小于 1。因此，只要经检验得山

$$\left| P(\tilde{u}) \prod{}^{*} G(\tilde{u}, x^{(i_1, \cdots, i_s)}) \right| < 1,$$

便证明了 $Q(\tilde{u}, 0)=0$。在上式中，$P(\tilde{u})$ 的上界是可以根据结式定义递推地估计的。造就解决了误差问题。

实际应用时，还有具体算法的优化设计问题，这里就不再细说了。

演绎与归纳的对立与统一

归纳方法，即从大量事实出发总结出一般规律的方法，是人类认识世界的一个基本方法。

归纳法广泛用于自然科学的研究，特别是物理学的研究。物理学的基本定律来自实验与观察，从有限次实验与观察中作出关于无穷多对象的判断。结果常常是对的。这在哲学上被认为是一个难以解释的问题。例证法的出现，有可能为归纳方法的合理性提供逻辑的根据。

在西方哲学史上，是归纳法好还是演绎法好，曾有过长期的激烈争论。而初等几何，是演绎推理占统治地位的最古老的王国，也正是历史上演绎与归纳分道扬镳的三岔口。有了例证法，归纳法也可以在这个古老王国的政权中占一席之地了。但例证法的合理性，则是用演绎法证明的。在这一点上，是演绎支持了归纳。

其实，归纳本来就支持过演绎。几何学的公理，几何推理的基本法则，本身无法演绎地证明，它们是人类经验的总结，基本上是归纳的结果。

由于几何学的影响，古希腊哲学家多推崇演绎。亚里士多德所写的论述“三段论”推理方法的名著《工具论》曾长期被奉为经典。到 17 世纪，培根等经验论哲学家则大力提倡归纳推理，认为归纳才是切实可靠的获取知识的方法。而唯理论哲学家笛卡尔、莱布尼兹等则认为只有演绎法才能得到必然的、普遍的真理，例子再多也没有用。其实，归纳与演绎是相互支持，相互补充的，它们不是水火不相容的。例证法为此提供了有启发性的根据，在两者之间建立了一条通道。

目前，例证法的使用范围，仅限于可以用代数方程描述的问题。笔者相信，随着研究的深入，它的有效范围将扩大到超越方程，甚至某些微分方程，只不过要算的例子更多，计算量更大而已。人们对演绎与归纳的关系，也会有更深刻的认识。

几何定理机器证明的吴法浅谈

古老的追求

数学问题大体上可分为两类：计算题与证明题，或者叫做求解与求证。

求解：解应用题，解方程，几何作图，求最大公约数和最小公倍数……

求证：初等几何证明题，证明代数恒等式，证明不等式……

中国古代数学研究的中心问题是求解。其方法是把问题分门别类，找出一类一类的解题模式。《九章算术》，就是把问题分成九大类，分别给出解题办法。这办法是有固定章法可循的。只要有一般智力和必要的少许基本知识，都能学会。学会一个方法，便能解一类问题，问题来了，只要能对号入座，便可手到擒来，不要什么天才与灵感。

用一个固定的程式解决一类问题，这是机械化数学的基本思想。追求数学的机械化方法，是中国古代数学的特点，也可说是中国古代数学的优秀传统之一。

以希腊的几何学为代表的古代西方数学，所研究的中心不是分类解题，而是在建造公理体系的基础上一个一个地证明各式各样的几何命题。几何题的证法，各具巧思，争奇斗艳，无定法可循；犹如雕刻家的手工操作，有赖于技巧和灵感。

有一条平面几何定理，叫做"斯坦纳－雷米欧司定理"：若三角形有两条内分角线相等，则它是等腰三角形（图 1）。

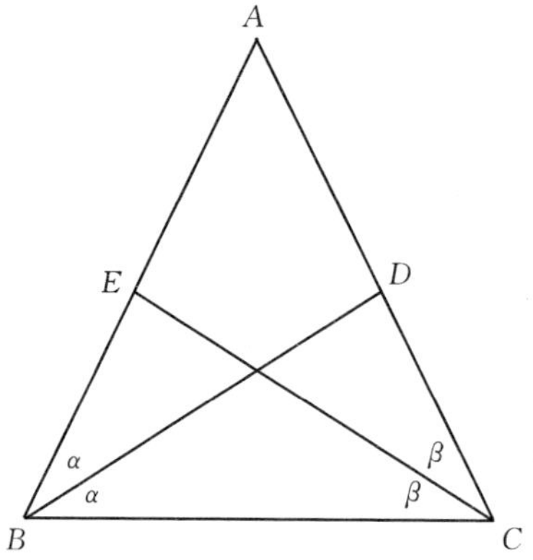

图 1

把前提与结论换一下，它就是一条每个中学生都会证明的题目（等腰三角形两底角之分角线相等）。但一翻转，就难了。100 多年前雷米欧司提出这个问题时，数学家一时束手无策。几年之后，斯坦纳才给出一个证明。至今，它已有上百种证法。几年前，两位美国教授还发表了一个简单得只有几句的新证法。但是，在没找到证明之前，很难说问题是难是易，甚至无法判断命题是否成立。

计算与证明，同是数学脑力劳动，但两者颇不相同。计算往往是刻板而枯燥的，但容易掌握；证明常常是灵活而巧妙的，可难于入手。原因在于：计算机械化了，证明还没有机械化。

能不能想个办法，把许多证明题变成有章可循的计算工作呢？这样一来，人人都能证几何难题了。只要他按部就班地学会方法步骤，不厌烦枯燥的写写算算，就能像解一次代数方程、开平方、求最大公约数那样推证那些曾使数学家束手无策的几何难题了。

这种愿望由来已久。但直到 17 世纪，法国的数学家（也是哲学家）笛卡尔（1596—1650 年）才为它的实现找到一线光明。

笛卡尔曾有过一个宏伟的设想：“一切问题化为数学问题。一切数学问题化为代数问题。一切代数问题化为代数方程求解问题。”

他把问题想得过于简单了。如果他的设想真能实现，那就不仅是数学的机械化，而且是全部科学的机械化了。因为，代数方程求解是可以机械化的。

但笛卡尔不仅是空想。他所创立的解析几何，确实能使初等几何问题代数化。当时的数学定理，绝大多数是初等几何定理。用坐标法把几何问题化为代数问题，虽然还没有实现几何定理的机械化证明，但总算把无章可循的几何证明题纳入了有一定规范形式的代数框架，这为后来的几何定理机器证明打下了基础。

比笛卡尔晚一些的德国数学家（也是哲学家）莱布尼兹（1646—1716 年）曾有过“推理机器”的设想。他为此研究过逻辑，设计并造出了能做乘法的计算机。他的努力促进了布尔代数、数理逻辑以及计算机科学的研究。

更晚一些，德国数学家希尔伯特（1862—1943 年）曾更明确地提出了公理系统中的判定问题：有了一个公理系统，就可以在这个系统基础上提出各式各样的命题，有没有一种机械的方法，用它对每个命题加以检验就能判明命题是否成立呢？经检验判明其成立的命题，也就是被证明了的定理。检验也就是证明。

数理逻辑的研究表明，希尔伯特的要求太高了。即使在初等数论的范围内，对所有命题进行判定的机械化方法也是不存在的！

但我们不妨退一步，去寻找可用机械方法判定的较小的命题类。也巧，恰在希尔伯特的名著《几何基础》一书中，就提供了一条可以对一类几何命题进行判定的定理。

这条定理的意思是说：如果一个几何命题只涉及“关联性质”，那就可以用确定的步骤判定它是不是成立。

所谓“关联性质”，指的是“某点在某直线上”、“某直线过某点”、“某直线在某平面上”这类不涉及线段长短、角度大小以及垂直、共圆的几何性质。例如，有名的帕布斯定理就只涉及“关联性质”：设点 A_1、A_2、A_3 在一条直线上，点 B_1、B_2、B_3 在一条直线上，C_1 是 A_2B_3 与 A_3B_2 的交点，C_2 是 A_3B_1、A_1B_3 的交点，C_3 是 A_1B_2 与 A_2B_1 的交点，则 C_1、C_2、C_3 在一条直线上（图 2）。

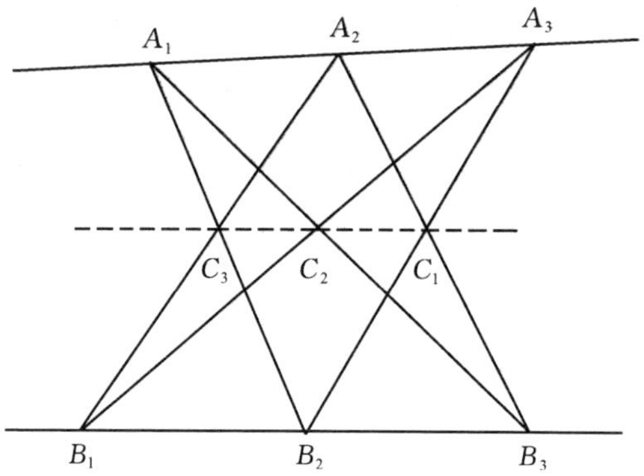

图 2

希尔伯特自己也许并没有意识到自己提出了一条关于机械化证明的定理。希尔伯特之后，别人也不大注意这条定理的机械化意义。他的那本名著是以公理化的典范著称于世的。我国数学家吴文俊教授第一个指出："该书更重要之处，在于提供了一条从公理化出发，通过代数化以到达机械化的道路。"

公理化的思想与方法比机械化的追求与探索受到更多的重视，并不奇怪。几千年来，数学家用的不过是一张纸和一支笔。只有一些最具有远见卓识的数学家才认真地梦想着数学证明的机械化。电子计算机的出现，为这个古老的梦的实现提供了物质条件。

但这一方向的实际进展，还有待数学家创造新的方法。

惊人的突破

证明的机械化，如果没有可以进行数学演算的机器，只能是纸上谈兵。

单个地证明命题，可以针对特殊性，寻找捷径。许多几何题的巧妙解法，体现了特殊命题特殊处理的思想。

用一个机械的方法处理成批的数学问题，就失去了利用命题特殊性的可能。碰到一个具体问题时，用这种方法往往显得繁琐与笨拙，不像特殊方法那么巧妙。就像竭泽而渔，它不像钓鱼那么巧妙而有趣。好处却是有章可循，总能成功。

因此，机械化方法如果没有高速运算的机器作工具，往往反而费时费力。机器的特点，无非是快，是不知疲倦地干，是不拒绝单调无味的工作。实际上，计算机能干的事，人用纸笔也能干，只是慢罢了。

计算机的问世，使证明机械化的研究活跃起来。波兰数学家塔斯基（Tarski）在1950年证明了一个引人注目的定理：一切初等几何和初等代数范围的命题，都可以用机械方法判定。1956年以来，美国科学家开始尝试用计算机来证明一些数学定理。1959年，数理逻辑学家王浩教授设计了一个程序，用计算机证明了罗素、怀德海的巨著《数学原理》中的几百条定理，仅用了9分钟。1976年，美国的两位年轻的数学家阿佩尔和哈肯，在高速电子计算机上用1200小时的计算时间，证明了“四色定理”，使数学家100多年来未能解决的这个难题得到了肯定的回答。这些进展轰动一时，使数学家和数理逻辑学家欢欣鼓舞，认为机器证明的美梦很快将成为眼前的现实了。

但是，《数学原理》中的几百条定理，毕竟是平凡的陈述。用计算机单打一地证明“四色定理”，也只能算是计算机辅助证明。在数学发展的漫长历史中，曾积累了数以千计的初等几何定理。无数数学家，为提出和证明这些定理真是呕尽心血。这里面有许多巧夺天工、趣味隽永的杰作。能不能用计算机把这些定理成批地证明出来？能不能在这些定理之外用机器证出漂亮的新结果？大家都在拭目以待。

自塔斯基的引人注目的定理发表以来，已经过去26年了。初等几何定理的机器证明，仍然没有令人稍觉满意的进展。用塔斯基的方法，连中学生课本里的许多定理也证不出来。因为他的办法太繁，难以实现。在许多探索和实验失败之后，人们又从乐观变为悲叹。有些专家认为：光靠机器，再过100年也未必能证明出多少有意义的新定理来！

中国数学家的工作，在这个领域揭开了新的一页。著名数学家吴文俊教授，从1976年冬开始进入这一领域。当时他既没有接触塔斯基的工作，也没有想到希尔伯特的著作里包含的那条机械化定理。他在中国古代数学的机械化与代数化的优秀思想启发之下，独辟蹊径，提出自己的机械化方法。1977年，吴文俊提出的定理机器证明新方法正式发表。使用吴氏方法（以下简称吴法），可以在计算机上迅速地证明很不简单的几何定理，如西姆松定理、费尔巴哈定理、莫勒定理等，还能发现新的不平凡的几何定理。吴法像磁石一样，吸引了世界上从事这一领域研究的专家学者。

十多年来，吴法在世界上不胫而走。美国、德国、奥地利等各国同行纷纷学习吴法，介绍吴法，研究吴法。此后，数以百计的学术论文如雨后春笋般地涌现。1989 年，国外出版了一本英文专著，详细地阐述了吴法，并列举了该书作者用自己基于吴法编制的程序（所谓“证明器”）在计算机上证明的 512 条定理。这些定理大多是不平凡的，所有的机器时间一般每条定理才几秒钟。

吴法的出现，使具有数千年历史的手工式的初等几何研究真正地结束了。今后，当人们在初等几何范围内提出新命题而不知其真伪时，只要上机一试，便知分晓。而人的工作则主要是猜测、发现，并从机器证明的定理中挑选那些最漂亮的加以进行分析以及寻找简化的证明。

那么，吴法又是如何在机器上实现定理的证明呢？

朴素的思想

科学上许多伟大的发现与创造，基本思想往往朴实无华，甚至看来是平凡的。但能首先想到可以从这朴素而平凡之点出发解决难题，却不容易。这需要有真知灼见，想得深，看得远，对问题吃得透。

举世瞩目的吴法，基本出发点也是十分朴素的思想：把几何命题化成代数形式加以处理，化成什么形式？如何处理？我们用一个熟知的例子来说明。

西姆松定理 在$\triangle ABC$的外接圆上任取一点P，自P向BC、CA、AB引垂线，垂足顺次为及R、S、T，则R、S、T三点在一直线上（图 3）。

吴法的第一步是把几何问题代数化。

这条命题涉及A、B、C、P、R、S、T共 7 个点。命题的假设部分有这么几条：

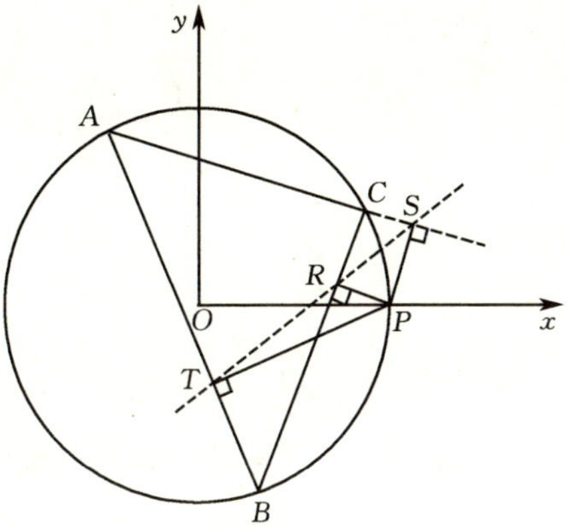

图 3

(1) A、B、C、P 在同一个圆上;

(2) R、S、T 分别在直线 BC、CA、AB 上;

(3) $PR\perp BC$,$PS\perp CA$,$PT\perp AB$。

结论是一条,R、S、T 共直线。

为了简便,可以取$\triangle ABC$ 外接圆中心 O 为笛卡尔坐标原点,取圆半径为单位长,设 A、B、C、R、S、T、P 的坐标顺次分别为 (x_1, y_1),(x_2, y_2),(x_3, y_3),(x_4, y_4),(x_5, y_5),(x_6, y_6),(x_7, y_7)。还可以设 P 在 x 轴的正半轴上,因而 $(x_7, y_7)=(1, 0)$。于是,命题的假设部分可以改写成下列代数等式的形式。

假设(1)可写成

$f_1=x_1^2+y_1^2-1=0$, (A 在圆 O 上)

$f_2=x_2^2+y_2^2-1=0$, (B 在圆 O 上)

$f_3=x_3^2+y_3^2-1=0$; (C 在圆 O 上)

假设(2)可写成

$f_4=(x_3-x_2)(y_4-y_2)-(y_3-y_2)(x_4-x_2)=0$, (R 在 BC 上)

$f_5=(x_3-x_1)(y_5-y_2)-(y_3-y_1)(x_5-x_1)=0$, (S 在 AC 上)

$f_6=(x_1-x_1)(y_6-y_2)-(y_1-y_2)(x_6-x_2)=0$; (T 在 AB 上)

而假设(3)则为

$f_7=(1-x_4)(x_2-x_3)+(-y_4)(y_2-y_3)=0$， $(PR\perp BC)$

$f_8=(1-x_5)(x_3-x_1)+(-y_5)(y_3-y_1)=0$， $(PS\perp CA)$

$f_9=(1-x_6)(x_1-x_2)+(-y_6)(y_1-y_2)=0$； $(PT\perp AB)$

要证明的结论，则可以表示为

$g=(x_4-x_5)(y_5-y_6)-(x_5-x_6)(y_4-y_5)=0$。($R$、$S$、$T$ 共直线)

至此，我们已完成了用吴法机械地证明几何定理的第一步：把几何问题化为代数形式。这里是用解析几何方法化的。当然，也可以用其他方法，如三角方法。这代数形式，就是在假定一组多项式为 0 的条件下，求证另一个多项式为 0。具体到本例，就是：

设　$f_1=f_2=f_3=\cdots=f_9=0$，

求证　$g=0$。

吴法的第二步，叫做整序。所谓整序，就是把假设条件化成一种规范形式——吴升列。

在假设条件里，含有许多变元。这些变元之间足有相互联系的。以本例而论，A、B、C 三点在圆上的位置定了，其他点的位置也就定了。而 A、B、C 三点的位置，又可以由 3 个纵坐标 y_1、y_2、y_3 确定。这样，(x_1, y_1)，(x_2, y_2)，…，(x_6, y_6) 中的 12 个变元当中，只有 3 个是自由的，另外 9 个则是受约束的。能选定自由变元，对整序有好处。

取定 y_1、y_2、y_3 为自由变元之后，为了明确，给它们换个名字，记 $u_1=y_1$，$u_2=y_2$，$u_3=y_3$。这样，一看见 u，便知道是自由变元。

约束变元是被约束条件约束起来，跟着自由变元变化的。约束条件就是假设条件。整序就是把约束变元排个顺序，使得：

第一个约束变元直接跟着自由变元走；

第 $k+1$ 个约束变元直接跟着自由变元和前 k 个约束变元走。

也就是说，把假设条件改写成这样的一组等式：

$$f_1^*=f_2{}^*=\cdots=f_s{}^*=0,$$

其中 f_1^* 中只出现自由变元和第一个约束变元，$f_k{}^*$ 中只出现自由变元和前 k 个约束变元。

目前这个例子，改写是容易的。f_1^* 就是 f_1，f_2^*、f_3^* 就是 f_2、f_3：

$$f_1=x_1{}^2+(u_1^2-1)=0,$$

$$f_2=x_2^2+(u_2^2-1)=0,$$

$$f_3=x_3{}^2+(u_3 2^- 1)=0。$$

但在 f_4～f_9 这些方程中，每个方程里都引进了两个约束变元，这就应当设法消去一个。

从 f_4 与 f_7 中消去 y_4，得到

$$f_4{}^*=((x_2-x_3)^2+(u_2-u_3)^2)x_4-[(x_2-x_3)^2+(u_2-u_3)(u_2x_3-u_3x_2)]$$
$$=0。$$

而 $f_5{}^*$ 可以由 f_7 改写而得：

$$f_5{}^*=-(u_2-u_3)y_4+(1-x_4)(x_2-x_3)=0。$$

类似地，由 f_5 和 f_8 改写得到

$$f_6{}^*=((x_3-x_1)^2+(u_3-u_1)^2)x_5-[(x_3-x_1)^2+(u_3-u_1)(u_3x_1-u_1x_3)]$$
$$=0,$$

$$f_7{}^*=-(u_3-u_1)y_5+(1-x_5)(x_3-x_1)=0。$$

由 f_6 和 f_9 得到

$$+f_8^*=((x_1-x_2)^2+(u_1-u_2)^2)x_6-[(x_1-x_2)^2+(u_1-u_2)(u_1x_2-u_2x_1)]$$
$$=0,$$

$$f_9^*=-(u_1-u_2)\ y_6+(1-x_6)(x_1-x_2)=0。$$

现在，变量 x_1、x_2、x_3、x_4、y_4、x_5、y_5、x_6、y_6 在多项式 f_1^*～f_9^* 中依次出现。方程多一个，约束变量也多一个。这叫做“三角形式”的多项式方程组。注意到 f_4^* 中 x_4 的系数里有 x_2 和 x_3 的平方项，可以利用方程 $f_2^*=0$ 和 $f_3^*=0$ 化简，变成

$$\widetilde{f}_4^*=2(1-x_2x_3-u_2u_3)x_4-[(x_2-x_3)^2+(u_2-u_3)(u_2x_3-u_3x_2)]$$
$$=0。$$

类似地，$f_6{}^*$ 和 $f_8{}^*$ 也可化为

$$\widetilde{f}_6^* = 2(l-x_3x_1-u_3u_1)x_5-[(x_3-x_1)^2+(u_3-u_1)(u_3x_1-u_1x_3)]$$
$$=0,$$
$$\widetilde{f}_8^* = 2(l-x_1x_2-u_1u_2)x_6-[(x_1-x_2)^2+(u_l-u_2)(u_1x_2-u_2x_1)]$$
$$=0。$$

经过这样化简之后的三角形式的多项式组，叫做“吴升列”。

吴法的第二个步骤，至此完成。得到了一组吴升列：

f_1^*，f_2^*，f_3^*，$\widetilde{f}_4^*$，f_5^*，$\widetilde{f}_6^*$，f_7^* · $\widetilde{f}_8^*$，f_9^*。

吴法的第三步，叫做伪除法求余。

伪除法求余从 $f_9{}^*$ 与 g 开始。把 g 和 $f_9{}^*$ 都看成最后一个约束变元 y_6 的多项式，用 $f_9{}^*$ 除 g。得到的余式，经过去分母之后叫做 g 关于 $f_9{}^*$ 对变元 y_6 的伪除法除余，记作 R_8。

为了作伪除法，把 g 写成 y_6 的多项式：

$$g^*=g=(x_4-x_5)y_6+(x_4y_5-x_5y_4+x_6y_4-x_6y_5)=0。$$

这样，用 f_9^* 除 g^*，将剩余去分母后得到

$$R_8=(x_4-x_5)(1-x_6)(x_1-x_2)+(x_4y_5-x_5y_4+x_6y_4-x_6y_5)(u_1-u_2)。$$

这样的伪除求余，正好相当于从方程 $f_9{}^*=0$ 中解出

$$y_6=\frac{(1-x_6)(x_1-x_2)}{u_1-u_2}$$

后代入 g^*。如果在 f_9^* 中 y_6 的次数高于1次，比如说有 y_6 的最高次项 y_6^n，则可以利用方程 $f_9^*=0$ 把 $y_6{}^*$ 表为一些 y_6 的较低次项之和，反复代入 g^*，把 g^* 中 y_6 的最高次数降低到低于 n。

因此，做这种伪除法时，要假定 $u_1-u_2\neq 0$，这叫做非退化条件（关于非退化条件的意义，后面将进行单独的讨论）。

把 R_8 看成 x_6 的多项式，即写成

$$R_8=[(u_1-u_2)(x_4-y_5)-(x_1-x_2)(x_4-x_5)]x_6$$
$$+(x_4-x_5)(x_1-x_2)+(u_1-u_2)(x_4y_5-x_5y_4)。$$

把 $\widetilde{f}_8^*$ 也看成 x_6 的多项式，用于 $\widetilde{f}_8^*$ 除 R_8，得到剩余去分母，记作 R_7。则

$$R_7=[(u_1-u_2)(y_4-y_5)-(x_1-x_2)(x_4-x_5)]$$
$$[(x_1-x_2)^2+(u_1-u_2)(u_1u_2-u_2x_1)]$$
$$+2(1-x_1x_2-u_1u_2)[(x_4-x_5)(x_1-x_2)$$
$$+(u_1-u_2)(x_4u_5-x_5y_4)]。$$

再把 R_7 和 $f_7{}^*$ 都看成 y_5 的多项式，别 $f_7{}^*$ 除 R_7 求取伪除法剩余，得 R_6。

继续做下去：求 R_6 关于 $\tilde{f}_6^*$ 对 x_5 的伪除法剩余，记作 R_5。

求 R_5 关于 f_5^* 对 y_4 的伪除法剩余，记作 R_4。

求 R_4 关于 $\tilde{f}_4^*$ 对 x_4 的伪除法剩余，记作 R_3。

求 R_3 关于 f_3^* 对 x_3 的伪除法剩余，记作 R_2。

求 R_2 关于 f_2^* 对 x_2 的伪除法剩余，记作 R_1。

求 R_1 关于 f_1^* 对 x_1 的伪除法剩余，记作 R_0。

最后的 R_0 如果是零多项式，就表明，在非退化条件

$$(u_1-u_2)(u_2-u_3)(u_3-u_1)(1-x_1x_2-u_1u_2)$$
$$(1-x_3x_1-u_3u_1)(1-x_2x_3-u_2u_3)\neq 0$$

之下，所要检验的命题成立。这是吴法中的一条定理所保证了的。

伪除法求剩余，用手算来做是可怕的。它有时涉及上千项的多项式的整理。如果你有足够的细心和耐心，这个例子可以用手算完成，但可能花你好几个小时。

过程虽繁，但毕竟是机械的计算，交给计算机做正好。

要是算到最后，R_0 不是零多项式呢？吴法证明：若升列 $\{f_1^*, f_2^*, f_3^*, \tilde{f}_4^*, f_5^*, \tilde{f}_6^*, \tilde{f}_8, f_9^*\}$ 是所谓“不可约”的，$R_0\neq 0$ 便表明命题不成立。对“可约”的升列，总可以通过因式分解化为几个“不可约”升列，从而把问题完个解决了。

整个过程的基本思想是朴素的：尽可能地消云约束变元，或降低约束变元的次数，使问题水落石出。

那么，非退化条件又是什么意思呢？

从形式上看，非退化条件就是要求在整序后得到的升列中，每个多项式里新

出现的约束变元最高次项的系数不等于零。在本例情形，多项式 f_1^* 、f_2^* 、f_3^* 不产生非退化条件。多项式 $\tilde{f}_4^*$ 里新出现的约束变元是 x_4，它的最高次项是 1 次，系数是 $2(1-x_2x_3-u_2u_3)$，于是产生非退化条件

$$(1-x_2x_3-u_2u_3)\neq 0。$$

这个条件的几何意义是："B 与 C 两点不重合"。这当然是对的，如果 B 与 C 重合，ABC 就不成为三角形了。

提出要对"非退化条件"进行研究，是吴文俊教授对几何证明理论的又一贡献，是定理机器证明研究的副产品。

长期以来，大家认为欧几里得几何中论证推理过程是严密的。即使有问题，也出在公理体系上。希尔伯特重整了欧氏公理体系之后，总不会再有什么漏洞了吧？

但吴文俊教授指出：传统的初等几何证明方法——所谓综合法，不但不严密，而且也不可能严密。问题就出在"退化"情形。

欧氏几何中的概念，通常是排除了"退化"情形的。比如说三角形吧，就要求三顶点不共线。三顶点共直线，三角形成了线段，就是退化了。有些几何定理，对退化情形也成立。但也有些几何定理，图形一退化便不成立了。例如"在 $\triangle ABC$ 中，若 $\angle B=\angle C$，则 $AB=AC$"这条定理，当 $\angle B=\angle C=0$ 时就不成立（图 4（a）），而当 $\angle B=\angle C=90°$ 时又成立了（图 4（b））。可见，对退化情形要单独进行讨论。

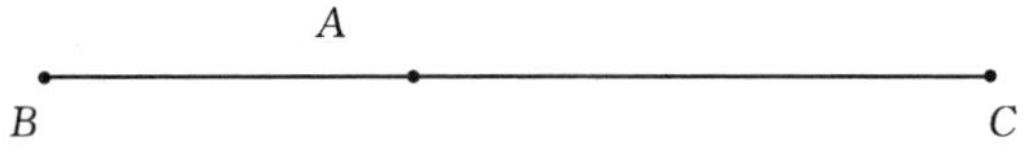

(a)

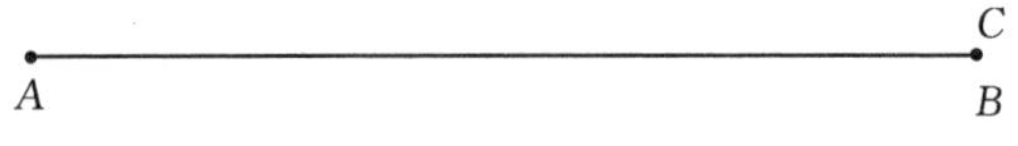

(b)

图 4

那么，在几何命题的假设中，排除了退化情形，是不是就万事大吉，完全严密了呢？问题没这么简单。因为用综合法证几何题，往往要作辅助线、辅助圆，对辅助圆形运用一些已知的定理。在辅助图形中有可能遇到退化的情形。怎样作辅助线，事先是不知道的，因而无法预先说明会出现哪些退化情形而使证明失效。证明中推理环节越多，出现退化情形而破坏证明的严密性的可能性越大。

在定理机器证明的吴法中，这个问题得到了圆满的解决。在机器证明过程中，能够自然地一一列出退化情形的代数表示，指出保证命题成立的非退化条件（至于退化情形命题是否成立，则要单独讨论。这种讨论通常是容易的）。

吴法不但实现了初等几何定理证明的机械化，而且达到了推理的真正严密。

光明的前景

应用吴法，不但在计算机上重新检验了许多已知的几何定理，而且发现了一些极其繁难的新定理。用传统方法证明这些繁难的新定理，简直是难以想象的。

应用吴法，还把一些有趣的传统结果分析得更清楚、更深入。

例如，前面提到的斯坦纳一雷米欧司定理，如果把条件“内分角线相等”改为“外分角线相等”，结论还对不对呢？以前对这个问题是弄不清楚的。应用吴法，可以在计算机上证明：一般说来，外分角线相等也能推出该三角形是等腰三角形，但在一些特殊情形下这结论不成立。计算机详细地列举出了使结论不成立的特殊情形的代数表达式。

再举个例。在平面几何中，有一条迟至 19 世纪才被发现的美妙定理——莫勒定理：在任意三角形中，三组相邻的内角三等分线交于一个正三角形的顶点（图 5）。这一定理曾引起几何学家的普遍兴趣。它的证明是相当难的。

如果不仅考虑内角的三等分线，同时也考虑外角的三等分线，则用类似的方法可以构造出 27 个三角形。这些三角形中有哪些是正三角形呢？用吴法在计算机上作分析，证明了这样的有趣事实：这 27 个三角形中，有 18 个一定是正三角形，另外 9 个一般不是正三角形。

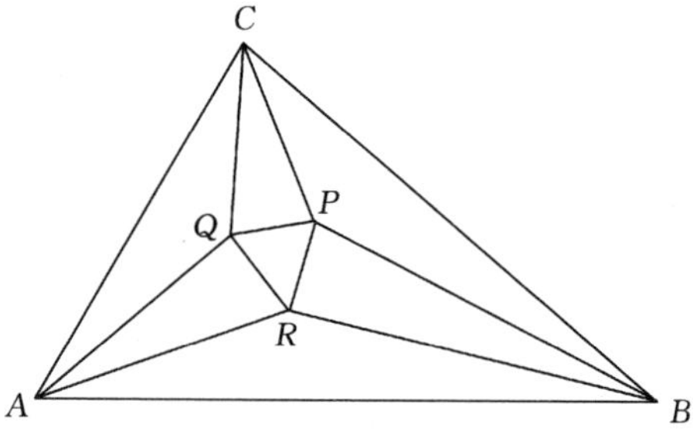

图 5　莫勒定理

应用吴法，还能证明不少几何不等式。

吴法的用处，不仅在于证明初等几何定理。还在于可以用它来解代数方程组，证明微分几何中的一些定理，研究微分方程的性质，推导几何与代数公式。对吴法的进一步研究，有方兴未艾之势。

吴法的出现，开辟了数学机械化的一个新的研究领域，这里有一系列有意义的问题等待人们去解决。例如：

几何不等式的证明机械化，远未彻底解决；

非退化条件的处理方式，尚有争论；

可约系统的更有效算法，仍在继续探求；

如何把研究范围从多项式推广到初等函数？

怎样设计并行程序，用吴法处理更繁难的问题？

问题是数学的心脏，是动力。国内外对这些问题的研究正蓬勃开展，显示出这一年轻学科的光明前景。

规尺作图问题的余波

在初等几何里，作图只许用圆规和无刻度的直尺，这已是中学生的常识。这个习惯的约定始于古希腊。由于“三大难题”（三等分任意角，二倍立方，化圆为方）的广泛传播，有关规尺作图的许多问题和知识赢得了成千上万数学爱好者的青睐。经过两千多年的探索，特别是高斯、伽罗瓦等数学奇才的出色工作，终于弄清了规尺作图的可能界限，证明了所谓“三大难题”其实是三个“不可能用规尺完成的作图题”。这中间的曲折过程以及有关的巧妙论证，已成为众多数学科普读物所津津乐道的话题。如果有人现在还要把宝贵的光阴掷于“用规尺三等分任意角”的“研究”，那只能说明他缺乏数学常识而且不肯虚心学习而已。

但是，这古老的规尺作图问题尚有余波未平。变换一下条件，又产生出新的有趣的问题。从下面介绍的某些内容中，数学爱好者说不定还能找到一试身手的用武之地呢！

柏拉图的圆规太松

关于圆规和直尺的用法，公元前三世纪的古希腊数学家欧几里得在他的巨著

《几何原本》中作了严格的说明。他提出两条基本的作图法则：

1. 过不同的两点可作一直线。

2. 以任意一点 O 为圆心，以任意两点 A、B 间的距离为半径，可作一圆。

这两条法则，实际上只能用理想的圆规和直尺才能实现。比方说，直尺要足够长，圆规的跨度要能放得很大又要能收得很小。事实上这都是办不到的。能否用受到某些条件限制的圆规、直尺来实现这两条法则，这里面自然有文章可做。

其实，就拿法则 2 来说，欧几里得的先辈就并不是这样规定的。在古希腊哲学家柏拉图的有关著述中，圆规的用法是：

2^*. 已知 A、B 两点，则以 A 为圆心，以 A 到 B 的距离为半径，可作一圆。

细心的读者不难发现法则 2^* 与法则 2 的区别。按照法则 2，我们可以用圆规在另外两点所在的地方量它们的距离，再拿回来画圆；按照法则 2^*，这可不行，当你用圆规的针尖和笔尖量好两点之间距离之后，不许把圆规拿走，只能就地画圆。

怎么来理解这种规定呢？大概是柏拉图认为他的圆规太松，担心圆规的双脚离开纸面之后不能使量好的距离保持不变吧。确实，就地把圆画出来，笔尖自 B 点起，转一圈又回到 B 点，这也是对圆规开度保持不变的一个检验呢！

欧几里得把法则 2^* 改成法则 2，是不是意味着他抛弃了柏拉图的松圆规，换了可靠的圆规呢？

并非如此。经过仔细研究不难看到：凡是用法则 2 可以完成的工作，用法则 2^* 也可以完成。你能干的，我也能干；圆规虽松，效用不减。

那么，已知平面上的 A、B、O 三点，如何运用法则 2^*，画一个以 O 为圆心、以 AB 为半径的圆呢？

其实作法很简单（图 1）：

（1）分别以 A、O 为圆心，以 AO 为半径作圆，取两圆交点之一为 C。

（2）分别以 B、C 为圆心，以 BC 为半径作圆，取两圆交点之一为 D，使 BCD 的旋转方向与 ACO 的旋转方向一致（在图 1 中均取逆时针方向）。

（3）以 O 为圆心，以 OD 为半径作圆，此圆即为所求。

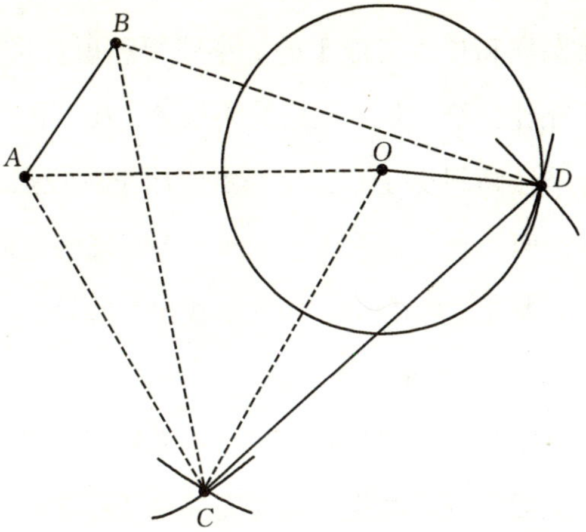

图 1

道理也很明显：$\triangle ACO$ 和 $\triangle BCD$ 都是等边三角形，$AC=CO$，$BC=CD$，$\angle ACB=\angle ACO-\angle BCO=\angle BCD-\angle BCO=\angle OCD$，故 $\triangle ACB\cong\triangle OCD$，因而 $OD=AB$。这就把 AB 搬过来了。

这样一来，“松圆规”可以代替好圆规。欧几里得把法则 2^* 改成法则 2，规则变得简单了，但规尺作圆的能力界限并没有变化。

对作图工具的种种限制

后来，数学爱好者们各具匠心，研究了规尺作图规则的许多变化，例如下述几种。

（一）短直尺与小圆规

前面已经提到，按欧几里得《几何原本》中的法则，作图用的直尺可以无限长，圆规的半径可以任意大，这实际上是办不到的。那么，用普通的短直尺与小圆规，能不能完成法则 1 与 2 所规定的工作呢？

答案是肯定的。长直尺和大圆规能干的，短直尺和小圆规也能干。

也许读者要问：大半径的圆弧和小半径的圆弧形状不一样，小圆规怎能画得出大半径的圆弧来？

这需要说明。当然，小圆规画不出大半径的圆弧来。但是，几何图上的基本元素是点。所谓“大圆规和长直尺能干的，小圆规和短直尺也能干”，指的是作出某些所要的点来。比如：给了相距很远的两点 A、B，用大圆规可以分别以 A、B 为圆心，以 AB 为半径画圆交于 C、D 两点，用小圆规虽不能画出这两条弧，但只要能找出 C、D 这两个点，就承认它完成了大圆规的这项工作。

以下所说的作圆，都是这个意思，指的是找出某些符合一定条件的点。

（二）只用一件工具——圆规

规尺作图要用两件工具——圆规和直尺。如果只用其中之一行不行呢？

有人已经证明：只要有一把圆规，就能完成规尺作图的一切任务。

规尺作圆题成千上万，怎能一一证明都可以只用一把圆规来做呢？实际上，只要证明用圆规能完成下列两项基本任务就够了：

（1）已知 A、B 两点和圆 O，求直线 AB 和圆 O 的交点。

（2）已知 A、B、C、D 四点，AB 不与 CD 平行，求直线 AB、CD 的交点。

经过不多然而是巧妙的几步，确能只用圆规完成这两项工作。

但是，如果只用直尺，而不用圆规，就有很多圆不能作了，这一点也是已被证明了的。

（三）短直尺与定圆规

进一步的研究发现，只要有一把固定半径的圆规和一把短直尺也就够了。

这种半径固定的圆规，美国几何学家佩多把它形象地叫做“生了锈的圆规”。只用一把生了锈的圆规能干些什么？本文后面将用更多的篇幅来讨论这个问题。

（四）最简单的工具

又有人发现，只要平面上有一个预先画好的圆以及它的圆心，再有一把长直尺，便能作出一切可用规尺完成的图来。这大概可算是最简单的初等几何作图工具了吧。

定圆规作图的几则趣题

柏拉图的圆规太松，这并不妨碍我们用它作图。但反过来可不一样。佩多教授的圆规由于生锈而太紧，只能画固定半径的圆，用起来可远不是那么得心应手。你将发现，即使用它做一件很简单的事，也颇费周折。

为了说起来简便，不妨设这个锈圆规只能画半径为 1 的圆。关于它，有这样一则有趣的智力测验：你能用这个半径固定（半径为 1）的圆规画一个半径为 1/2 的半圆吗?

这问题过于离奇，看来是不可能的。

实际上却做得到。但圆规的用法要变通一下：把桌子紧靠墙壁，第一张纸摊在桌子上，第二张纸钉在墙上。圆规的针脚扎在第一张纸上 O 点处。如果 O 点到墙的距离 $d<1$，你在第一张纸上画圆，必然要碰壁。碰了壁还硬要画，圆规的笔尖就会上墙。这时你将发现，在第二张纸上画出了一个半圆，它的半径是 $\sqrt{1-d^2}$，比 1 要小（图 2）。

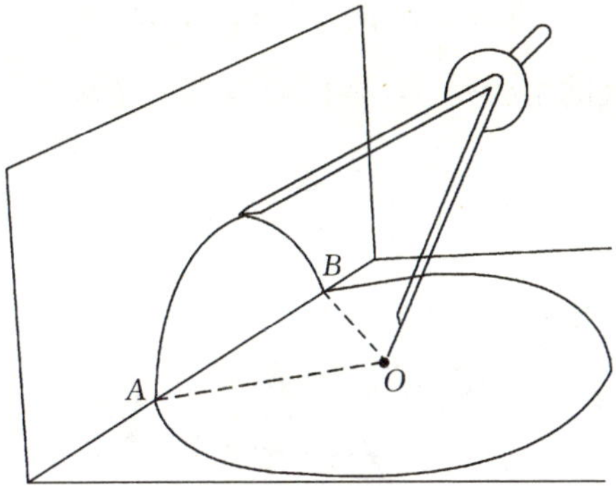

图 2

如果在第一张纸上先定出三个点 O、A、B，使 $\triangle OAB$ 是正三角形，边长 $AB=1$，再让 AB 和桌子靠墙的边线重合，这时画出的半圆，半径恰好是 1/2。

这类“空间作图”，花样还有很多。你甚至可以用圆规画出直线段来！这并不奇怪：在普通的圆柱形茶缸底部放一个不大不小的圆卡片，再在茶缸内壁贴一张纸，把圆规的针脚扎在圆卡片的中心，在内壁的纸上画圆，画好后把纸揭下来看看，所画的圆变成了直线！

但是，欧几里得是不许这么干的。传统的几何作图，不包括这种“空间作图”。我们还是规规矩矩，回到平面上来吧。

先看一个简单的例子。

定圆规作图问题之一 给了 A、B 两点，试确定一串点 $A_0, A_1, \cdots, A_{n+1}$，使它们满足

ⅰ）$A_0=A$，$A_{n+1}=B$；

ⅱ）$A_0A_1=A_1A_2=\cdots=A_nA_{n+1}=1$。

不妨想象我们的圆规是这样一位芭蕾舞演员：她每跳一舞步，两脚尖的距离不多不少总是1米。能不能帮她设计一套舞步，使她从 A 点出发准确地到达 B 点呢？

如果你从 A 开始，凭目力判断一步一步地向 B 走去，成功的机会将是极少的。

有一个窍门：只要你确定了 A_0，A_1，…，A_{n-1}，使 $A_iA_{i+1}=1$（$i=0$，1，…，$n-2$），并且 A_{n-1} 到 B 的距离不超过2，就好办了。分别以 A_{n-1}、B 为圆心作圆，因为定圆规的半径是1，两圆至少有一个公共点取作 A_n 就是了（图3）。

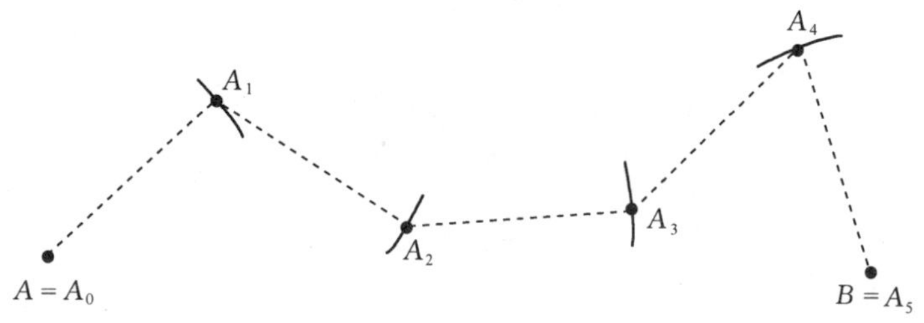

图3

但是，凭目力去确定 A_{n-1}，毕竟不符合作图规则。这不难解决：从 A 出发画出由边长为1的正三角形顶点组成的“蛛网点阵”（图4）。在蛛网点阵里，总会找到一个离 B 很近的点作为 A_{n-1} 的。像这样的蛛网点阵，或许每个有圆规的

孩子都曾在游戏之中画过呢。

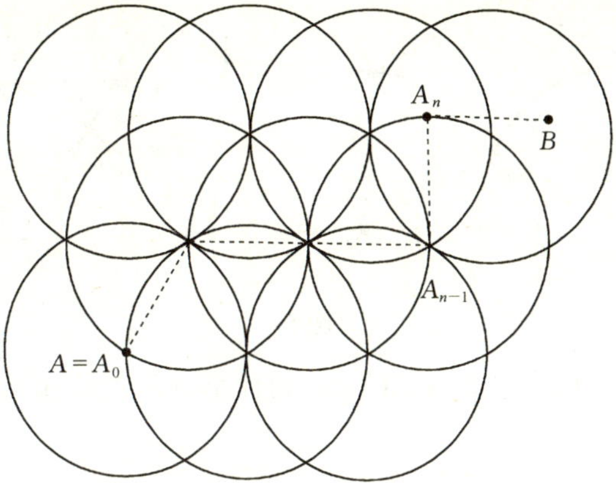

图 4

别看这个作图题简单，它却是定圆规作图的一个基本手段。此外，它本身也有深究的余地。比如，怎样使插入的点 $A_1, A_2, \cdots, A_n$ 的个数最少？这便是一个难题。

定圆规作图问题之二 已知 A、B、C 三点，求作第四点 D，使 $ABCD$ 是平行四边形。

这个问题似难实易。可以由简到繁分三种情况解决。

第一种情况：若 $AB=BC=1$，好办，分别以 A、C 为圆心作圆交于 D，即得。

第二种情况：若 $AB=1, BC\neq1$，则可以在 B、C 之间插入 n 个点 $B_1, B_2, \cdots, B_n$，使 $B_iB_{i+1}=1(i=0,1,\cdots,n;B_0=B;B_{n+1}=C)$，然后对 n 进行数学归纳。

$n=0$，即 $BC=1$，刚才已做过了。

若已作出平行四边形 ABB_nA^*，再作一个平行四边形 A^*B_nCD，则 $ABCD$ 是所求的平行四边形（图 5）。

第三种情况：若 $AB\neq1, BC\neq1$，则在 B、A 间插入 $A_1, A_2, \cdots, A_m, A_{m+1}=A$，在 B、C 间插入 $B_1, B_2, \cdots, B_n, B_{n+1}=C$，，使 $A_iA_{i+1}=1, B_jB_{j+1}=1(i=0,1,\cdots,m;j=0,1,\cdots,n;B=A_0=B_0)$，然后对 m 进行数学归纳。

$m=0$，即 $AB=1$，第二种情况中已完成了。

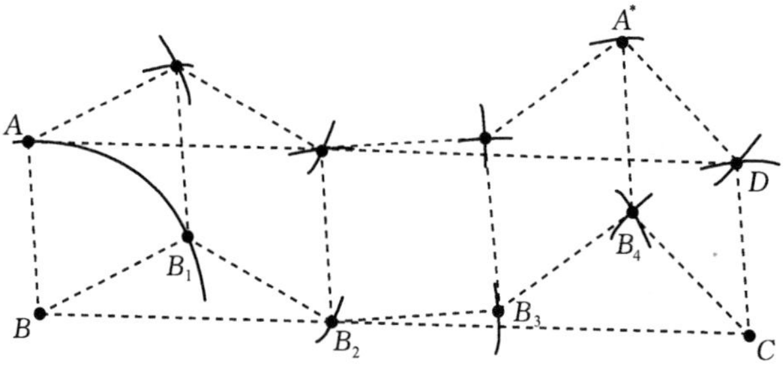

图 5

设我们已作出平行四边形 A_mBCC_m，再作平行四边形 AA_mC_mD，便得到平行四边形 $ABCD$ 了（图 6）。

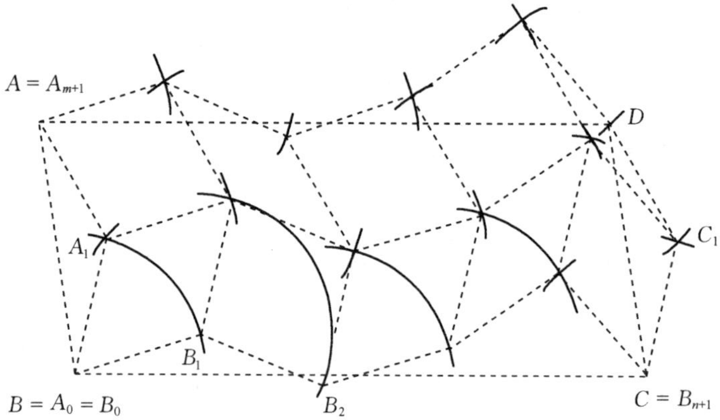

图 6

不要小看这种作平行四边形的方法。有了这一手，我们就可以把平面上的一个图形，平移到同平面上任意指定的地方。

或许由于太简单，这两则作图题一直不被人们注意，但它们却在解决佩多教授的“生锈圆规”作图问题中立了汗马功劳。

佩多教授的“生锈圆规”作图问题

20 世纪 80 年代，美国几何学家，年逾七旬的佩多教授在加拿大的一份杂志《数学问题》(Crux Mathematicorum) 上，提出了下述的定圆规作图问题。佩多自己把它叫做“生锈圆规”作图问题。

定圆规作图问题之三 已知 A、B 两点，求另一点 C，使$\triangle ABC$ 是正三角形。

注意，A、B 之间没有直线相连，否则就十分容易了。

如果 $AB\leqslant 2$，很快就有人做出了答案。

$AB=2$ 时，谁也会做。不妨设 $AB<2$，这时，作 5 个圆便能把 C 点找出来（图 7）：

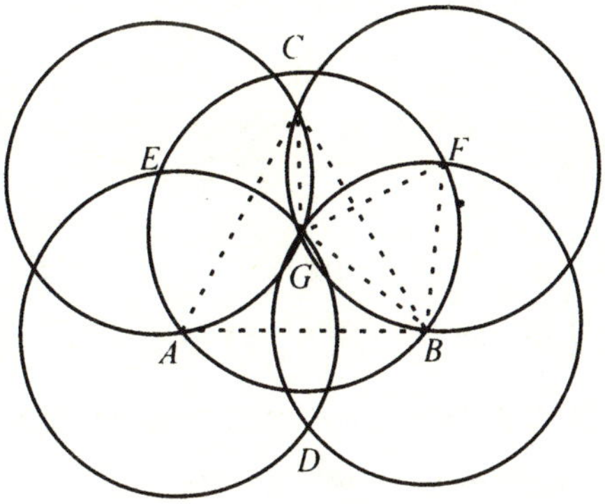

图 7

（1）分别以 A、B 为圆心作圆，两圆交于 D、G 两点。

（2）以 G 为圆心作圆，交圆 A、圆 B 于 4 点。取不在已作出的圆内且位于 AB 所在直线同一侧的两点为 E、F。

（3）分别以 E、F 为圆心作圆，两圆交于 C，则$\triangle ABC$ 即为所求。

证明是容易的：在圆 F 上用圆周角定理，$\angle GCB=\dfrac{1}{2}\angle GFB=30^{\circ}$，故 $\angle ACB=60^{\circ}$。又因显然有 $AB=BC$，故$\triangle ABC$ 为正三角形。

这个五圆构图，首先是佩多的一个学生画出来的，佩多替他找到了证明。对于这个图，佩多大为惊叹：几何学已有两千多年的历史，而这么一个简单的作图却一直不为人们所知！

还有一种作法要画 6 个圆（图 8）：

（1）分别以 A、B 为圆心作两圆交于 D、E。

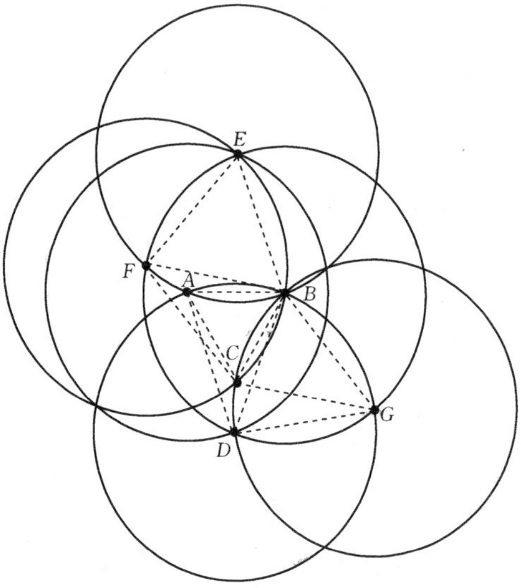

图 8

(2) 分别以 D、E 为圆心作圆，圆 B、圆 D 交于 G，圆 B、圆 E 交于 F。G、F 两点的选择使 BDC 和 BEF 旋转方向一致。如图 8，都取逆时针方向。

(3) 分别以 F、G 为圆心作圆，取圆 F 与圆 G 交点 C，只要使 BAC 顺时针旋转，此点即为所求。

证明时只要注意到：菱形 $ADBE$ 绕 B 逆时针旋转了 $60°$ 变成 $CGBF$，而对角线 AB 转 $60°$ 之后变成 CB。

当 $AB>2$ 时，圆 A 与圆 B 不再相交，这作图题是否可能完成呢？经过两年多时间，这一征解问题未获解决。正当人们开始猜想这是不可能的时候，佩多教授从中国访美学者常庚哲的信中获悉：中国有 3 位数学工作者，给出了这一问题的两种正面解答。

下面的解法是综合了那两个方法的思想而得到的，较为简单而易于理解。

设 B^* 是 B 点附近的一个点，$B^*B<2$。如果能做出正三角形 AB^*C^*，则正三角形 ABC 自然容易做出。理由如下（图 9）：

按前面的方法，作平行四边形 C^*B^*BP，则 $C^*P/\!/B^*B$。因为 $C^*P=B^*B<2$，故可作正三角形 C^*PC，使 C^*PC 的旋转方向与 AB^*C^* 一致。于是 $\angle AC^*C=240°-\angle PC^*B^*=60°+\angle C^*B^*B=\angle AB^*B$，$AB^*=AC^*$，$B^*B=$

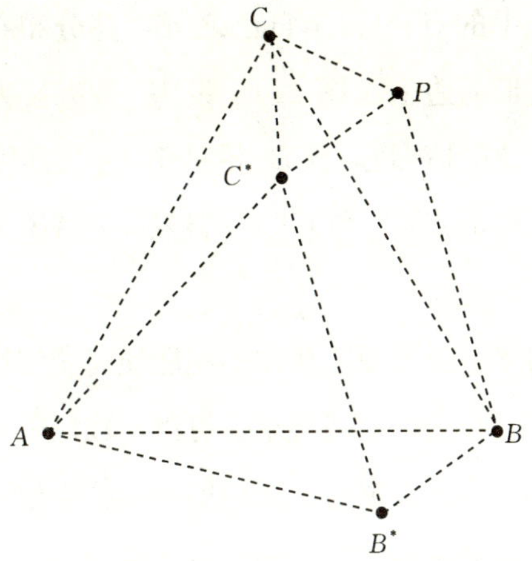

图 9

C^*C，因此$\triangle AB^*B\cong\triangle AC^*C$，可见$AB=AC$，并且$\angle CAB=\angle C^*AB^*-\angle BAB^*+\angle CAC^*=\angle C^*AB^*=60°$，问题便告解决。

现在要问：怎样才能找到这个“近似解”正三角形AB^*C^*呢？

这又要请蛛网点阵帮忙。很明显，以A为中心作蛛网点阵，一定可以在点阵中找到与B比较接近且满足$BB^*<2$的点B^*。下面指出，就在同一个点阵中，可以轻而易举地找出C^*，使$\triangle AB^*C^*$为正三角形。而且，这样的C^*有两个。

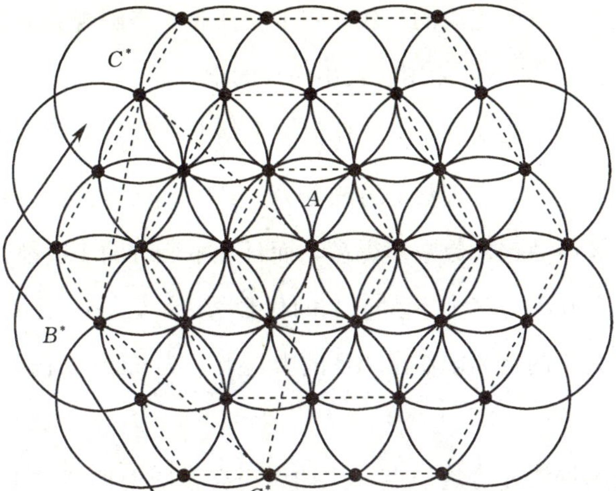

图 10

事实上，蛛网点阵中的点，除 A 自己之外，都分布在一些以 A 为中心的、边长为正整数的正六边形的边上（图 10）。设 B^* 是边长为 k 的那个正六边形上的点（图 10 中画出 $k=3$ 的情形），自 B^* 沿这个正六边形周界向两个方向各走 k 个单位距离，便得到所要的点 C^* 和 C^*1，显然，$\triangle AB^*C^*$ 和 $\triangle AB^*C^*1$ 都是正三角形。

至此，佩多教授的“生锈圆规”作图的问题便完全解决了。

综上所述，我们可以看到，定圆规至少可以完成以下两类作图：一是把平面上的有限点构成的图形平移到指定的位置，即平移结果使这些点中某个点和预给的一个点重合；二是把有限点集绕某一固定点旋转 60°后得到的点集作出来。

此外，还能不能干点别的什么呢？

尚未解决的难题

佩多教授还提出了这样的问题：

给了 A、B 两点，只用一个定圆规，能不能找出线段 AB 的中点？

这个问题似易实难。我们猜想：如果定圆规的半径与 AB 的长度之比是超越数，这个作图题是不可能完成的。较简单的说法是：当圆规只能作单位圆时，如果 $AB=\alpha$ 为超越数，则不可能用它找出 AB 的中点。

所谓 α 为超越数，就是说 α 不是任何一个整系数代数方程的根。不是超越数的数叫代数数。有理数、有理数的方根如$\sqrt{2}$、$\sqrt{7}$都是代数数，而 π、e 都是超越数。可以证明，超越数比代数数多得多，而且几乎所有的实数都是超越数。

另一方面，存在无穷多个不大于 2 的代数数 α_1，α_2，…，α_n……使当 $AB=\alpha_n$ 时，可以用半径为 1 的定圆规作出 AB 的中点来。从下面的讨论中我们就可以看到这一点。

应当把问题的提法弄清楚一点。比如说：在作图中偶然碰上了 AB 的中点，当然不算是找到了中点。怎样才算用半径为 1 的定圆规找到了 AB 的中点呢？

定义 1 设 M 为平面上的点集，以 M 户的点为圆心的单位圆之间的交点和

切点的集合记为

$M'=\{z|$有 x、$y\in M,x\neq y$,使 $\|x-z\|=\|y-z\|=1\}$,其中 $\|x-z\|$ 为点 x 与 z 之间的距离。并把 $M\cup M'$ 记作 $F(M)$,$F(M)$ 叫做 m 的派生点集。记 $F(F(M))=F^2(M)$,$F^{n+1}(M)=F(F^n(M))$,记 $F^{\infty}(M)=\bigcup_{n=1}^{\infty}F^n(M)$。若 M 为有限集,则 $F^{\infty}(M)$ 叫做以 M 为基的狭义可作集。此时若 $x\in F^{\infty}(M)$,则称 x 是以 M 为基狭义可作的。

显然,若 x 是以 M 为基狭义可作的,则我们必有一定的方法,从有限点集 M 出发,用定圆规把 x 找出来。

但反过来是不对的。例如 $M=\{A,B\}$,$AB>2$ 时,显然 $F^{\infty}(M)=M$,因而正三角形 ABC 的顶点 C 不是以 M 为基狭义可作的。然而我们却有办法用定圆规把 C 找出来。

因而再引入广义可作的概念。

定义 2　设 $A=\{A_1,A_2,\cdots,A_k\}$,$X=\{X_1,X_2,\cdots,X_l\}$是平面上的两个有限点集,$M=A\cup X$。如果 $P\in F^{\infty}(M)$,且有 $\varepsilon>O$,使对 X 的任一个 ε 扰动 $Y=\{Y_1,Y_2,\cdots,Y_l\}$(即 $\|Y_i-X_i\|<\varepsilon,i=1,2,\cdots,l$)有 $P\in F^{\infty}(A\cup Y)$,则称 P 是以 A 为基广义可作的。

关于广义可作与狭义可作之间的关系,有

定理　若有 A_i,$A_j\in A$,使 $A_iA_j<2$,$A_iA_j\neq 0$、1,且 P 以 A 为基广义可作,则 P 以 A 为基狭义可作。

这个定理证明并不难,主要利用此时 $F^{\infty}(A)$在平面上的稠密性。由此可得

推论　若 P 是以 A 为基广义可作的,则存在单点集 X,使 P 是以 $A\cup X$ 为基狭义可作的。

由上述定理,若 $AB<2$,且 $AB\neq 0$、1,则能否用定圆规找出 AB 的中点这一问题,可化为下面较为确定的问题:以 A、B 为圆心作单位圆,以它们的交点为圆心再作圆,再以新产生的交点为圆心作圆,如此不断作下去,就得到一个仅与 A,B 有关的可数点集 $M_{A、B}$。问题在于,AB 的中点 O 是否属于 $M_{A、B}$?

下面对这个问题作一初步探讨。可以看到，它竟与某些丢番图方程有关。

以直线 AB 为 X 轴，AB 中点为原点 O，建立笛卡儿坐标系。设 $AB=\lambda<2$，$\lambda\neq 0$，1。我们知道，正三角形 ABC 的顶点 C 是可以用定圆规找出来的。以 $\triangle ABC$ 为基础向四周继续重复地作边长为 λ 的正三角形的顶点，形成一个包含 A，B 在内的蛛网点阵（图 11）。不难算出，点阵中点的坐标的一般形式为 $(k\lambda/2, m\sqrt{3}\lambda/2)$，其中是，$m$ 为整数，$k+m$ 为奇数。将所有这样的点组成的集合记为 M_1。以下记 $M_{n+1}=F(M_n)$，$n=1$，2……就得到一系列越来越大的点集，如果存在某个 n 使原点 $O\in M_{n_0}$，则我们一定可以用半径为 1 的定圆规找到 O，即 AB 的中点。如前所述，无论按狭义或广义的理解，AB 的中点都是可作的，否则就是不可作的。

但是，具体分析点集 M_n 的构成，是一项极为繁重的工作。我们试从 $n=1$，2，3 做起，看看会有什么结论。

由于 $k+m$ 为奇数，显然 $O\notin M_1$。

想要 $O\in M_2$，充要条件是有 $P\in M_1$，使 $PO=1$，即有整数是 k、m 使

$$\frac{k^2\lambda^2}{4}+\frac{3m^2\lambda^2}{4}=1,\ k+m \text{ 为奇数。} \quad (*)$$

也就是必须有

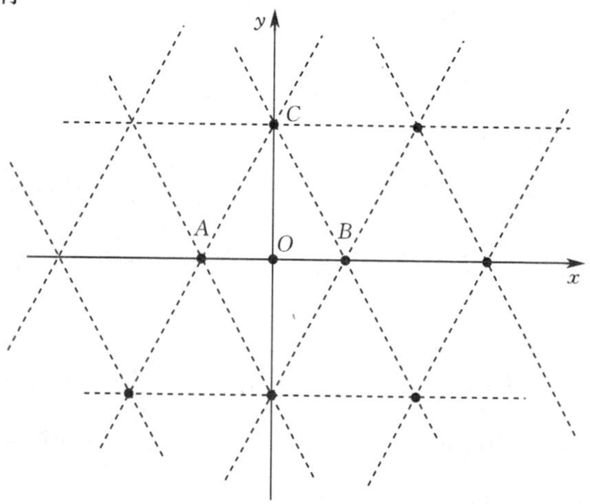

图 11

$$\lambda^2=\frac{4}{k^2+3m^2}，k+m \text{ 为奇数。}$$

这告诉我们，当 λ 取某些特殊值时，容易用半径为 1 的定圆规找出 AB（$AB=\lambda$）的中点。例如 λ 等于 $2/\sqrt{3}$，$2/\sqrt{7}$，$2/\sqrt{13}$，等等。总之，当入取定之后，若丢番图方程（*）有解，则 $O\in M_2$，即可用定圆规找出 AB 之中点。

显然，若 λ 为超越数，$O\in M_2$ 是不可能的。

接下去问，$O\in M_3$ 又要什么条件呢？那就需要有 $P\in M_2$，使 $PO=1$。

不妨设 $P\notin M_1$，则 P 是以 M_1 中某两点为圆心的单位圆的交点。设 Q_1、$Q_2\in M_1$，使 $PQ_1=PQ_2=PO=1$，即$\triangle Q_1Q_2O$ 的外接圆半径为 1，因而有等式：

$$4\triangle Q_1Q_2O=Q_1O\cdot Q_2O\cdot Q_1Q_2,$$

这里$\triangle Q_1Q_2O$ 表示这个三角形的面积。将此式两端平方后利川解析几何里的公式，并设 Q_1、Q_2 的坐标分别为$\left(\frac{k_1\lambda}{2},\ \frac{m_1\sqrt{3}\lambda}{2}\right)$和$\left(\frac{k_2\lambda}{2},\ \frac{m_2\sqrt{3}\lambda}{2}\right)$，代入后整理得：

$$48\ (k_1m_2-k_2m_1)\ 2$$
$$=\lambda^2(k_1^2+3m_1^2)(k_2^2+3m_2^2)\cdot[(k_1-k_2)^2+3(m_1-m_2)^2]。$$

这样，又得到一个含参数 λ 的丢番图方程。不难计算出对于 λ 的又一串值，有 $O\in M_3$。很显然，若 λ 为超越数，这个丢番图方程也不可能有解。

这样看来，当 λ 为超越数时，O 不属于 M_3。

一般而言，若 $O\in M_n$，则可以道出一些变元数不超过 2^{n-1}的丢番图方程。如果这些方程中出现参数 λ，则当 λ 为超越数时它们不可能有解。由此可见，当 λ 为超越数时，要使点集 M_n 中包含 O，这些方程中至少应当有一个方程，其中不出现 λ，并且它是有解的。

已经证明，丢番图方程有没有解的问题是不可判定的，即没有一个统一的算法可以解决这问题。而我们这里还涉及更复杂的问题：道出一系列变数愈来愈多的含参数 λ 的丢番图方程，而且要弄清楚这些方程中是否有这样的方程，经整理后其中不出现 λ。

很难想象由某个 n 对应的 $O\in M_n$ 所道出的方程竟会不含 λ，因此我们猜测：

当 λ 为超越数时，对任意的 n，都有 $O \notin M_n$。

这个问题刚提出来的时候，大部分数学家都并不乐观，认为要解决这个问题尚需假以时日。没想到，仅仅一年之后，我国一位自学成才的数学爱好者侯晓荣就解决了这个难题。

“生锈圆规”作图问题的意外进展

知名数学家提出的难题被不知名的年轻人所解决，这样的事例在历史上并不罕见。大家比较熟悉的人物：帕斯卡、高斯、阿贝尔、伽罗瓦等，都曾在年轻时就为数学大厦的建筑作出了令人难忘的贡献。我国当代的许多数学家，也有不少在年轻时就完成了引人注目的研究工作。

数学的发展越来越快，世界上可以称为数学家的人日益增多。

数学家们在孜孜不倦地工作，使数学成果越来越多，文献资料浩如烟海。几年前有人估计，美国《数学评论》(Mathematical Reuiew) 上每年摘引的新定理有 20 万条之多。数学宫殿，现在好比是“侯门深似海”。想研究数学，想发现一些别人尚未发现的定理，比起几百年前，甚至几十年前，都要艰难得多。没有受过高等教育的青年，想在数学领域一显身手，机会比前人确实是要少了。

机会虽少，但并非全然没有。在有些所需预备知识不多的数学分支(这些分支有古老的,也有年青的)中，确有一些问题，可能被一些思想活跃并能刻苦钻研的年轻人攻克；尽管他们没有经过“正规”的高深数学课程的训练。下面我们介绍的，正是这样一个事例。

佩多的中点问题

上一节我们介绍了美国几何学家佩多（D. Pedoe）教授所提出的“生锈圆规”作图问题。所谓“生锈圆规”，就是两脚开度固定了的圆规。以下设它的固定开度为 1，并称它为单位定规。显然，用它只能画半径为 1 的圆周。

佩多教授提出的问题并不多，一共两个，看上去也很简单。也许他想如果连这两个问题都找不到解答，那么再多提也没意义，反而冲淡人们对这两个问题的兴趣。这两个问题是：

1. 已知 A、B 两点，只用单位定规，如何找到另一点 C，使$\triangle ABC$ 为正三角形？

2. 已知 A、B 两点，只用单位定规，如何找到线段 AB 的中点①？

两个问题中的前一个，已被我国数学工作者于 1983 年解决。对此，佩多教授非常高兴。前不久，他在私人通信中说，很希望听到第二个问题的解答，无论是肯定还是否定。

上一节末我们谈到了这个尚未解决的问题，并在文章的末尾这样说：“或许在某一天，一位业余数学家会找到出人意料的巧妙方法给出这个难题的解答。”但没有想到，仅仅一年之后，这一天真的到来了。

解答了这一难题的，是山西省的一位自学青年，名叫侯晓荣。他不但证明了只用单位定规能找出线段 AB 的中点，从而肯定地回答了佩多教授的第二个问题，而且获得了远为丰富的成果。他的证明用的是代数方法，如果把他的代数推演过程“翻译”成作图步骤，其复杂性将使多数读者难以忍受。为使更多的数学爱好者领略个中趣味，杨路同志与我找到了一个简明的方法。下面中我们将把它呈献给读者。

---

① 应当强调一下：平面上只给出 A，B 两点，没有给出线段 AB，如果有线段 AB，问题会变得容易得多。

我们已经会用生锈圆规做些什么

在上一节，我们已经会用单位定规做一些事了，这是继续前进的基础。现在把已经会做的几件事开列出来，作为引理，给下一步讨论会带来方便。

引理 1(单位定规作图法之一)　已知 A、B 两点，可以作出[①]一串点 $A_0, A_1, \cdots, A_{n+1}$，使它们满足：

ⅰ）$A_0=A$，$A_{n+1}=B$；

ⅱ）$A_0A_1=A_1A_2=\cdots=A_nA_{n+1}=1$。

引理 1 也可简单地表达为：对任意两点 A、B，可以用步长为 1 的点列把它们联系起来。以后，我们还需要用步长为 d 的点列来联系两个点 A、B。这个步长 d 能够取哪些数值，当然是我们感兴趣的问题。下面逐步来研究它。要知道，由于圆规张不开，对于离得较远的点，就有鞭长莫及之苦。怎么办呢？用等步长的点列联系起来，这是一个基本手段。

引理 2（单位定规作图法之二）　已知 A、B、C 三点，可以做出第四点 D，使 $ABCD$ 是平行四边形（$ABCD$ 可以是退化的平行四边形）。

引理 3（单位定规作图法之三）　已知 A、B 两点，可以作出第三点 C，使 $\triangle ABC$ 是正三角形。

引理 3 是对佩多第一个问题的回答。有了引理 3，我们可以从任两个已给的点 A、B 出发，作出以正三角形为基本构形的蛛网点阵来。因而得到

推论 1　已知 A、B 两点，对任给的整数 $k>1$，可以作出直线 AB 上的点 C_1，使 B 在 A、C_1 之间，并且 $AC_1=kAB$（图 1）。

推论 2　已知 A，B 两点，对任给的整数 $k\geqslant 0$，可以作出位于 AB 的垂直平分线上的点 C_2，使 C_2 到直线 AB 的距离是 $\left(k+\frac{1}{2}\right)\cdot\sqrt{3}AB$。换句话说：可以作出点

---

① 应当强调一下：平面上只给出 A、B 两点，没有给出线段 AB，如果有线段 AB，问题会变得容易得多。

C_2，使$\triangle ABC_2$是等腰三角形，而且$AC_2=BC_2=\sqrt{3k^2+3k+1}\cdot AB$(图 1)。

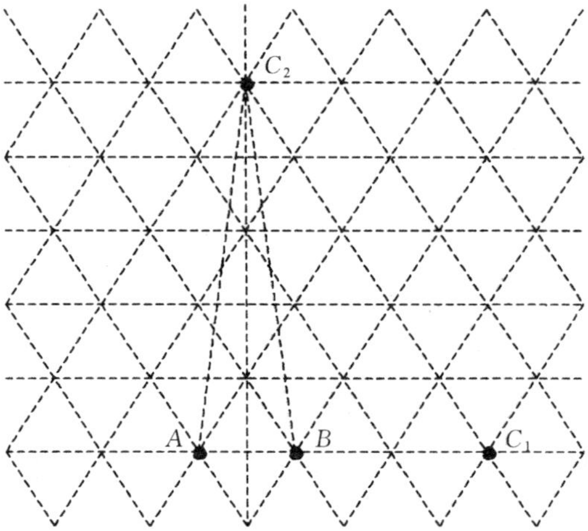

图 1　推论 l（$k=3$）和推论 2（$k=2$，$AC_2=BC_2=\sqrt{19}AB$）的证明示意图

推论 3　已知 A、B 两点，且 $AB=a<\dfrac{1}{n}$，则可以作出点 D，使 $DA\perp AB$，且 $DA=\sqrt{1-n^2a^2}$（图 2）。

推论 4　已知 A，B 两点，且 $AB=a\leqslant\dfrac{2}{2n+1}$，则可以作出点 C，使 $AC=BC=\sqrt{1-n(n+1)a^2}$（图 3）。

推论 1 是显然的。推论 2～4 的证明，只要分别看看图 1～3，用勾股定理便可得到。

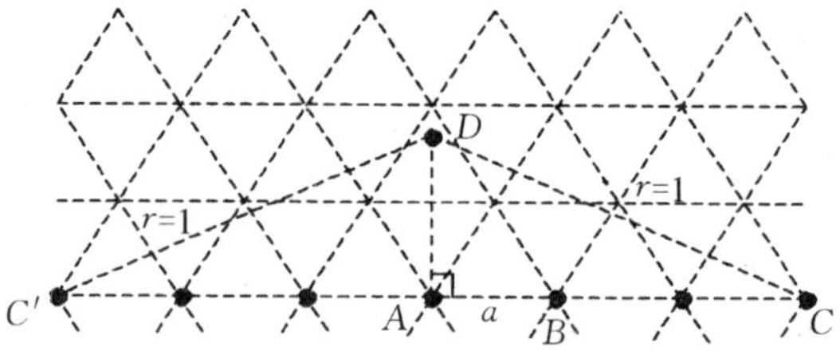

图 2　推论 3（$n=3$）的证明示意图

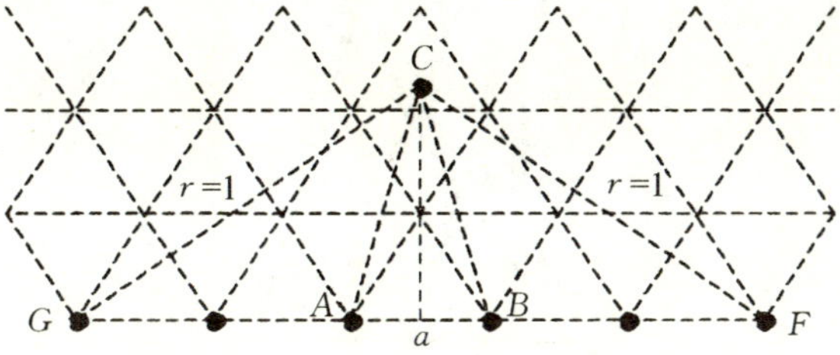

图 3　推论 4（$n=2$）的证明示意图

佩多中点问题的解答

《朱子治家格言》里有一句话："得意不宜再往。"意思是：占便宜的事，一次就可以了，"再往"，说不定反而吃亏。但在数学里，恰恰相反。成功了的方法，大家老想一用再用，"得意"之后，总想"再往"。让我们回忆一下解决佩多第一个问题的步骤：首先设法作出不太大的正三角形——用的是"五圆构图法"（图 4），然后才解决一般情况下的问题。让我们试一试，对第二个问题能否如法炮制？

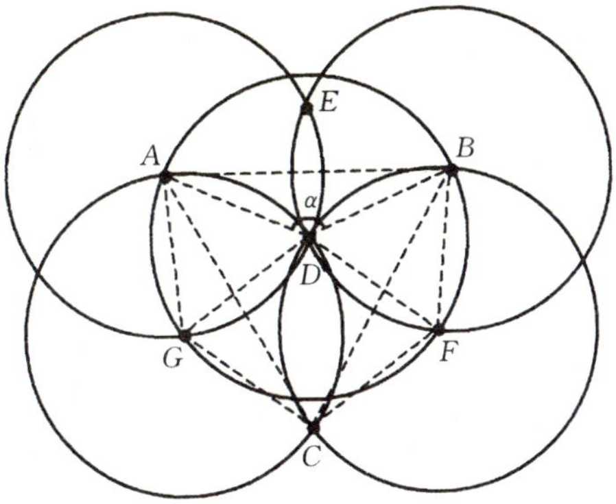

图 4　五圆构图法

假设 A、B 之间的距离不太大，怎样找出线段 AB 的中点呢？我们可以这样设想：如果以 AB 为底作一个$\triangle ABC$，而且可以作出 AC、BC 的中点M、N，再作出点 P，使 $MCNP$ 是平行四边形，那么 P 就是线段 AB 的小点了（图 5）。

这个设想看起来似乎行不通：要找出 AB 的中点，却要先找出 AC、BC 的中

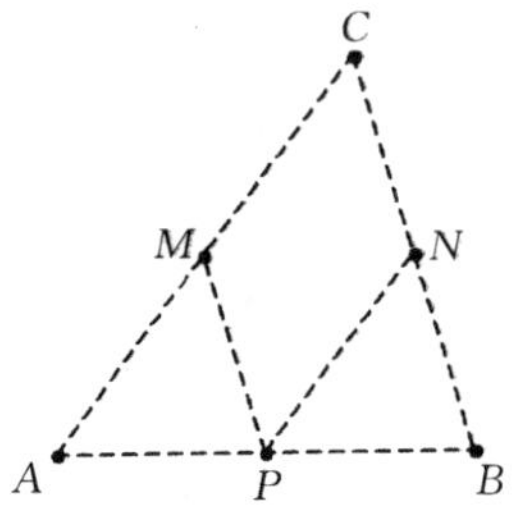

图 5

点。但这里有一个区别：AB 的长度是任意给定的，而 C 点的位置，从而 AC、BC 的长度，却可以由我们选择。因此我们希望找到一个适当的长度 d，当任意两点的距离为 d 时，可以作出连接这两点的线段的中点；另外，对于距离不太远的 A、B 两点，可以作出点 C，使 AC、BC 的长度均为 d（这就隐含了 $AB<2d$，即 A、B 间的距离的确不能太大）。

寻找这样的长度 d，颇不容易。在侯晓荣的一般代数讨论启发之下，笔者找到了三个符合要求的 d：$\frac{1}{\sqrt{17}}$，$\frac{1}{\sqrt{19}}$，$\frac{1}{\sqrt{51}}$，其中最后找到的 $\frac{1}{\sqrt{19}}$，所对应的作图步骤最简单，就在找到 $\frac{1}{\sqrt{19}}$ 的同一天，侯晓荣也找到了这样的一个 d：$\frac{1}{\sqrt{271}}$，相应的作图方法也不太复杂。可惜 $\frac{1}{\sqrt{271}}$ 与单位定规的两脚开度 1 相比太小了，实际作图是比较困难的。

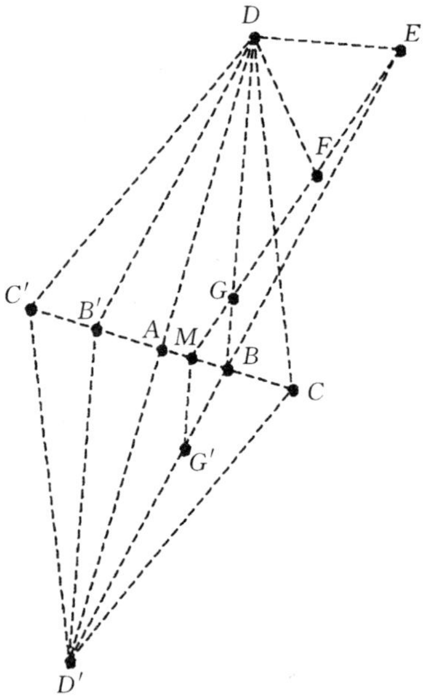

图 6

图 6 告诉我们怎样用单位定规作出由两个相距为 $\frac{1}{\sqrt{19}}$ 的点 A、B 所连成的线段的中点。具体步骤是：

（1）由推论 1 作出点 C、B'、C'，使 $B'C'=B'A=AB=BC=\frac{1}{\sqrt{19}}$。

(2) 分别以 C、C' 为圆心作单位圆交于 D 和 D'，则 DD' 垂直平分 CC'，且 $DA=D'A=\sqrt{\frac{15}{19}}$。于是 $BD=\frac{4}{\sqrt{19}}$。

(3) 由推论 3，取 $BD=a$，$n=1$，可作出点 E，使 $ED\perp DB$，且 $ED=\sqrt{1-a^2}=\sqrt{\frac{3}{19}}$。

(4) 作出点 F，使 $\triangle DEF$ 为正三角形。由推论 1，可作点 C 使 $CF=FE$，且 G、F、E、共线。显然 C 在 BD 上，并且 $DG=\sqrt{3}DE=\sqrt{3}\cdot\sqrt{\frac{3}{19}}=\frac{3}{\sqrt{19}}$ 因而 $CB=BD-DG=\frac{1}{\sqrt{19}}$。

(5) 同样在 BD' 上作出点 G'，使 $BG'=BG=\frac{1}{\sqrt{19}}$。再作点 M，使 $GBG'M$ 是平行四边形，则 M 在 AB 上。

因为

$$\triangle B'DB\backsim\triangle MGB,$$

故

$$\frac{MB}{B'B}=\frac{GB}{DB}=\frac{1/\sqrt{19}}{4/\sqrt{19}}=\frac{1}{4}$$

$$MB=\frac{1}{4}B'B=\frac{1}{2}AB。$$

这样，我们就作出了 AB（$=\frac{1}{\sqrt{19}}$）的中点 M。

现在我们要对距离小于 $\frac{2}{\sqrt{19}}$ 的两点 A，B，设法作出点 C，使 AC，BC 的长度为 $\frac{1}{\sqrt{19}}$。为此，我们要用到下面这个十分有用的“半径变化定理”。

引理 4（半径变化定理）（单位定规作图法之四）　已知 A、B、C^* 是等腰三角形的三个顶点，$AC^*=BC^*\leqslant 2$，则可作出点 C，使 $\triangle ABC$ 为等腰三角形（当

$BC^*=2$ 时，$\triangle ABC$ 退化为线段），且

$$AC=BC=\frac{AB}{BC^*}。$$

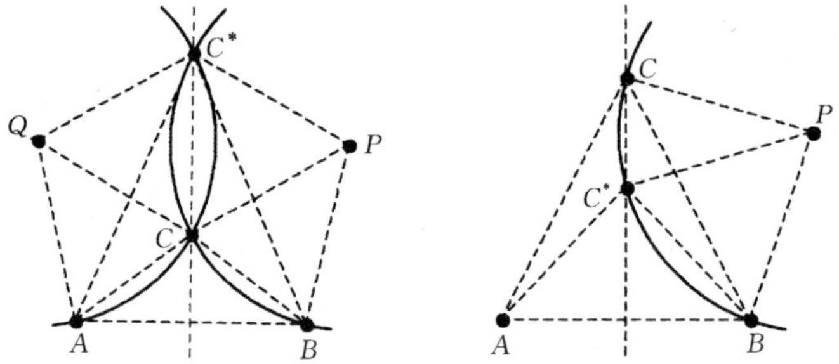

图 7　半径变化定理

证明　如图 7，分别以 B、C^* 为圆心作圆，取对 A 来说在 BC^* 另一侧的交点为 P；分别以 A、C^* 为圆心作圆；取对 B 来说在 AC^* 另一侧的交点为 Q；再分别以 P、Q 为圆心作圆，交于 C^*、C 两点。由对称性，可知直线 C^*C 垂直平分 AB。

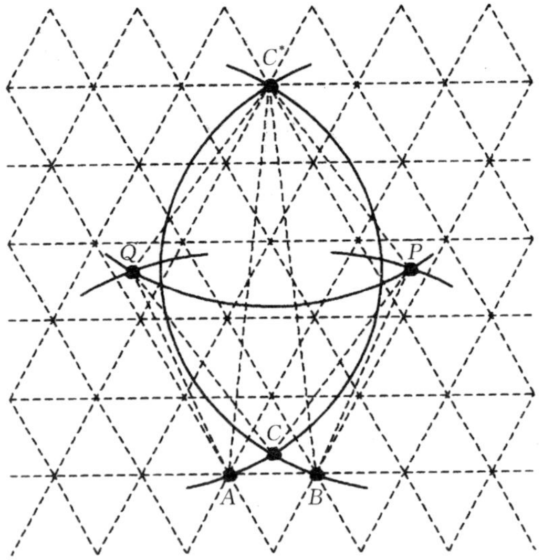

图 8

(1) 若 C 在 $\triangle ABC^*$ 内（图 7 左图），由

$$\angle ACB=2(\angle CC^*B+\angle CBC^*)=\angle CPB+\angle CPC^*=\angle C^*PB,$$

得

$$\triangle ACB\backsim\triangle C^*PB。$$

(2) 若 C 在 $\triangle ABC^*$ 外（图 7 右图，图中 Q 点没画出），由

$$\angle ACB=2\angle C^*CB=\angle C^*PB,$$

得

$$\triangle ACB\backsim\triangle C^*PB。$$

于是总有

$$\frac{AC}{AB}=\frac{PC^*}{BC^*}=\frac{1}{BC^*},$$

亦即

$$AC=BC=\frac{AB}{BC^*}。$$

引理 4 相当于给了我们这样一把生锈圆规：它两脚的固定开度是 $\frac{AB}{BC^*}$，即可以分别以 A、B 为圆心，以 $\frac{AB}{BC^*}$ 为半径作圆交于 C。

设 $AB<\frac{2}{\sqrt{19}}$，把图 7 中的 $\triangle ABC^*$ 取成与图 1 中的 $\triangle ABC_2$ 相似，即 $BC^*=\sqrt{19}AB<2$，由半径变化定理，图 7 中所得到的点 C 满足：

$$AC=BC=\frac{AB}{BC^*}=\frac{1}{\sqrt{19}}。$$

这就圆满地解决了所提出的问题：任给两点 A、B，只要 $AB<\frac{2}{\sqrt{19}}$，就能作出以 AB 为底，腰长为 $\frac{1}{\sqrt{19}}$ 的等腰三角形的顶点 C 来。图 8 表现了整个作图过程。

现在我们用图 6 所示的方法作出 AC、BC 的中点，再用图 5 给出的设想，就可以作出 $AB\left(<\frac{2}{\sqrt{19}}\right)$ 的中点了。

最后一个尚待完成的步骤就容易多了。设已给了 A、B 两点，它们可能相距甚远。我们用老办法：作一个“蛛网点阵”来控制 B 点（图 9）。先在 A 点的近

旁取一点 D 使 $AD\leqslant\frac{1}{\sqrt{19}}$；接着作出点 E，使$\triangle ADE$ 是正三角形；然后像铺瓷砖一样一块接一块地用全等于$\triangle ADE$ 的正三角形向 A 点的周围扩张，构成一个"蛛网点阵"。这些正三角形的顶点可以看成某个斜角坐标系下的所谓"格点"（坐标为整数的点）。四个格点形成一个小菱形。B 点总要落在某个小菱形内或它的周界上。小菱形的四个顶点中，总有一个顶点 P，它的坐标是一对偶数（$2m$，$2k$），这样，点 R（m，k）就是 AP 的中点。显然 $BP<\frac{2}{\sqrt{19}}$，于是可作出点 T 使 $BT=PT=\frac{1}{\sqrt{19}}$。然后分别作出 BT、PT 的中点，进而作出 BP 的中点 Q。最后作出点 M 使 $QPRM$ 为平行四边形，则 M 点就是 AB 的中点。这就得到

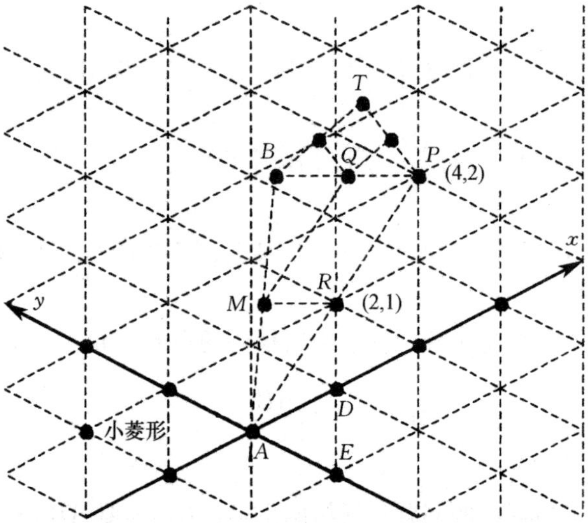

图 9

定理 1（单位定规作图法之五）　已知 A、B 两点，可以作出线段 AB 的中点 M。

这是我们期待已久的的结论。

同变定理

请注意一下图 8，它是什么？不是别的，正是佩多所惊叹的“五图构图”（图 4）的变种！在“五圆构图”中，两个边长为 1 的全等三角形“诱导”出了第三个正三角形；在图 8 中，两个腰长为 1 的全等等腰三角形$\triangle AQC^*$，$\triangle BPC^*$“诱导”出了一个与它们相似的等腰三角形$\triangle ACB$。把正三角形换成相似的等腰三角形，使我们得到了有效的新手段。这一点给我们以启发。在图 10 中，也有 3 个正三角形：从$\triangle AB^*C^*$和$\triangle C^*PC$这两个正三角形出发，作出点 B，使 B^*C^*PB是平行四边形，就得到了正三角形 ABC。

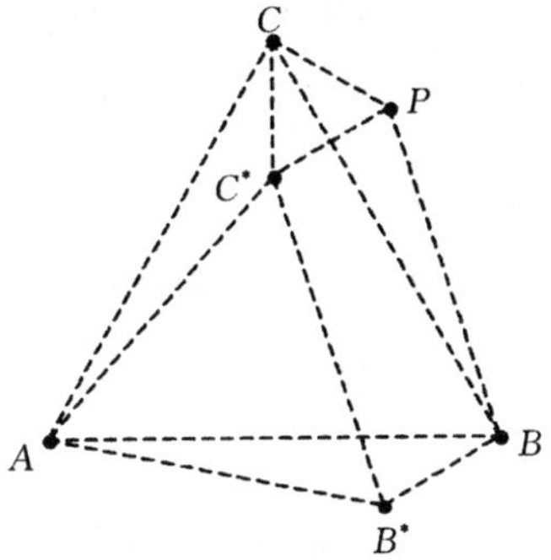

图 10　由正三角形“诱导”出正三角形

把前两个正三角形换成彼此相似的三角形，是否也能通过平行四边形作图得到第三个相似三角形呢？

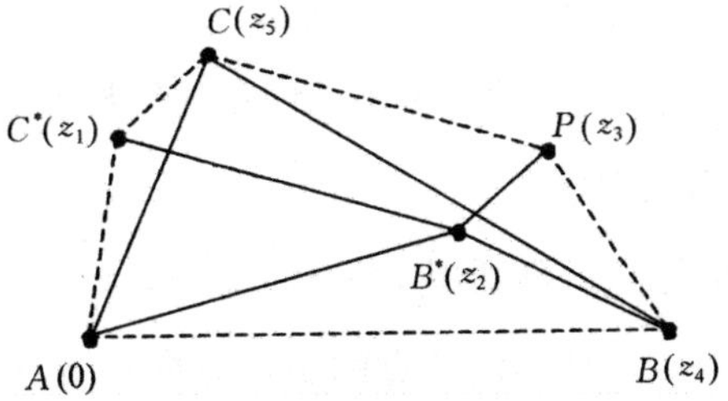

图 11　由相似三角形“诱导”出相似三角形

果然如此！如图 11：已知$\triangle AB^*C^* \backsim \triangle B^*BP$，且 A—B^*—C^* 沿

$\triangle AB^*C^*$周界绕行的方向与$B^*—B—P$沿$\triangle B^*BP$周界绕行的方向相同（这里都是反时针方向），则以点C^*、B^*、P为基础作平行四边形C^*B^*PC，必有$\triangle ABC\backsim\triangle AB^*C^*$。

先证明$\triangle AC^*C\backsim\triangle CPB\backsim\triangle AB^*B$。在$\triangle AC^*C$和$\triangle AB^*B$中，已有

$$\frac{AC^*}{C^*C}=\frac{AC^*}{B^*P}=\frac{AB^*}{B^*B}。（因\triangle AB^*C\backsim\triangle B^*BP）$$

只要再证明 $$\angle AC^*C=\angle AB^*B。$$

因为 $$\angle AB^*C+\angle BB^*P=\angle AB^*C^*+B^*AC^*$$
$$=180°-\angle AB^*B^*,$$

而 $$\angle C^*B^*P=180°-\angle CC^*B^*,$$

故 $$\angle AB^*B=360°-\angle AB^*C^*-\angle BB^*P-\angle C^*B^*P$$
$$=360°-(180°-\angle AC^*B^*)-(180°-\angle CC^*B^*)$$
$$=\angle AC^*B^*+\angle CC^*B^*=\angle AC^*C。$$

所以 $$\triangle AC^*C\backsim\triangle AB^*B。$$

同理可证 $$\triangle CPB\backsim\triangle AB^*B。$$

从而得

$$\frac{AC^*}{AC}=\frac{AB^*}{AB},\quad \frac{B^*C^*}{BC}=\frac{PC}{BC}=\frac{AB^*}{AB},$$

这就证明了$\triangle ABC\backsim\triangle AB^*C^*$。

注意这个结论当$\triangle AB^*C^*$退化时仍成立。例如：当C^*、P分别是AB^*和B^*B的中点时，C是AB的中点，即图5所示。

上面的证明依赖于图，如果你熟悉平面向量的复数表示法，就可以有一个十分简单而且不依赖于图的证法。

设A是复平面上的原点。分别用z_1、z_2、z_3、z顺次表示C^*、B^*、P、B，于是$\triangle AB^*C^*\backsim\triangle B^*BP$，且它们顶点的绕行方向一致这一几何事实可以简单地用复数式表示为

$$\frac{z_1}{z_2}=\frac{z_3-z_2}{z_4-z_2}=z^*。$$

设 C 为 z_5，则 $C^* B^* PC$ 是平行四边形这一几何事实可以表示为

$$z_5 - z_1 = z_3 - z_2。$$

于是

$$\frac{z_5}{z_4} = \frac{z_5 - z_1 + z_1}{z_4 - z_2 + z_2} = \frac{z_3 - z_2 + z_1}{z_4 - z_2 + z_2}$$

$$= \frac{z^* \ (z_4 - z_2) \ + z * z_2}{z_4 - z_2 + z_2} = z^*,$$

因此

$$\frac{z_5}{z_4} = \frac{z_1}{z_2}。$$

其几何意义就是$\triangle ABC \backsim \triangle AB^* C^*$，它们的顶点有相同的绕行方向。以上推理在$\triangle AB^* C^*$退化成为线段时仍成立，这时 z^* 为实数。因而有

引理 5（单位定规作图法之六）　已知 A、B、B^*、C^*、P，使$\triangle AB^* C^* \backsim \triangle B^* BP$ 且 $A - B^* - C^*$ 与 $B^* - B - P$ 在各自周界上有相同的绕行方向，则可作点 C，使$\triangle ABC \backsim \triangle AB^* C^*$，且并 $A—B—C$ 与 $A—B^*—C^*$ 在各自周界上有相同的绕行方向。当$\triangle AB^* C^*$退化时，上述结论仍成立。

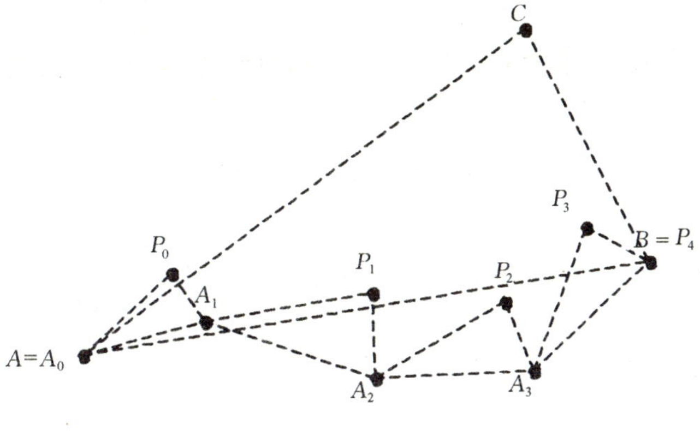

图 12

由引理 5，运用数学归纳法，容易证明

推论 5(同变定理)　已知点列 $A_0, A_1, A_2, \cdots, A_{n+1}$ 和 $P_0, P_1, \cdots, P_n, A_0 = A$，$A_{n+1} = B$，使得诸$\triangle A_i P_i A_{i+1}$彼此相似且 $A_i - P_j - A_i + 1(i = 0, 1, 2, \cdots, n)$在各自周界上有相同的绕行方向，则可作点 C，使$\triangle ACB \backsim \triangle A_0 P_0 A_1$，而且 $A—C—B$ 与

A_0—P_0—A_1 在各自周界上有相同的绕行方向(图 12)。

把推论 5 叫做“同变定理”，意思是大三角形与这些小三角形一同变化。由引理 1，任两点之间可以用步长为工的点列联系起来，而用单位定规作边长为 1 的正三角形是最容易的了，因此由同变定理立刻就推出佩多教授第一个问题的肯定解答。

正方形与 n 等分点作图

用单位定规作图，无非是确定点的位置。已知 A、B 两点去确定第三点 C，也就是求作 C 点使$\triangle ABC$ 相似于某个给定的三角形。有了同变定理，自然会想到：如果

ⅰ）当 $AB=d$ 时，可作$\triangle ABC\backsim PQR$；

ⅱ）对任给的两点 A、B，可用步长为 d 的点列把它们联系起来；

则对任给的 A、B 两点，总能作$\triangle ABC\backsim\triangle PQR$。

那么，可以用步长为多大的点列把任意两点联系起来呢?

让我们来看图 9。事实上，在图 9 中总可以取 $AD=\frac{1}{\sqrt{19}}$。方法是：先取一点 C 使 $AC<\frac{2}{\sqrt{19}}$，再用图 8 所示的方法作出点 D 使 $AD=CD=\frac{1}{\sqrt{19}}$。这样，图 9 的蛛网点阵中任何相邻两点都相距$\frac{1}{\sqrt{19}}$。注意到 $BT=PT=\frac{1}{\sqrt{19}}$，于是可以用步长为$\frac{1}{\sqrt{19}}$的点列联系 A、B。

但这个$\sqrt{19}$是哪儿来的? 它是由推论 2 中的$\sqrt{3k^2+3k+1}$取 $k=2$ 得来的。对图 1 中的$\triangle ABC_2$ 用一下半径变化定理，便可以在 $AB<\frac{2}{\sqrt{3k^2+3k+1}}$的前提之下作出点 C，使 $AC=BC=\frac{1}{\sqrt{3k^2+3k+l}}$，再由图 9，便可得知

推论 6 对任给的非负整数 k，任意两点都可以用步长为$\frac{1}{\sqrt{3k^2+3k+1}}$的点列联系起来。

另外，有一个平凡的

推论 7 已知 A、B 两点，$AB=a=\frac{1}{\sqrt{m}}$，$m\geqslant 3$，则可作一点 C，使 $AC=BC=\frac{1}{\sqrt{m-2}}$。

证明 先由推论 1，可作直线 AB 上的两点 P、Q，使 $PA=AB=BQ=a$，$PQ=3a<2$。再由推论 4，可作出点 C^*，使 $AC^*=BC^*=\sqrt{1-n(n+1)a^2}$。取 $n=1$。得 $AC^*=BC^*=\sqrt{1-2a^2}=\sqrt{\frac{(m-2)}{m}}$。再由半径变化定理，可作出点 C，使

$$AC=BC=\frac{AB}{BC^*}=\frac{1}{\sqrt{m-2}}。$$

注意到推论 6 中的 $3k^2+3k+1$ 可以是足够大的奇数，于是反复用推论 7 便得

推论 8 对任给的非负整数 m，任意两点都可用步长为$\frac{1}{\sqrt{2m+1}}$的点列联系起来。

推论 8 立刻使我们得到一个意外收获：

定理 2（单位定规作图法之七） 对任给的正整数 m 和 A、B 两点，可以作出点 C，使$\angle CAB=90°$且 $CA=\sqrt{m}AB$。

证明 令 $k=2+\frac{1+(-1)^m}{2}$，则 $m+k^2-1$ 总是偶数。取 $N=\frac{1}{2}(m+k^2-1)$，则

$$m=2N+1-k^2。$$

应用推论 8，把 A、B 两点用步长为$\frac{1}{\sqrt{2N+1}}$的点列联系起来。设此点列为 P_0，

P_1，…，P_{l+1}。对于 P_j，P_{j+1}（$j=0$，1，…，l），由推论 3 可作出 D_j，使得 $D_jP_j\perp P_jP_{j+1}$，且 $D_jP_j=\sqrt{1-n^2a^2}$，这里取 $n=k$ 而 a 即为 $P_jP_{j+1}=\frac{1}{\sqrt{2N+1}}$。于是 $D_jP_j=\sqrt{\frac{m}{(2N+1)}}$。

再由同变定理即知可作点 C，使$\triangle ABC\backsim\triangle P_jP_{j+1}D_j$，因而$\angle CAB=90°$，且

$$\frac{CA}{AB}=\frac{D_jP_j}{P_jP_{j+1}}=\frac{\sqrt{m/(2N+1)}}{\sqrt{1/(2N+1)}}=\sqrt{m}$$

取 $m=1$，立刻得到一个引人注目的

推论 9 已知 A、B 两点，可作 C、D 两点，使 $ABCD$ 是正方形。

继续前进，就可以得到超过佩多教授要求的 n 等分点作图了！

定理 3（单位定规作图法之八） 已知 A、B 两点，对任给的正整数 $k>1$，都可以作出 AB 上的一点 C，使 $AB=\sqrt{k}CB$（当 $k=4$ 时，C 即为 AB 中点）。

证明 我们列出作图步骤。

（1）用步长为 $a=\frac{1}{\sqrt{2N+1}}$的点列 P_0，P_1，…，P_{n+1}把 A、B 联系起来。这里 $P_0=A$，$P_{n+1}=B$，而 N 是任意取定的正整数。

（2）任取正整数 $m<2N$，对"联系点列"当中的相继两点 P_i、P_{i+1}应用定理 2 作出一点 C_i，使$\angle C_iP_{i+1}=90°$，且 $C_iP_i=\sqrt{m}P_iP_{i+1}=\sqrt{m}a$，于是 $C_iP_{i+1}=\sqrt{C_iP_i^2+P_iP_{i+1}^2}=\sqrt{m+1}a$。

（3）作 C_i 关于直线 P_iP_{i+1}的对称点 C^*i，这可以简单地用推论 1 来完成。

（4）以 C_iP_{i+1}为一边向两侧作正方形 $C_iP_{i+1}QX$ 和 $C_iP_{i+1}\widetilde{Q}\widetilde{X}$。

（5）分别以 Q、$\widetilde{Q}$ 为圆心作圆，交于两点。其中一点 W 在线段 C_iP_{i+1}上，易求出

$$WP_{i+1}=\sqrt{1-C_iP_{i+1}^2}=\sqrt{1-(m+1)a^2}。$$

$\left(\text{因 } m<2N\text{，故 }(m+1)a^2=\frac{m+1}{2N+1}<1。\right)$

(6) 以 $C_i^* P_{i+1}$ 为一边向两侧作正方形，重复（4）与（5）的手续，得到关于 P_iP_{i+1} 与 W 对称的 W^*，即

$$W^* P_{i+1}=WP_{i+1}，\angle W^* P_{i+1}P_i=\angle WP_{i+1}P_i。$$

(7) 应用引理 2，作平行四边形 $WP_{i+1}W^*M$（事实上是菱形），显然 M 落在 P_iP_{i+1} 上。

设 WW^* 交 MP_{i+1} 于 O，则有

$$\frac{MP_{i+1}}{P_iP_{i+1}}=\frac{2OP_i+1}{P_iP_i+1}=\frac{2WP_{i+1}}{C_iP_{i+1}}=\frac{2\sqrt{1-(m+1)a^2}}{\sqrt{(m+1)a^2}}$$

$$=2\sqrt{\frac{2N-m}{m+1}}=\sqrt{\frac{4(2N-m)}{m+1}}。$$

为了使 $P_iP_{i+1}=\sqrt{k}MP_{i+1}$，只要取 $m=4k-1$，$N=2k$ 即可。(2) ～ (7) 的作图过程见图 13。

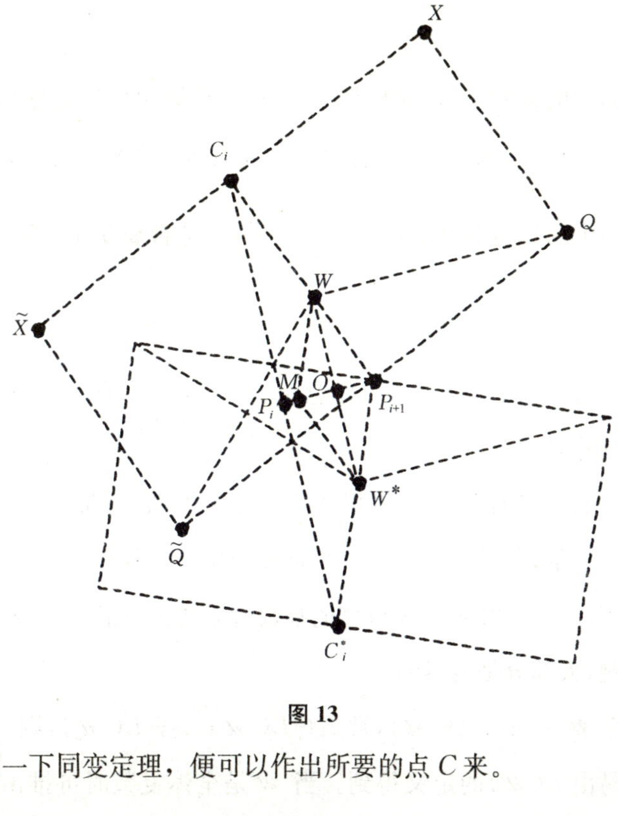

图 13

最后，用一下同变定理，便可以作出所要的点 C 来。

我们完成的比佩多教授所希望的要多：AB 的 n 等分点都可以作出来（只要取 $k=n^2$ 即可）。把定理 1 与定理 2 结合起来，实际上得到了这样的结论：如果以 A 为原点，以直线 AB 为 x 轴，建立笛卡尔坐标系，并设 $AB=\lambda$，则当 x、y 都是整系数二次方程的实根的时候，点（λ_x，λ_y）一定能用单位定规作出来！

复数表示与代数语言

用复数表示平面上的点，可以用简洁的代数语言来叙述“生锈圆规”的作图理论。

设已知两点 A、B，A 用复数 $z_A=0$ 表示，B 用另一个复数 z_B 表示，则当 $z_B=z_A=z_B\neq 0$ 时，平面上任一点 C 所对应的复数 z_C 总可以表示成

$$z_C=z^* z_B$$

的形式。

设有某个固定的复数 z^*，对任何复数 z_B，都能用单位定规作出点 $z_C=z^* z_B$，就说 z^* 是一全可作的复数。全体全可作复数所成之集合记作 L。

佩多的第一个问题等价于：$e^{i\pi/3}=\frac{1}{2}+\frac{\sqrt{3}}{2}i$. 是否属于 L? 第二个问题等价于：$\frac{1}{2}$ 是否属于 L?

我们再引入另一个集合 S：若对任意两点 A、B，都有步长为 d 的点列把它们联系起来，则称 $d\in S$。

把全可作的概念略加推广，可得相对可作的概念：设 z^* 是某个复数，$\mathscr{U}$ 是复数集合的一个非空子集，若对一切 $z_B\in\mathscr{U}$，都能用单位定规作出 $z_c=z^* z_B$，则称 z^* 为相对于 $\mathscr{U}$ 可作。所有相对于 $\mathscr{U}$ 可作的复数所成之集合记作 $L(\mathscr{U})$。

下面的命题，大部分是显然的。

命题 1 若 $\mathscr{U}_1=\{z_1 z \mid z\in\mathscr{U}\}$，且 $z_1\in L(\mathscr{U})$，$z_2\in L(\mathscr{U}_1)$，则 $z_1 z_2\in L(\mathscr{U})$。

这个命题易由 $L(\mathscr{U})$ 的定义得到。当 $\mathscr{U}$ 是全体复数时可推出：若 $L\supset\{z_1,$

$z_2\}$,则 $z_1z_2\in L$。

命题 2 若 $z_1\in L(\mathscr{U})$,$z_2\in L(\mathscr{U})$,则 $z_1+z_2\in L(\mathscr{U})$。这是引理 2 的代数表示。

命题 3 若 $z\in L(\mathscr{U})$,则其共轭复数 $\bar{z}\in L(\mathscr{U})$。

命题 4 若 $0<d=|z_B|\in S$,则由 $z\in L(z_B)$ 可推知 $z\in L$。这就是同变定理。这里 $L(z_B)$ 是 $L(\{z_B\})$ 的略写,以下同此。

命题 5 由 $1\in S$ 及 $e^{i\pi/3}\in L$ (1) 得 $e^{i\pi/3}\in L$。再用命题 2 与命题 3 可得:对一切整数 m、k 有

$$\left(m+\frac{1}{2}\right)+i\left(k+\frac{1}{2}\right)\sqrt{3}\in L,\ m\in L,\ ik\sqrt{3}\in L。$$

命题 6 若 $0<\lambda\in L$,$0<\lambda d<1$,则 $i\sqrt{\frac{1}{d^2}-\lambda^2}\in L$ (d)。特别当 $d\in S$ 时,由命题 4 得 $i\sqrt{\frac{1}{d^2}-\lambda^2}\in L$。

证明很简单:由 $\lambda\in L$ 知 λd 和 $-\lambda d$ 都可作。分别以 λd、$-\lambda d$ 为圆心作圆,交点正是 $\pm i\sqrt{1-\lambda^2d^2}$。于是 $\frac{i}{d}\sqrt{1-\lambda^2d^2}=i\sqrt{\frac{1}{d^2}-\lambda^2}\in L$ (d)。

命题 7 若 $0\leqslant\lambda\in L$,$0<\left(\lambda+\frac{1}{2}\right)d<l$,则

$$\frac{1}{2}\pm i\sqrt{\frac{1}{d^2}-\left(\lambda+\frac{1}{2}\right)^2}\in L\ (d)。$$

特别当 $d\in S$ 时,由命题 4 得

$$\frac{1}{2}\pm i\sqrt{\frac{1}{d^2}-\left(\lambda+\frac{1}{2}\right)^2}\in L。$$

证明与命题 6 的证明类似:只要分别以 $(\lambda+1)d$ 和 $-\lambda d$ 为圆心作圆,则交点 $\frac{d}{2}\pm i\sqrt{1-\left(\lambda+\frac{1}{2}\right)^2d^2}$ 为即得,用 d 除之后即得。

命题 8 若 $z=\frac{1}{2}+i\lambda\in L$,则 $\frac{1}{|z|}\in S$。

注意 $1\in S$。用半径变化定理即得。

命题 9 若 $d\in S$，$z=\frac{1}{2}+i\lambda\in L\ (d)$，则 $|zd|\in S$。

命题 10 由命题 5 与命题 8，取

$$z=\frac{1}{2}+i\left(k+\frac{1}{2}\right)\sqrt{3},$$

即得

$$\frac{1}{\sqrt{3k^2+3k+1}}\in S。$$

这就是推论 6。

命题 11 若 $d\in S$，$d<\frac{3}{2}$，则 $\frac{1}{\sqrt{\left(\frac{1}{d^2}\right)-2}}\in S$。

证明 在命题 7 中取 $\lambda=1$，则 $0<\left(\lambda+\frac{1}{2}\right)d<1$，于是得 $\frac{1}{2}\pm i\sqrt{\frac{1}{d^2}-\left(\lambda+\frac{1}{2}\right)^2}\in L$。由命题 8 得

$$\left|\frac{1}{2}\pm i\sqrt{\frac{1}{d^2}-\left(\lambda+\frac{1}{2}\right)^2}\right|^{-1}=\frac{1}{\sqrt{\frac{1}{d^2}-2}}\in S。$$

命题 12 对任意非负整数 m，有 $\frac{1}{\sqrt{2m+1}}\in S$。

这就是推论 8。证明可从 $d=\frac{1}{\sqrt{3k^2+3k+1}}$ 出发，多次用命题 11 而得。

命题 13 对一切正整数 n、k，有 $(i)^k\sqrt{n}\in L$。

证明 在命题 6 中取 $d=\frac{1}{\sqrt{2m+1}}$，$\lambda=l\in L$，这里 m、l 是自然数且 $l<\sqrt{2m+1}$，于是得

$$i\sqrt{\frac{1}{d^2}-\lambda^2}=i\ \sqrt{2m+1-l^2}\in L。$$

为使 $n=2m+1-l^2$，当 n 为奇数时取 $l=2$，当 n 为偶数时取 $l=1$。又取 $m=2$，$l=2$，得 $i\in L$，从而 $(i)^k\sqrt{n}\in L$。取是 $k=1$，即为定理 2。

命题 14 $\frac{1}{2}\in L$。

这个命题的证明实际上是把前面的找 AB 中点的过程用代数语言复述一遍。由命题 13，$\sqrt{15}\in L$，$1\in L$，$i\in L$，故 $1+i\sqrt{15}\in L$，取 $d=\frac{|1+i\sqrt{15}|}{\sqrt{19}}=\frac{4}{\sqrt{19}}$，$\lambda=1$，由命题 6 可得

$$i\sqrt{\frac{1}{d^2}-\lambda^2}=i\frac{\sqrt{3}}{4}\in L\ (d)\ =L\left(\frac{1+i\sqrt{15}}{\sqrt{19}}\right)$$

由命题 1 得 $i\frac{\sqrt{3}}{4}(1+i\sqrt{15})\in L\left(\frac{1}{\sqrt{19}}\right)$。但$\frac{1}{\sqrt{19}}\in S$，由命题 4 得

$$i\frac{\sqrt{3}}{4}(1+i\sqrt{15})=-\frac{\sqrt{45}}{4}+i\frac{\sqrt{3}}{4}\in L。$$

再由命题 2 及命题 3 得 $i\frac{\sqrt{3}}{2}\in L$，由 $i\sqrt{3}\in L$ 得$\frac{3}{2}\in L$，又由 $1\in L$ 得$\frac{3}{2}-1=\frac{1}{2}\in L$。

命题 15 若 $d\in S$，$0<d<2$，则$\frac{1}{d^2}\in L$。

证明 在命题 7 中取 $\lambda=0\in L$，得

$$z_1=\frac{1}{2}+i\sqrt{\frac{1}{d^2}-\frac{1}{4}}\in L。$$

于是 $\bar{z}_1\in L$，故 $z_1\bar{z}_1=|z_1|^2=\frac{1}{d^2}\in L$。

命题 16 若 $\lambda\geqslant\frac{1}{2}$，又 $\lambda\in L$，则 $\frac{1}{2}+i\sqrt{\lambda^2-\frac{1}{4}}\in L$。

证明 取整数 $m>\lambda$，令

$$z_1=\frac{1}{2}(1+i\sqrt{4m^2+1}),\ z_2=\frac{1}{2}+im,$$

由命题 8 及 $z_1\in L$ 得$\frac{1}{|z_1|}=\frac{1}{\sqrt{m^2+\frac{1}{2}}}=d_1\in S$。又由 $z_2\in L$ 得

$$\frac{1}{|z_2|}=\frac{1}{\sqrt{m^2+\frac{1}{4}}}=d_2\in S。$$

再由命题 6，得

$$i\sqrt{\frac{1}{d_1^2-\lambda^2}}=i\sqrt{m^2+\frac{1}{2}-\lambda^2}=i\lambda_1\in L,$$

于是 $\lambda_1\in L$。又由命题 6 得

$$i\sqrt{\frac{1}{d_2^2-\lambda_1^2}}=i\sqrt{m^2+\frac{1}{4}-\left(m^2+\frac{1}{2}-\lambda^2\right)}$$

$$=i\sqrt{\lambda^2-\frac{1}{4}}\in L。$$

由 $\frac{1}{2}\in L$ 得 $\frac{1}{2}+i\sqrt{\lambda^2-\frac{1}{4}}\in L$。

命题 17 若 $2>\lambda\geqslant\frac{1}{2}$，$\lambda\in L$，则 $\frac{1}{\lambda}\in S\cap L$。

由命题 16 知，$z=\frac{1}{2}+i\sqrt{\lambda^2-\frac{1}{4}}\in L$，由命题 8 即得 $\frac{1}{|z|}=\frac{1}{\lambda}\in S$。又由命题 9，取 $d=1$ 得 $|z|=\lambda\in S$。由命题 15，取 $d=\lambda$，得 $\frac{1}{\lambda^2}\in L$。又由 $\lambda\in L$ 可得 $\lambda\cdot\frac{1}{\lambda^2}=\frac{1}{\lambda}\in L$。

命题 18 若实数 $0\neq\lambda\in L$，则 $\frac{1}{\lambda}\in L$。

证明 因 $-1\in L$，故只要对 $\lambda>0$ 的情形来证。由于 $2\in L$，$\frac{1}{2}\in L$，故 $2^k\lambda\in L$，这里 k 是任意整数。适当取 k 使 $2>2^k\lambda\geqslant\frac{1}{2}$，则由命题 17 得 $\frac{1}{2^k\lambda}\in L$，于是 $\frac{1}{\lambda}=2^k\cdot\frac{1}{2^k\lambda}\in L$。

命题 19 若 $0<\lambda\in L$，则 $\sqrt{\lambda}\in L$。

证明 不妨设 $\lambda<1$ 且 $\lambda\neq\frac{1}{2}$，因为当 $\lambda=\frac{1}{2}$ 时由命题 13 知 $\sqrt{2}\in L$，又由命

题 18 知$\frac{1}{\sqrt{2}}\in L$；而当$\lambda>1$时，由命题 18 可用$\lambda^*=\frac{1}{\lambda}<1$来代替$\lambda$。

这时$\lambda+\frac{1}{2}$、$\lambda-\frac{1}{2}\in L$，用命题 17，由$\frac{1}{2}<\lambda+\frac{1}{2}<2$可知$d=\frac{1}{\lambda+\frac{1}{2}}\in S$。

用命题 6，由$0<d\left|\lambda-\frac{1}{2}\right|<1$可得

$$i\sqrt{\frac{1}{d^2}-\left(\lambda-\frac{1}{2}\right)^2}=i\sqrt{\left(\lambda+\frac{1}{2}\right)^2-\left(\lambda-\frac{1}{2}\right)^2}=i\sqrt{2\lambda}\in L。$$

于是由$i\in L$，$\frac{1}{\sqrt{2}}\in L$，$-1\in L$即得$\sqrt{\lambda}\in L$。

命题 20　若$z\in L$，$z\neq 0$，则$\frac{1}{z}\in L$。

证明　由$z\in L$，得$z\bar{z}=|z|^2\in L$。由命题 18 得$|z|^{-2}\in L$。又由$\bar{z}\in L$得$\frac{1}{z}=\bar{z}|z|^{-2}\in L$。

命题 21　若$z\in L$，则$\sqrt{z}\in L$。

证明　设$z=\lambda e^{i\theta}=\lambda(\cos\theta+i\sin\theta)$，这里$\lambda>0$，则$\sqrt{z}=\sqrt{\lambda}\left(\cos\frac{\theta}{2}+i\sin\frac{\theta}{2}\right)$。

由$z\in L$可得$|z|^2\in L$，因而$|z|\in L$，即$\lambda\in L$。从而$\sqrt{\lambda}\in L$。又由$\frac{1}{\lambda}\in L$得$\cos\theta+i\sin\theta\in L$。于是$\cos\theta\in L$，$\sin\theta\in L$，从而$\cos\frac{\theta}{2}=\sqrt{\frac{1+\cos\theta}{2}}\in L$，$\sin\frac{\theta}{2}=\sqrt{\frac{1-\cos}{2}}\in L$，于是

$$\sqrt{z}=\sqrt{\lambda}\left(\cos\frac{\theta}{2}+i\sin\frac{\theta}{2}\right)\in L。$$

这一节里所介绍的，基本上是侯晓荣的方法。

最后的两个命题告诉我们：从整数出发，经过有限次的四则运算和开平方运算而得到的一切复数z，都是全可作的！事实上，从两点出发来作图，通常圆规直尺的本领也不过如此了。

从平凡的事实到惊人的定理

数学家对一元连续函数的研究，少说也有两三百年了。涉足这个领域的数学大师，可说是接踵而来。他们获得的累累硕果，许多已成为大学一二年级的课程内容，有的甚至要下放到高中了。谁能想到，在这块被前辈巨匠们反复耕耘过的田园里，竟还有未被开垦的处女地，竟还能生长出人们从未见过的奇葩異草。近几年引起广泛兴趣的沙可夫斯基定理，就可算是这样一朵奇葩。这个定理揭示出一条美妙而又出人意料的数学规律，而它的证明基础，又那么平凡，那么初等，甚至没学过微积分的中学生，也有可能弄懂。当然，要下一点工夫。

平凡的事实

不需要有任何专门的数学知识，仅凭常识就能确认下述事实：

同一天里从北京开往上海的列车和从上海开往北京的列车，必然在中途某处相遇；

百米赛路中，一开始落了后的选手想得冠军，就必须从一个一个对手的身边越过。

这些都是尽人皆知的平凡事实。但有时变个花样，就不那么显然了。有这样一道智力测验题：

老王于早晨六点出发爬山，晚上六点到了山顶。第二天，他于早晨六点开始从山顶由原路向下走，最后回到了原出发地。请问：

在上下山的途中有没有这么一个地点，当老王上下山经过这个地点时，他的手表显示出同样的时刻?

回答是肯定的。你不妨想象这不是一个老王在两天里的活动，而是两个老王在同一天里的活动。老王甲从早晨六点开始向上爬，老王乙同时向下走，如果两人的手表都对准了时间，在途中两人相遇时，两块表当然显示出同一时刻。

若用数学语言来表达这些平凡的事实，便可归结为一个重要的定理。

连续函数的介值定理 设 $f(x)$ 是定义在 $[a,b]$ 上的连续函数。如果 $f(a)$ 和 $f(b)$ 反号(即 $f(a)\cdot f(b)<0$)，则必有 $x_0\in(a,b)$，使 $f(x_0)=0$。

从几何上看，$y=f(x)$ 的图像是一条连续曲线。它一端在 x 轴之下，另一端在 x 轴之上。显然，它和 x 轴至少有一个交点(图 1)。

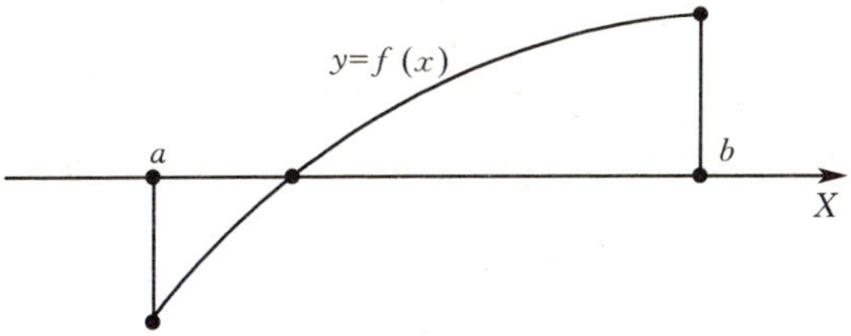

图 1

这个介值定理是一个基本的定理。近年来研究生入学考试的数学分析试卷上，常常出现这个定理的变形或应用。尽管它如此简单、平凡，人们还是很重视它。

在介值定理中，对函数 $f(x)$ 只有一个要求——连续。条件宽，用起来就灵活。中国科技大学少年班的一次数学分析测验中，有这样一道题：

命题 1 设 $f(x)$ 是 $[a,b]$ 上的连续函数，$f(x)$ 的值域包含了 $[a,b]$，求证：方程

$$f(x)=x \qquad (x\in[a,b]) \tag{1}$$

至少有一个根。

有好几位少年大学生在这道题上丢了分，然而它的解法异常简单：因 $f(x)$ 的值域包含了 $[a,b]$，故 $[a,b]$ 中必有 x_1, x_2，使 $f(x_1)\leqslant a\leqslant x_1, f(x_2)\geqslant b\geqslant x_2$。令 $g(x)=f(x)-x$，则 $g(x)$ 在 $[a,b]$ 上连续，且 $g(x_1)\leqslant 0, g(x_2)\geqslant 0$。由介值定理，可知在 x_1 与. x_2 之间（含 x_1 和 x_2）必有 x_0 使 $g(x_0)=0$，亦即 x_0 是方程(1)的根。

在命题1中，把"$f(x)$ 的值域包含了 $[a,b]$"改成"$f(x)$ 的值域被包含于 $[a,b]$"，结论照样成立。

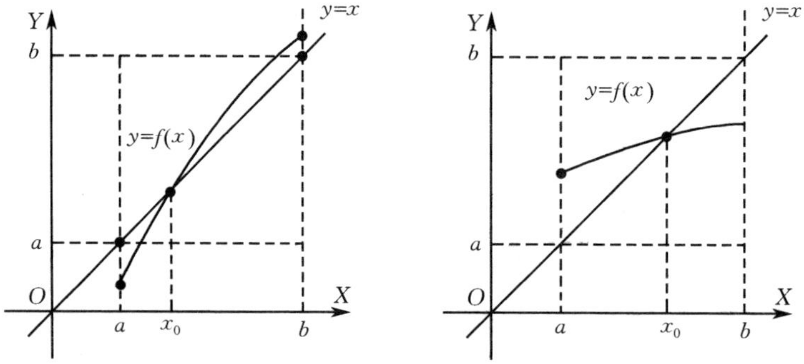

图 2

命题1的几何意义如图2所示。其中左图表明"$f(x)$ 的值域包含了 $[a,b]$"，右图表明"$f(x)$ 的值域被包含于 $[a,b]$"。$y=f(x)$ 的曲线与直线 $y=x$ 的交点的 X 坐标，正是方程(1)的根。

简单的东西组合在一起，会变得复杂起来。让我们从命题1出发，向前走几步看看。

满足方程（1）的点 x_0 叫做 f 的不动点。不动点的推广，是所谓周期点。

我们知道，函数可以复合。把 $f(x)$ 中的 x 换成 $g(x)$，便得到复合函数 $f(g(x))$。如果 $f(x)$ 的值域不超出它的定义域，它就可以自己与自己复合——迭代。记 $f^0(x)=x, f^1(x)=f(x), f^2(x)=f(f(x)), f^n(x)=f(f^{x-1}(x))$。$f^n(x)$ 叫做 f 的 n 次迭代。如果 x_0 满足

$$\begin{cases} f^n(x_0)=x_0, \\ f^k(x_0)\neq x_0。k=1,2,\cdots,n-1, \end{cases} \quad (2)$$

便说 x_0 是 f 的一个 n－周期点。n 叫做 x_0 在 f 下的周期。不动点就是 1－周期点。

若 x_0 是 f 的 n－周期点，则 $x_0, f(x_0), f^2(x_0), \cdots, f^{n-1}(x_0)$ 互不相同。这 n 个点所组成的集合，叫做 f 的一个周期轨。

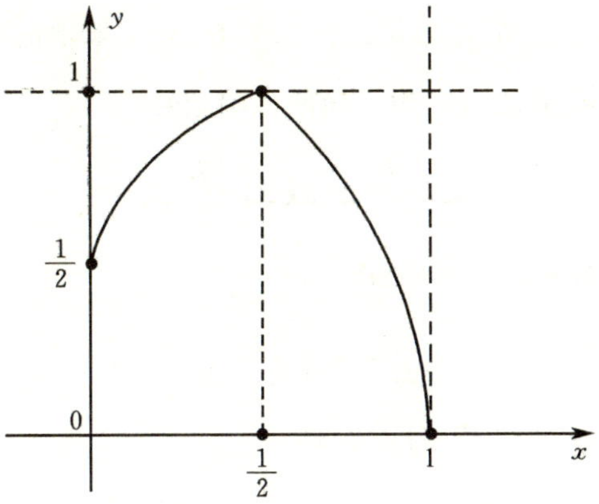

图 3

一个函数 $f(x)$ 是否有不动点，看看 $f(x)$ 的图像，便可一目了然。但是否有 n－周期点，即使 n 不超过 10，也难以直接看山来。图 3 是一个相当简单的函数数 $\varphi(x)$ 的图像。它的特点是：$\varphi(0)=\frac{1}{2}$ ，$\varphi(\varphi(0)=\varphi\left(\frac{1}{2}\right)=1, \varphi(\varphi(\varphi(0)))=\varphi(1)=0$，也就是说它有 3－周期点。它是否有 7－周期点？是否有 9－周期点？能一下子看出来吗？我们在下一节要给出证明：这样的函数对一切正整数 n 都有 n－周期点！这是不是多少有点令人惊奇呢？

几何直观能给我们以极好的启迪，可它不能带我们走得很远。要想更深入地探索数学世界的奥秘，没有代数和分析的帮助是很困难的。让我们继续前进。

命题 2　设 $f(x)$ 是定义于 $[a,b]$ 上的连续函数。$\Delta_0, \Delta_1, \cdots, \Delta_{n-1}$ 是 $[a,b]$ 的一些闭子区间。若

$$\begin{cases} f(\Delta_k) \supset \Delta_{k+l}, k=0,1,2,\cdots,n-2, \\ f(\Delta_{n-1}) \supset \Delta_0, \end{cases} \tag{3}$$

则方程

$$f^n(x)=x \tag{4}$$

至少有一个根 $x=x_0\in\Delta_0$，而且满足

$$f^k(x_0)\in\Delta_k,\ k=0,1,2,\cdots,n-1 \tag{5}$$

(5)式表示：x_0 在 f 的不断作用下，顺次访问 $\Delta_1,\Delta_2,\cdots,\Delta_{n-1}$后，再回到原处。

这里，$f(\Delta_k)\supset\Delta_{k+1}$的意思是：$f(x)$ 在 Δ_k 上取值的范围包含了 Δ_{k+1}。这通常叫做 $f(\Delta_k)$ 覆盖了 Δ_{k+1}。为了简便，用记号

$$\Delta_i\xrightarrow{f}\Delta_j \text{ 或 } \Delta_j\xleftarrow{f}\Delta_i$$

表示 $f(\Delta_i)\Delta_j$。特别地，$\Delta\xrightarrow{f}\Delta$ 也记作

$$\Delta \overset{f}{\supset}\text{或}\overset{f}{\subset}\Delta。$$

在不致混淆时，箭头上的“f”可以省略。

命题 2 中方程（4）有根这一点证起来也并不费事：由条件（3）可知 $f^n(\Delta_0)$ 覆盖了 Δ_0，再用命题 1，便可断定有 $x_0\in\Delta_0$，使 $f^n(x_0)=x_0$，则方程（4）有根 x_0。

为了证明（5）式成立，我们还需要一个辅助的命题。

命题 3　设 $f(x)$ 在闭区间 Δ_1 上连续，$f(\Delta_1)$ 覆盖了闭区间 Δ_2，则一定有 Δ_1 的闭子区间 Δ^*，使得 $f(\Delta^*)=\Delta_2$。

这是数学分析中的一道不太难的习题，证明请读者自己完成。

现在来证明（5）式。根据命题 2 的条件（3）和命题 3，有 Δ_{n-1}的闭子区间 $\Delta_{n-1}{}^*$，使 $f(\Delta_{n-1}{}^*)=\Delta 0$。然后因 $\Delta_{n-2}\xrightarrow{f}\Delta_{n-1}\supset\Delta_{n-1}{}^*$，故又有 Δ_{n-2}的闭子区间 $\Delta_{n-2}{}^*$，使 $f(\Delta_{n-2}{}^*)=\Delta_{n-1}{}^*$。依此类推，可知有闭区间 $\Delta_k{}^*\subset\Delta_k$（$k=0,1,2,\cdots,n-2$），使

$$\begin{cases} f(\Delta_k{}^*)=\Delta_{k+l}{}^*\subset\Delta_{k+1},\ k=0,1,\cdots,n-2,\\ f(\Delta_{n-1}{}^*)=\Delta_0\supset\Delta_0{}^*。\end{cases} \tag{6}$$

由（6）可见 $f^k(\Delta_0{}^*)\supset\Delta_0{}^*$，故方程（4）有根 $x_0\in\Delta_0{}^*$，又由（6）可见 $f^k(x_0)\in\Delta_k{}^*\Delta_k$。

命题 2 本身看来也不算什么惊人的结果。然而，要证明沙可夫斯基定理，所需要的个部微积分知识也不过如此！

周期 3 与混沌[①]现象

1975 年，《美国数学月刊》（Amer. Math. Monthlv）上刊登的短文《周期 3 蕴涵着混沌》引起了不少人的兴趣。因为其中有一条颇为别致的定理：

定理 1 设 $f(x)$是$[a,b]$上的连续自映射(即 $f(x)$是$[a,b]$上的连续函数,且它的值域不超出$[a,b]$),若 f 有 3 周期点,则对一切正整数 n,f 有 n—周期点。

证明 设 $x_0<x_1<x_2$ 是 f 的一个 3—周期轨,则 $f(x_1)=x_0$ 或 $f(x_1)=x_2$。不失一般性,设 $f(x_1)=x_0$,则必有 $f(x_0)=x_2$,$f(x_2)=x_1$。记$\tilde{\Delta}_0=[x_0,x_1]$,$\tilde{\Delta}_1=[x_1,x_2]$,由介值定理,有

$$\circlearrowleft\tilde{\Delta}_0\rightleftarrows\tilde{\Delta}_1。\tag{7}$$

在命题 2 中取

$$\begin{cases}\Delta_0=\Delta_1=\Delta_2=\cdots=\Delta_{n-2}=\tilde{\Delta}_0,\\ \Delta_{n-1}=\tilde{\Delta}_1,\end{cases}\tag{8}$$

则条件（3）被满足。因而有 $x_0^*\in\Delta_0$，满足 $f^n(x_0^*)=x_0^*$，且

$$\begin{cases}f^k(x_0^*)\in\tilde{\Delta}_0,\ k=0,1,2,\cdots,n-2,\\ f^{n-1}(x_0^*)\in\tilde{\Delta}_1。\end{cases}\tag{9}$$

容易看出:x_0^*,$f(x_0^*)$,$\cdots$,$f_{n-1}(x_0^*)$是各不相同的,这说明 x_0^* 是 f 的n—周期点。

事实上,如果 x_0^*,$f(x_0^*)$,$f^2(x_0^*)$,$\cdots$,$f^{n-1}(x_0^*)$中有两个相同,则 x_0^* 的周期小于 n,即 $f^{n-1}(x_0^*)$是 x_0^*,$f(x_0^*)$,$\cdots$,$f^{n-2}(x_0^*)$中之一。因而有

$$f_{n-1}(x_0{}^*)\in\tilde{\Delta}_0。\tag{10}$$

---

① “混沌”原文是 chaos，也有译作“混乱”的。

结合(9)式,可断定 $f^{n-1}(x_0^*)\in\widetilde{\Delta}_0\cap\widetilde{\Delta}_1=\{x_1\}$。于是

$$x_0^*=f^n(x_0^*)=f(f^{n-1}(x_0^*))=f(x_1)=x_2\notin\widetilde{\Delta}_0。$$

这与 $x_0^*\in\widetilde{\Delta}_0$ 矛盾。

有了这条定理，马上可知图 3 所示的函数对一切正整数 n 有 n—周期点。直观上这是难以相信的。看起来很简单的函数，在不断迭代的过程中，竟会产生如此复杂的现象。

这篇文章还引入了“混沌”概念。这个概念也引起了人们的兴趣。

定义 闭区间 I 上的连续自映射 $f(x)$，如果满足下列条件，便说它有混沌现象：

ⅰ）f 的周期点的周期无上界。

ⅱ）存在 I 的不可数子集 S，满足

1°对任意 x、$y\in S$，当 $x\neq y$ 时有

$$\lim_{n\to+\infty}\sup|f^n(x)-f^n(y)|=0;$$

2°对任意 x、$y\in S$，有

$$\lim_{n\to+\infty}\inf|f^n(x)-f^n(y)|=0;$$

3°对任意 $x\in S$ 和 f 的任一周期点 y，有

$$\lim_{n\to+\infty}\sup|f^n(x)=f^n(y)|>0。$$

前面证明了，若连续函数 f 有 3—周期点，则它一定有混沌现象。

从定义可以看山：s 中的点在 f 的不断作用之下，呈现出一片混乱的运动状态。每个点的变化都不具有周期性，不同的点忽分忽合，在完全确定的 f 的作用之下，出现了类似于随机过程的状态。

混沌现象的定义可以推广到高维映射，而且在物理、化学、生物学等许多领域中所遇到的不少差分、微分方程的研究中，都有混沌现象山现，因而引起各个学科的工作者们的关注。对混沌现象的研究已成为目前一个活跃的方向。

后来人们发现，原来令人惊奇的定理 1 并不是新发现！早在 1964 年，一位名不见经传的前苏联数学家沙可夫斯基（A. N. Sarkovskii）就发表过一个更为令

人惊奇，也更为漂亮的定理。而定理 1 不过是沙可夫斯基定理的一个特款而已。1977 年，斯特凡（P. Stcfan）整理并简化了沙可夫斯基定理的证明，介绍给西方数学家，引起了更为广泛的注意。

沙可夫斯基序与沙可夫斯基定理

自然数的自然顺序是由小到大的：1，2，3，4，5……

沙可夫斯基把自然数重新排了个顺序。这种新顺序我们不妨叫做 S 序。如果按照 S 序，m 在 n 之前，便记作 $m \lhd n$。

在这种 S 序之下，头一个自然数不是 1 而是 3，3 之后是 5，然后是 7，9，11，13……先这样地把所有大于 1 的奇数由小到大地排出来；然后由小到大地排出所有奇数的 2 倍；再由小到大地排出所有奇数的 4 倍、8 倍、16 倍……。最后就只剩下 2 的方幂了。现在变个花样，由大到小地排，压尾的几个数是 16，8，4，2，1。

总之，若按 S 序把所有自然数排出来，就是：

$3 \lhd 5 \lhd 7 \lhd \cdots \lhd 2n+1 \lhd 2n+3 \lhd \cdots$

$\lhd 2 \cdot 3 \lhd 2 \cdot 5 \lhd 2 \cdot 7 \lhd \cdots \lhd 2(2n+1) \lhd 2(2n+3) \lhd \cdots$

$\lhd 2^2 \cdot 3 \lhd 2^2 \cdot 5 \lhd 2^2 \cdot 7 \lhd \cdots \lhd 2^2(2n+1) \lhd 2^2(2n+3) \lhd \cdots$

$\lhd 2^m \cdot 3 \lhd 2^m \cdot 5 \lhd 2^m \cdot 7 \lhd \cdots \lhd 2^m(2n+1) \lhd \cdots$

$\lhd 2^l \lhd 2^{l-1} \lhd \cdots \lhd 16 \lhd 8 \lhd 4 \lhd 2 \lhd 1$。

人们自然要问：排这样的古怪顺序干什么呢？请看

定理 2（沙可夫斯基定理） 设 $f(x)$ 是线段 I 上的连续自映射，若 f 有 m—周期点，则当 $m \lhd n$ 时 f 必行 n—周期点。

在这里线段 I 可以是开区间、闭区间或半开半闭的区间，可以是有穷的或无穷的区间。

沙可夫斯基定理揭示出关于连续函数的周期点的令人难以置信的美丽的规律性。有了这个定理，我们马上知道，若 f 有 7—周期点，则它必有除周期为 3、5

之外的一切周期点（也可能有 3、5一周期点），若 f 有 100一周期点，则它必有周期为 108、116、124 的周期点。最简单的特款是：在这个定理中取 $m=3$，可知若 f 有 3一周期点，则对一切正整数 n，f 也必有 n一周期点。这就是定理 1。

要熟悉一个数学定理，先了解它的一些简单的特殊情形是有好处的。定理 1 是沙可夫斯基定理的一个特殊情形。现在我们来证明这个定理的另一个特殊情形。

命题 4 设 $f(x)$ 是线段 I 上的连续自映射，若 f 有 2^n一周期点，则对 $0\leqslant m<n$，f 有 2^m一周期点。

证明 只要证明：若 f 有 2^n一周期点则它必有 2^{n-1}周期点，就可以了。当然设 $n\geqslant 1$。

当 $n=1$ 时，f 有 2一周期点。设 $x_1<x_2$ 是 f 的一个 2一周期轨，则 $f(x_1)=x_2$，$f(x_2)=x_1$，故 $[x_1, x_2]$ ⮌。由命题 1 知 f 在 $[x_1, x_2]$ 上有不动点。

当 $n=2$ 时，f 有 4一周期点。设 $x_1<x_2<x_3<x_4$ 是 f 的一个 4一周期轨，则 $f(x_2)$、$f(x_3)$ 中至少有一个是 x_1 或 x_4。否则，x_2、x_3 就是 f 的 2一周期点了。不失一般性，设 $f(x_2)$、$f(x_3)$ 中有一个为 x_1，分两种情形：

ⅰ）$f(x_2)=x_1$，此时有两种可能：

若 $f(x_1)=x_3$，则 $f(x_3)=x_4$，就有

$$[x_1, x_2] \rightleftharpoons [x_2, x_3]; \tag{11}$$

若 $f(x_1)=x_4$，则 $f(x_4)=x_3$，$f(x_3)=x_2$，仍有（11）。

ⅱ）$f(x_3)=x_1$，也有两种可能：

若 $f(x_1)=x_2$，则 $f(x_2)=x_4$，$f(x_4)=x_3$，

$$有\ [x_1, x_2] \rightleftharpoons [x_3, x_4]; \tag{12}$$

若 $f(x_1)=x_4$，则 $f(x_4)=x_2$，$f(x_2)=x_3$，仍有（12）。

再用命题 2，由（11）、（12）都可推出 f 有 2一周期点。

至于 $n>2$ 的情形就好办了。设 f 有 2^n-周期点。考虑 $g(x)=f^{2^{n-2}}(x)$，则 f 的 2^n-周期点是 g 的 4 周期点。根据刚才所证，由 g 有 4-周期点知 g 有 2-周期

点，而 g 的 2-周期点一定是 f 的 2^{n-1} 周期点。

关于 f 有奇周期点的情形，下面首先明确叙述的命题会给我们很大帮助。这个命题本身也是十分有趣的。

命题 5 设 $f(x)$ 是线段 I 上的连续自映射；它有 $2n+1$-周期轨 $\{x_k=f^k(x_0),\ k=0,1,\cdots,2n\}$；而对于 $1\leqslant m<n$，没有 $2m+1$-周期轨。若令 x_0 是诸 x_k 由小到大排列时正中间的一个（即山小到大的第 $n+1$ 个），则下列两情形必居其一：

ⅰ）$x_{2n}<x_{2n-2}<\cdots<x_2<x_0<x_1<x_3<\cdots<x_{2n-1}$； (13)

ⅱ）$x_{2n-1}<\cdots<x_3<x_1<x_0<x_2<x_4<\cdots<x_{2n}$。 (14)

（图 4 画出了 $n=3$ 时诸 $x_k(k=0,1,\cdots,6)$ 在 f 的作用之下变动的情形。）

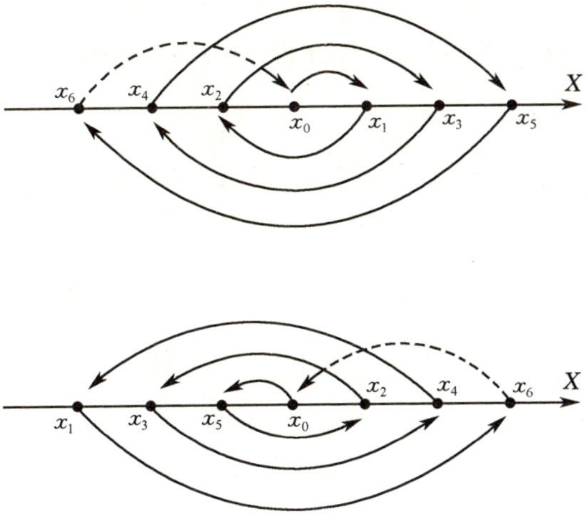

图 4

证明 不妨设 $n>1$。重记诸 x_k 由小到大为 $\{z_1,\ z_{2n+1},\ \cdots,\ z_{2n+1}\}=O_f$。记

$$U_{kl}=\{z_i \mid k\leqslant i\leqslant l\}。$$

如果

$$\max\{f(z) \mid z\in U_{kl}\}=z_j,$$

$$\min\{f(z) \mid z\in U_{kl}\}=z_i,$$

则记

$$f^*(U_{kl})=U_{ij}。$$

如果 $f^*(U_{kl})\supset U_{st}$，则记

$$U_{kl}\Rightarrow U_{st}。$$

此外，记 $\Delta_k=U_{k,k+1}$，$k=1，2，\cdots，2n$。我们有

辅助命题 存在小于 $2n+l$ 的正整数 m、l 及一串 $U_t=U_{kili}$（$i=1，2，\cdots，s，s=2n$），其中 $U_1=\Delta_m$，$U_s=\Delta_l$，U_{i+1} 中恰有一个点不属于 U_i，且

$$\Delta_m\Rightarrow U_1\Rightarrow U_2\Rightarrow\cdots\Rightarrow U_s\Rightarrow\Delta_m, \tag{15}$$

$$U_1\subset U_2\subset\cdots\subset U_{k-1}\not\supset U_s。 \tag{16}$$

辅助命题的证明 因在 f 作用下 $z1$ 向右跑而 z_{2n+1} 向左跑，故必有 $m\leqslant 2n$ 使 $f(z_m)>z_m$ 而 $f(z_{m+1})<z_{m+1}$。取 $U_1=\Delta_m$，$U_{i+1}=f^*(U_i)$，显然有 U_i U_{i+1}。而且当 $U_i\neq 0f$ 时 U_i U_{i+1}。现在设 $i=1，2，\cdots，s\text{-}1$，但 s 待定。显然，除 s 未定外，(15)、(16) 式成立。

因 $U_{1,m}$ 和 $U_{m+1,2n+1}$ 中的点不一样多，故有 $l\neq m$ 使 $f(z_l)$ 和 $f(z_{l+1})$ 在 Δ_m 之两侧，即 $\Delta_l\Rightarrow\Delta_{m0}$ 令 $U_s=\Delta_l$。

怎样确定 s 呢？在 U_1，U_2，…这一串一个包含一个的集合里使 $U_i\Rightarrow\Delta_l$ 的最小标号 i 即取作 $s-1$，s 也就定了。这样的 s 显然存在。

设含 U_i 的最小闭区间为 Vi，由（15）易知

$$\circlearrowleft V_1\to V_2\to\cdots\to V_s\to V_1。 \tag{17}$$

我们由此来证 $s=2n$。因 $U_i\not\supset U_i+1$，故 $s\leqslant 2n$。如果 $s<2n$，用命题 2 及（17），重复定理 1 的证明方法，可知 f 有 $2n-1$-周期轨。（注意 V_s 和其他 V_i 无公共内点！）这与题设不符，故 $s=2n$，可见 $U_{i+1}\setminus U_i$ 恰为单点集。

为了完成命题 5 的证明，只须指出：对所有 $i=1，2，\cdots，2n-1$，f 总把 U_i 的一个端点 A 映为另一端点 B，并使 A 在 B 和 $f(B)$ 之间。若 $i=1$，这显然。记 $U_i\setminus U_{i-1}=\{A_i\}$。如果上述加著重号的论断在某个 $i=k<2n$ 时不成立，则将出现图 5 所示之情形（或与图 5 左右相反）。因而

$$\circlearrowleft [A_{k-2}, A_k]\rightleftharpoons[A_{k-1}, A_{k-3}]。$$

但这蕴涵 f 有 3-周期点，与假设不符。

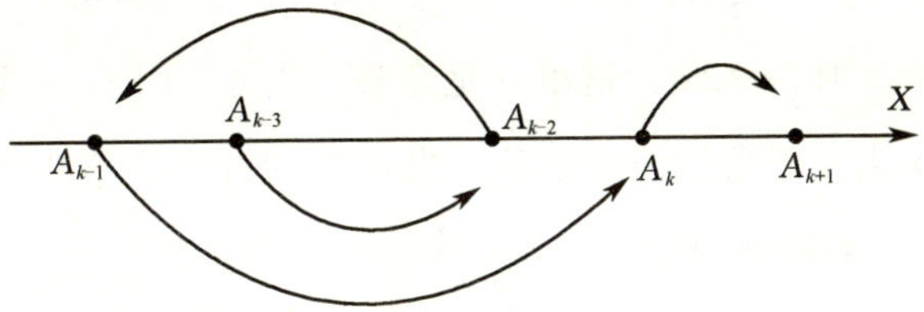

图 5

我们这里提供的证明，比［4］中要简单些。

现在我们可以完成沙可夫斯基定理的证明了。把命题 5 中的 $[x_0, x_1]$ 记作 I_1，$I_2=[x_0, x_2]$，$I_3=[x_1, x_3]$，$I_4=[x_2, x_4]$，…，$I_{2n-1}=[x_{2n-3}, x_{2n-1}]$，$I_{2n}=[x_{2n-2}, x_{2n}]$。由命题 5，得到覆盖图：

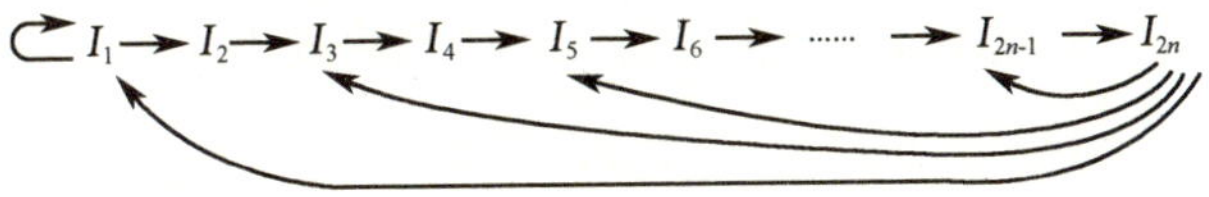

由这覆盖及命题 2，注意到诸 I_k 之间两两无公共内点，可得

推论 1 设 $f(x)$ 是线段 I 上的连续自映射，且对某个 $n\geqslant 1$，f 有 $2n+1$—周期轨，则对任意正整数 $k>2n+1$，f 有 k—周期轨。

证明 不妨设对于 $1\leqslant m<n$，f 没有 $2m+1$—周期轨，就可以用命题 5 了。对 $k>2n+1$，由上述覆盖图，得

$$\underbrace{I_1\to I_1\to\cdots\to I_1}_{k-(2n-1)\text{个}}\to I_2\to I_3\to\cdots\to I_{2n}\to I_1。$$

再用命题 2 即可。

推论 2 设 $f(x)$ 是线段 I 上的连续自映射，且对某个 $n\geqslant 1$，f 有 $2n+1$—周期轨，则对任意正整数 k，f 有 $2k$-周期轨。

证明 只要证明 $2k\leqslant 2n$ 的情形就够了。由上述覆盖图，对 $k=1, 2, \cdots, n$，有

$$I_{2k-1}\to 2k\to I_{2k+1}\to\cdots\to I_{2n}\to I_{2k-1}。$$

再用命题 2，即知 f 有 $2k$—周期轨。

综合定理 1、命题 4 及以上两个推论，沙可夫斯基定理的结论中，只剩下一

种情形尚未获证。即 $m=2^k p$，其中 $k\geqslant 1$，p 为大于 1 的奇数。

此时设 $m\lhd n$，则 $N=2^t q$，这里 q 是奇数。当 $q=1$ 时，t 为任意非负整数。当 $1<q\leqslant p$ 时，t 为大于是的任意整数。当 $q>p$ 时，t 为不小于是的任意整数。不妨设对 $l\lhd m$，f 无 l—周期点。

令 $\varphi(x)=f^{2^k}(x)$，则 φ 有 p—周期轨。因而对一切非负整数 t，φ 有 2^t-周期轨。这蕴含 f 有一切 2^t-周期轨。于是，$n=2^t q$，$q=1$ 的情形获证。

现在设 $n=2^t q$，q 是大于 1 的奇数并 $m\lhd n$，于是必有 $t\geqslant k$。令 $t=k+s$，则 $p\lhd 2^s q$，由推论 1 及推论 2，$\varphi(x)$ 有 $2^k q$-周期点 x_0：

$$\varphi^{2^s q}(x_0)=f^{2^{k+s}q}(x_0)=x_0。$$

于是．x_0 是 f 的周期点。设 x_0 的周期为 l，由假设可知 $m\lhd l$（因为 $l\lhd m$ 时，f 无 l—周期点）。l 显然不能是 2 的方幂，因为那将推出 $q=1$。于是 $l=2^k l^*$，且 $l\leqslant 2^{k+s}q$，即 $l^*\leqslant 2^s q$ 。这里 l^* 是正整数，但又有

$$\varphi^{l^*}(x_0)=f^{2^k l^*}(x_0)=x_0。$$

故有 $l^*\geqslant 2^s q$，于是 $l^*=2^s q$，即 $l=2^{k+s}q+2^t q=n$，这证明了 f 有 n-周期点。

至此，沙可夫斯基定理全部证毕。

整个证明虽然很复杂，但并不高深。微分、积分、线性代数……这些起码的高等数学都没用上，而仅仅作具体的组合排序的讨论。由于这个定理本身包含了丰富的内容，想要使它的证明很简单看来是不容易的。

结束语

沙可夫斯基定理并没有结束关于函数的周期轨的研究，而是开辟了颇有前途的一个研究方向。与沙可夫斯基定理有关的新的研究成果不断发表，大有方兴未艾之势。其中有的是给出这个定理的大同小异的别证和推广，有的则进一步研究函数族中随参数变化而引起的周期轨变化的沙可夫斯基序，以及周期轨的序结构。预料近几年将有更多的成果发表。

最后，让我们试想一下，为什么如此有趣的结果，古典分析大师们没有发现

呢？原因在于，那时数学家的注意力集中于函数的局部性质的研究。可微性、可积性等本质上是由函数的局部性质所确定的。这些局部性质所反映的关系是量变与量变之间的联系。他们也关心一些整体性质，如一致连续、介值定理，但这些整体性质与局部性质之间的关系，是通过简单的加与并而实现的。

当代分析学的一个显著特点，是对函数进行整体的研究。迭代，周期轨，这些概念本质上是整体的、全局的概念。$f(x)$可以在$[a,b]$上迭代，但在$[a,b]$的子区间上就可能无法迭代。研究函数（映射）整体性质的数学分支，叫做大范围分析。它包括微分动力体系、整体微分几何、微分方程定性理论、微分拓扑等许多学科。近年来有了极其丰硕的成果，形成了现代数学的主要方向之一。

当然，事物的整体性质与局部性质密切相关。人们往往是先认识局部，后来才认识到关于整体的更深刻的性质。局部的量的变化如何能够引起整体的结构变化，即质变，是当代分析学所特别关心的问题。正是由于采取了从全局出发、从结构出发来提出问题的观点，才发现了像沙可夫斯基定理这类美丽而深刻的规律。

命运·决定性·时间的数学

定命与算命

人，谁不关心自己的命运？如果破费几文就真的能预卜祸福，以便“趋吉避凶”，那当然划得来，也许正因为如此，算命先生至今仍有生意可做。一些发达国家中的算命先生——高雅的称号叫做“占星家”——据说更是顾客盈门，有的还用上了现代化的电脑。至于问卜者，当然多是一些不能掌握自己命运而又抱有某种希望的人：失业者、考生、求偶的男女，等等。

但是，今天多数人已不相信算命先生了，因为经验和科学的逻辑告诉人们，并没有所谓注定的命运，因此更没有什么“铁口神仙”能知道你的命运。

有一个明显的道理：如果一个人有定命，这定命中的吉凶祸福又可以预知，那么，他就可以采取趋吉避凶的措施来改善自己的命运了。于是定命又是可以改善的，那也就是定命并不是定而不移的，那也就无所谓定命了，更不可能预知定命了。对于不存在的东西，预知什么？

这些诘问，或许可以难住一些信徒，但对于一个彻底的定命论者，或者一个决心维护定命论的诡辩家来说，说服他可没有这么容易，他可以振振有词地回答：

“一切都是时间的函数，当你生命中的某一时刻到来时，在那一时刻，你的处境，你的心情，你的吉凶祸福，都将以唯一可能的方式实现，这就是你的定命。就连你某一天去找某位算命先生，那位先生向你说些什么，也是你命中注定。你听了. 那位先生的话，为改善自己心目中的‘定命，而作的努力，这努力所产生的效果，也属于定命的一部分。这一切，都是由宇宙万物的运动变化的必然规律所确定了的，是巨大的无所不包的因果关系链索中的一个或几个环节。作为凡夫俗子的算命先生，也许不能精确地预知这一切，但人的命运是注定的，则是毫无疑义的科学论断。”

该怎么驳倒他呢？

定命论者的这种方法，已不仅涉及人的命运，而且包罗了自然、社会、宇宙中的一切。所以下边我们不妨把这种观点的持有者改称为“决定论”者，“定命”两字通常带有迷信的色彩，而“决定论”，则是学术范围内的事。针锋相对的观点自可心平气和地争论一番。

决定论者的基本观点来源于因果论：昨日种种，是今日种种的原因，明日种种，是今日种种的结果。宇宙间任一事件之所以出现，之所以按这种方式出现而不按另一方式出现，必有它的根据。否则，为什么会这样而不是那样？

彻底运用这一逻辑，其结论简直使人难于想象，如果宇宙间的一切是有严格的因果关系可循，那么，现今的一切，早在太阳系尚未诞生之时便已决定了。不但人类历史上的一切大事，例如第二次世界大战，希特勒的暴发与灭亡……是早在宇宙诞生的大爆炸时已经注定，就连前天老王患感冒吃了两片阿司匹林，隔壁李家的小黑猫身上有一千两百根白毛，公园里一位小伙子给他的恋人一个吻，也都是在多少亿亿年之前已经注定了。岂有此理！

然而，“岂有此理”四个字，并非论据，这些令人难以置信的推论，也难不倒彻底的决定论者，只要不道出逻辑上的矛盾和理论与事实的矛盾，“难以置信”并不说明什么。地球是圆的，开始不是也令人“难以置信”吗？小伙子给恋人一个吻，自有他当时心理上、生理上及客观条件的依据，而每个依据也应当另有依据，难道这因果关系的链条会在某一环节处中断吗？当然不会。那么，上溯到多少亿亿年之前又有什么奇怪？

宇宙万物的变化发展，究竟是不是完全由决定性的因果关系所主宰，看来目前是难于定论的。有些过程，很明显地是由严格的因果关系所支配。例如，天体的运行。人类很早就掌握了四季变化，月亮盈亏的规律。精确地预报日食和月食，甚至彗星的出现，也有几千年的历史。但是，如果把目光转向微观世界，那里，随机现象却大量呈现，因果关系的链条所起的作用变得模糊不清了。我们无法掌握个别气体分子运动的原因，甚至不能断言电子有确定的运动轨迹（测不准关系）。

这使一些物理学家产生了这样的看法：客观世界本质上遵从的是随机过程的统计规律，只是在宏观上才表现出决定性的因果关系。因此，当我们沿着因果链索追得过于苛刻时，链索的末端将愈益渺茫，直至陷入偶然性的迷雾之中，也有另一些科学泰斗不作如是观。例如，爱因斯坦就说过，他不相信上帝是在和人们掷骰子！数学家和物理学家似乎有点不同。物理学家有点像哲学家，喜欢对客观世界的本质作出假设、猜测和断言，数学家不肯拍板，他们总是小心翼翼，说出这一类的话："如果事情是这样的，那么将会如何如何，如果是那样的，又会如何如何。"有趣的是，近年来的研究发现：从决定性的因果关系的数学模型出发，却能闯入由统计规律支配的随机世界！虽然所取得的数学成果只能说是初步的，但已足够使人们眼界大开。

动力系统——时间的数学

事情不妨从彭加勒（Poincare）对"多体问题"的研究谈起（当然，也可以追溯得更远一些）。

如果宇宙中只有太阳和地球，按照牛顿的万有引力定律和力学三大定律，容易推算出在各种初始条件下太阳和地球的相互运动的规律。要是再加上一个月亮，就成了有名的三体问题，解答就十分之困难，至今仍未完满解决。考虑更多个天体在牛顿力学模型下所形成的动力学系统的性质，当然更为复杂和困难。

多体问题尽管复杂，对它作出的抽象的数学描述却可以有简练而明确的形式。

以三体问题为例。把三个天体——不妨叫做太阳、地球和月亮——看成三个运动中的质点。如果宇宙中只有这三兄弟，而且它们严格遵照牛顿力学行动的话，它们在任一时刻 t 的“状态”，将完全决定其后来的“命运”！这里，所谓状态，指的是三者的位置和速度。取定了笛卡儿坐标系之后，一个状态可以用六个三维向量来表示，也就是说，用一个 18 维的实向量表示。由于状态与时间有关，这个三体系统某个时刻 t 的状态可记作 $X(t)$，时间以秒为单位。

我们现在来看一秒后的状态，依上面的规定，应为 $X(t+1)$，重要的是，这一状态应当是被 $X(t)$ 所唯一决定的，这也就是说，$X(t+1)$ 应当是 $X(t)$ 的函数：

$$X(t+1)=F(X(t))。\qquad (1)$$

F 这个记号写起来轻松，要把它真的求出来，却要费尽千辛万苦。好在我们现在并不真的研究三体问题，我们关心的是以它为例，说明如何用数学的语言来描述一个由决定性的因果关系主宰的系统。

在 (1) 中取 $t=0$，记 $X_0=X(0)$，$X_1=X(1)$，…，$X_n=X(n)$。于是

$$X_l=F(X_0),$$

$$X_2=F(X_1)=F(F(X_0)),\ \cdots,\ X_n=\underbrace{F(F(\cdots(F}_{n\text{重}}(X_0))\cdots)),\ \cdots$$

如果记 $\underbrace{F(F(\cdots(F}_{n\text{重}}(X_0))\cdots))=F^nX_0)$，并约定 $F^0(X_0)=X_0$，

那么上述一系列式子就可以概括成

$$X_n=F^n(X_0)。\qquad (2)$$

F^n 叫做 F 的 n 次迭代，n 叫做迭代指数。如果有了计算 F 的程序，在电脑上计算迭代是最便当不过了。早在百年前，数学家已开始对迭代进行系统的研究。但取得丰富而有趣的成果，却是近二十多年的事，这实在不得不感谢电脑的帮助。

状态序列

$$X_0, X_1, X_2, \cdots, X_n\cdots\cdots \quad (3)$$

向我们提供出系统未来的面貌的一串镜头，它们可以由（2）式用一个映射 F 的迭代而得出。F 定了，X_0 定了，这一串镜头也就定了下来，如同一列准点的火车在轨道上前进一样。是的，序列（3）也就叫做“在 F 作用下，过 X_0 的正向轨道”，或“F 的过 X_0 的正向轨道。”

从（1）开始到（3），这些讨论哪里用到了什么太阳、地球以及牛顿力学呢？哪里用到了什么“X 是一个 18 维的向量”呢？只要我们考虑的是一个由决定性的因果关系支配的系统，而且系统的瞬时状态（它是系统未来命运的全部根据!）用 X 表示，且下一观察时刻系统的状态是 F（X），那就够了。

可见，描述这种决定性系统的数学工具形式上十分简单——不过是一个映射 F 的自迭代而已。

但是，数学家没有把这种系统叫做决定性系统，通常也不叫做迭代系统。而是采用了一个莫测高深的名称：半动力系统。或者更严密一点，叫做“时间离散的半动力系统”。花几行笔墨就可以把这个名称说明白了。所谓“动力系统”，就是因为当初数学大师彭加勒研究的多体问题是质点组的动力学问题。这门学问由此发扬光大起来了，这个名称也就传下来了。

至于这个“半”字，则是因为（2）和（3）只开列出未来的一串镜头，而没有回溯系统的历史。如果映射 F 可逆，用 F^{-1} 记 F 的逆映射，F^{-n} 记 F^n 的逆映射，则

$$X^{-n}=F^{-n}\ (X_0) \quad (4)$$

就是 $t=0$ 之前 n 秒时系统的状态。序列

$$\cdots\cdots X_{-n}, \cdots, X_{-2}, X_{-l}, X_0, X_l, X_2, \cdots, X_n\cdots\cdots \quad (5)$$

就描绘了系统的历史和未来。既然可以回溯，“半”字的帽子也就可以摘掉。

至于“时间离散”这个定语，聪明的读者一定早已猜到：不过是因为我们仅仅摄取了一串镜头而已，如果让时间连续变化，考虑状态 X_t（$-\infty<t<+\infty$）的不间断的历史，那就是时间连续的动力系统了。这时，一个 F 可解决不了描述

X_t 的历史与未来的问题，应当是

$$X_t = F^t\ (X_0)$$
$$[t \in\ (-\infty,\ +\infty)], \qquad (6)$$

这里，F^t（X_0）是个“二元”映射，X_0 的变化范围是系统的一切可能状态之集。

因为（6）中的 t 和（2）中的 n 都表示时间，我们的讨论与时间结了不解之缘，所以，动力系统也被叫做“时间的数学”。

尝鼎一脔——两个实例

别看“时间的数学”这个名称多么平易，这个年青的分支已产生了多得使人望而生畏的文献。和现代数学的多数分支一样，其中运用了深奥的工具，引入了复杂的概念，获得许多只有少数内行才能理解其真实意义的定理。万幸的是，在它的一个十分活跃的领域——一维动力系统——中，有许多极其有趣的发现却是“凡夫俗子”也能略加品尝的！

一个映射 F，只要值域不超出定义域，总能迭代。前面已说过，F 的 n 次迭代记做 F^n，这种记法虽然简洁，但真的迭代一下可了不得。比方说，如果 F 是二次函数，f^2 便是 $2^2=4$ 次，F^3 是 $2^3=8$ 次，F^{10} 是 $2^{10}=1024$ 次！要把 F^{10} 规规矩矩地写出来，除非 F 特别规矩地写出来，除非 F 特别简单(例如 $F(x)=x^2$)，往往就要用一页以上的篇幅。至于 F^{20} 简直是可以印成厚厚的一本大书，它的分量决不下于一部牛津词典。

是不是就没有简单的情形了呢？也有，对一些形式特别简单的 $F(x)$，$F^n(x)$ 是易求的。例如

$$F(x)=x+a,\text{则 } F^n(x)=x+na;$$

$$F(x)=\lambda x,\text{则 } F^n(x)=\lambda^n x;$$

$$F(x)=\frac{x}{x+1},\text{则 } F^n(x)=\frac{x}{nx+1};$$

$$F(x)=x^k,\text{则 } F^n(x)=x^{k^n}; \qquad (7)$$

懂得高中数学的读者都可以把这些结论作为习题。

此外，我们还可以使用一种名叫共轭的等价关系，把函数归并成类。只要知道了一个函数的分析表达式，同类的函数的分析表达式就知道了。但即使用了这种技巧，能够写出其 n 次迭代表达式的映射，依然是凤毛麟角。

那么，对动力系统的研究，是不是就山穷水尽了呢？不是。尽管写不出 F^n 的分析表达式，只要知道了 F，仍然可以用各种手段研究一个轨道

$$x_{n+1}=F(x_n)\ (n=0,1,2\cdots\cdots) \tag{8}$$

的"动力学性质"，即 x_0，x_1，…，x_n……的变化所体现出的系统的"命运"。

对于一维动力系统，有一个浅近易懂而又直观的几何方法，可以用来研究迭代轨道。这个方法通称为"蛛网法"。请看图 1，在笛卡儿坐标系中画出了一个函数 $f(x)$ 的图像Σ：$y=f(x)$，而直线 l：$y=x$。任取 X 轴上的一点 x_0，自 x_0 向Σ引平行于 Y 轴的直线交Σ于 P_0，则 P_0 的纵坐标为 $x_1=f(x_0)$。这样就得到了 x_1。现在要把 x_1 从 y 轴映到 x 轴上，l 直线正好能起这个作用。过 P_0 作 X 轴的平行线交 l 于 Q_0，则 Q_0 的横坐标恰为 x_1。过 Q_0 作 Y 轴的平行线交Σ于 P_1，则 P_1 的纵坐标 $x_2=f(x_1)$。

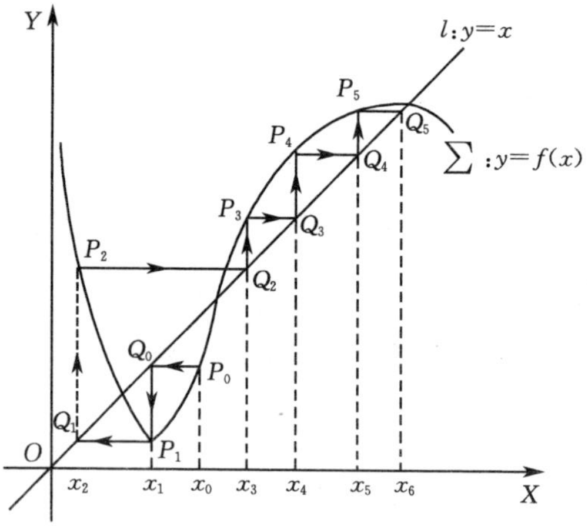

图 1

一般规律是：$P_k=(x_k, x_{k+1})$，而 $x_{k+1}=f(x_k)$，过 P_k 作 X 轴的平行线交 l 于 Q_k，过 Q_k 作 Y 轴的平行线交Σ于 P_{k+1}。如此继续，便可以清楚地看出

x_0，x_1，x_2……的踪迹。注意，我们这里已经绕过了求 f_n 分析表达式这个难题。

这种蛛网图，确实对一些实际问题能提供出有价值的咨询，且看两个例子。

（1）鱼塘的主人当然关心塘里有多少鱼。如果鱼一年就能成熟，并且在生儿育女之后，年终就会被捕捞成为盘中美味或自然死亡，它们的儿女则在下一年成熟，那么问题就可以用一个简单的数学模型刻画。在外界条件一定时，今年的鱼群数量将决定明年的鱼群数量。也就是说：明年的鱼群量是今年鱼群量的函数。经过一番调查研究，这个函数 $y=f(x)$ 的图像大体上如图 2。这里，x、y 分别表示今年和明年的鱼群量。

在这个图上，可以看到曲线 Σ 与直线 l 有一个交点 P，P 的纵横坐标都是 x^*，而 x^* 满足方程

$$f(x^*)=x^* \tag{9}$$

这里 x^* 叫做 f 的不动点，这意味着 x^* 是鱼群数量的平衡点，如果今年数量为 x^*，那么，明年和后年，年复一年，永远如此，只要外界条件和鱼的种性不发生变化！

如果初始鱼群数量 $0<x_0<x^*$，图 2 中的蛛网线表明，你的鱼产量会年复一年地增长，趋向于平衡点 x^*。如果初始数量 $x_0'>x^*$，那就对不起了，鱼的产量会一年年减少，但还是趋向 x^*。在这个意义上，x^* 叫做 f 的稳定不动点，对单调上升的曲线来说，稳定不动点的特征是：在不动点左面，曲线在直线 $y=x$ 之上，右面，则在直线 $y=x$ 之下。

你一定发现 $x=0$ 也是 f 的一个不动点。这是什么意思呢？这是说：如果今年塘里一条鱼也没有，你就不要梦想明年会有鱼（除非你放养鱼苗，或者洪水把别处的鱼送来！但这已超出我们的函数 $f(x)$ 的管辖了），但 $x=0$ 这个不动点却和 $x=x^*$ 大不一样。只要初始值 x 略大于 0，鱼群数量便会渐渐离开平衡点 $x=0$ 而趋向 $x=x^*$。所以 $x=0$ 叫做 f 的不稳定不动点。在这里达到的平衡状态是不稳定的。这又给你带来一个好消息：塘里一旦有几条鱼，鱼群就会形成，壮大，直至达到水面所能负担的程度。可是，要有耐心！说不定要十年，二十年呢！

在图 2 中还有一条虚的斜线 l_1，这叫做捕捞参考线。如果你不等到年底，在平时经常捕鱼，那当然会影响鱼群的平衡点。l_1 与 $\sum$ 的交点 P_1 的横坐标 $x_1{}^*$，就是在一定捕捞工作量之下的平衡点。捕得越狠，l_1 就越陡，平衡点 $x_1{}^*$ 就越靠左。如果竭泽而渔，则 $x_1{}^*=0$，鱼群就崩溃了。

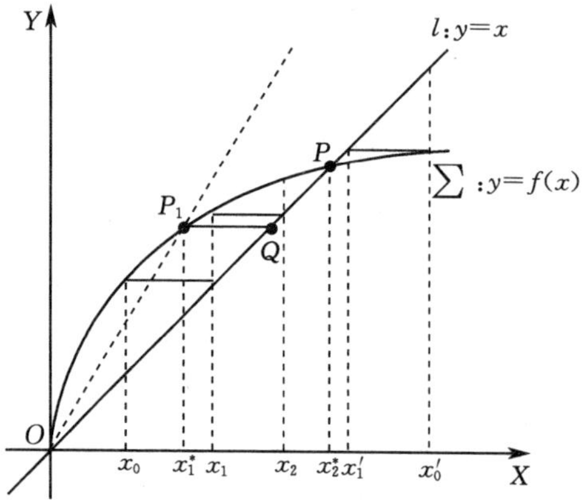

图 2

顺便提一句：如果丧失了繁殖力的鱼都自然死亡，那么，图 2 中的横线 P_1Q 的长度就表示出你的渔获量。显然，捕捞过多或过少都是不利的。

用同样的原则，类似的方法，可以研究人口的增长问题。一个人的寿命是难以预测的，但全世界人口的增长情况，却有很强的规律性，适用于这种“动力系统”的数学模型。这里暂且不去谈了。

(2) 有经验的果农知道，很多种果树有“大小年”之分。如果今年挂果过多，就会耗损树的元气，明年就会出现“小年”，给果园主人以惩罚。小年，果树的结果很少，于是养精蓄锐，下一年又是硕果累累，又一个大年莅临了。

在一定的自然条件和管理条件之下，我们可以设想果树明年的产量 y 是今年产量 x 的函数：$y=g(x)$。而 $g(x)$ 的图像却和鱼塘曲线大不一样了。图 3 和图 4 描绘出这一类型的系统的特征。

图 3 的蛛网线表明，这种果树大小年的现象会渐趋消失，一开始，x_0 相当大，随即是小年 x_1，又是大年 x_2，小年 x_3，但大小年的差别会越来越小，最后稳定于不动点 x^* 附近。而图 4 则大不一样，即使 x_0 和 x_1 相差不大，随后一年年下去，大小

年的区别越来越明显，最后，分别趋于 a,b 两点，$g(a)=b,g(b)=a$，a、b 都叫做 g 的 2 周期点。具有这种曲线的果树，大小年的现象将是严重的，当然，可以采用一定的措施来改变这条曲线，或不断对 x 加以控制，如疏果、合理施肥。

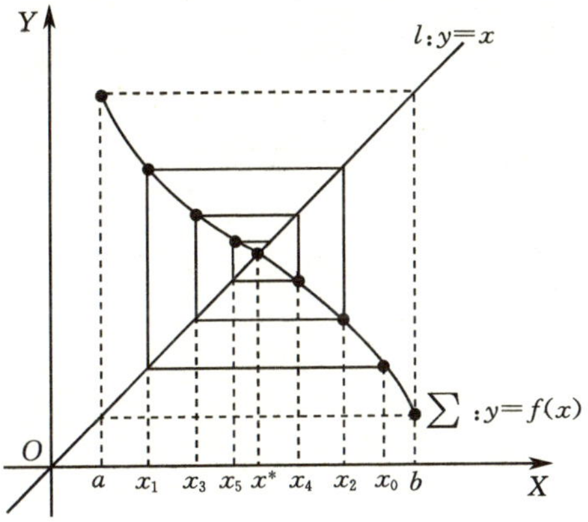

图 3

图 3 中，不动点 $x=x^*$ 稳定，图 4 中不动点 $x=x^*$ 不稳定，这是两类特征不同的果树。这两张图所表现出的系统状态 x 随时间 $n=0$，1，2……作上下振动，这叫“非线性振荡”。非线性振荡不仅在果园里有，而且主要不是在果园里出现，它在电磁学、弹性力学、流体力学、化学中到处出现，对它的研究已进行了百年之久，但这仍是一个方兴未艾的年青领域。

图 3、图 4 与图 1 有一点本质区别：在图 3、图 4 中除了不动点 x^* 之外，还有 2 周期点 a、b，一般而论，如果映射 F 的定义域中的元素 x 满足

$$F^n(x)=x(\text{但对 } 1\leqslant k<n, F^k(x)\neq x), \tag{10}$$

便说 x 是 F 的 n 周期点。这时，

$$\{x,f(x),f^2(x),\cdots,f^{n-1}(x)\} \tag{11}$$

叫做 F 的 n 周期轨。

自然界的周期现象大家已司空见惯了。昼夜交替，暑去寒来，生物的繁殖，水波的起伏，比比皆是。周期轨，是在极端简化了的数学模型中，对自然界周期现象的一种反映，但即使在一元实函数的迭代中，有关周期轨的有趣而奇妙的规律已令人惊叹！图 5 是一个很简单的函数的曲线，从图上看出 $f(0)=\frac{1}{2}$，

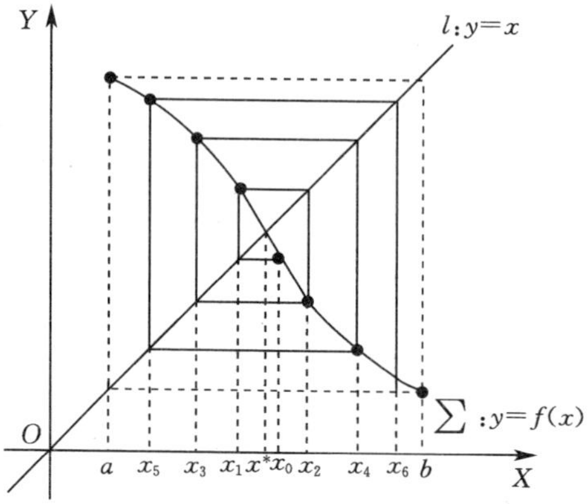

图 4

$f\left(\frac{1}{2}\right)=1$，$f(1)=0$，所以$\left\{0,\ \frac{1}{2},\ 1\right\}$构成 f 的 3 周期轨，此外，它有没有 4 周期轨？7 周期轨？100 周期轨？似乎难于回答。但是不然，人们已经严格证明：对于区间上的连续函数 φ 而言，

若 φ 有 3 周期轨，则对一切正整数 n，φ 有 n 周期轨。

不仅如此，已经可以肯定：对于任意大于 1 的奇数 p，

若 φ 有 p 周期轨，则有 $p+2$ 周期轨；

若 φ 有 $2^k p$ 周期轨，则有 $2^k(p+2)$ 周期轨（$k\geqslant 0$）；

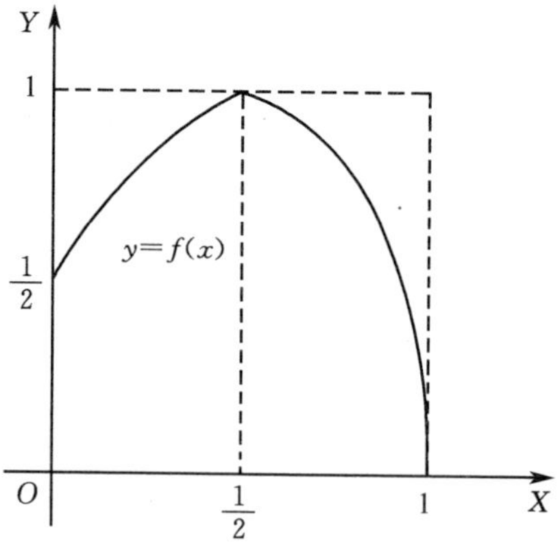

图 5

若 φ 有 $2^k p$ 周期轨，则有 $2^{k+1}p$，

若 φ 有 2^k（$k\geqslant 1$）周期轨，则有 2^{k-1}周期轨；

若对某一非负整数 k，φ 有 $2^k p$ 周期轨，则对一切非负整数 n，φ 有 2^n 周期轨。

这些有趣的事实的总和，叫做沙可夫斯基定理。关于这个定理的进一步的研究，不仅成为一些数学家的热门课题，而且引起了不少物理学家、化学家、生物学家的兴趣。

决定性与随机性的对立统一

图 2、图 3 和图 4 那样的单调函数，迭代轨道的性质十分简单而明显，如果人的命运可以用这种曲线的蛛网图来表示，算命也就太容易了。但事情不会这么便宜的，稍微复杂一点的函数迭代轨道就会表现出不可思议的混乱性状！

按照某种简化了的数学模型，一类无世代交叠的昆虫的第 n 代虫口数 x_n，满足差分方程

$$x_{n+1}=x_n\ (a-bx_n)。\qquad (12)$$

对（12）作适当的变量代换，可化为

$$x_{n+1}=1-\mu x_n^2。(0<\mu<2,\ x_n\in[-1,\ 1]) \qquad (13)$$

对它的研究，可归结为二次函数

$$f_\mu\ (x)\ =1-\mu x2\ (0<\mu<2,\ x\in[-1,\ 1]) \qquad (14)$$

的迭代的研究。

二次函数的图像，是人家都熟悉的抛物线。但是迭代起来可真不得了。当 $0<\mu<1$ 时，$\{x_n\}$ 的变化规律很简单：当 $n\to+\infty$时，趋于确定极限。这类昆虫，每年的数量变化不大，$\mu\geqslant1$ 时，会出现周期性的变化。一旦 $\mu>1.5$ 之后，x_n 随 n 而变化的规律惊人的复杂，对大多数初始值 x_0，x_n 像掷硬币出正反而那样随机起伏，看不出是一个确定的简单的函数的迭代了！有人用计算机做过实验：把区间 $[-1,\ +1]$ 分成等长的 100 段，取初始值 x_0，计算 x_1，x_2，…，x_n……观察 x_k 落在这 100 段中哪些段次数多，哪些段次数少，结果是惊人的：对人多数 x_0，当 n 很大时，x_k 落在各个小段里的机会几乎均等！

严格的因果关系所支配的决定性系统，竟表现出典型的随机过程的特徵。这里统计物理的某些研究辉映成趣：在这里，在统计规律支配的随机假设前提下，道出了宏观上决定性的因果关系！前者，是时间上的微观认定性道出了宏观上的随机性；后者，是空间上的微观随机性导出了宏观上的决定性！

人们早已为光的波粒二重性而惊奇。现在，“时间的数学”用严格的论证向我们揭示：决定性与随机性不仅是对立的，而且是统一的。这方面的研究蓬勃开展起来不过是近十几年的事。数学家，理论物理学家，以及其他好几个学科中的专家们对它怀着巨大的期望与兴趣。甚至有人预言，这个领域的进展也许会对多年来困扰流体力学家的湍流本质问题作出回答。

再回到人的命运上。把所有的人和他们的环境条件统统考虑进来，也许就形成了一个无比复杂的决定性系统。即使是这样的决定性系统，每一个环节都是确定的，最终仍呈现出随机的图景。命运，特别是特定的个人命运，是难以预卜的，能够比较可靠地进行预测的，是统计规律起作用的社会变迁！

也许，这正是生活能够丰富多彩，激动人心的原因吧。如果你真的能准确预知自己的未来，生活对于你，岂不成了一部写好脚本的电视系列片，那该是多么枯燥乏味！